司徒树平 编著

电动力学导论

Elementary Electrodynamics

清華大学出版社
北 京

内 容 简 介

本书是一本关于经典电动力学入门级的基础读本，书中简明扼要地讲述电磁领域中的一些基本问题，主要内容包括：电磁现象的普遍规律，宏观系统的电磁物性，标势与矢势、电磁规范，平面电磁波的传播，电子与电磁场的相互作用，电磁变换、相对论性粒子运动学。

本书适用于短学时的理论物理教学，以一般理工科大学的高等数学和普通物理知识为起点，可作为理工类大学各物理专业和电子工程类专业本科教学用书或参考书，也可以供其他相关专业的读者参考阅读。

图书在版编目(CIP)数据

电动力学导论/司徒树平编著. —北京：清华大学出版社，2023.5(2024.9 重印)
ISBN 978-7-302-58173-4

Ⅰ. ①电… Ⅱ. ①司… Ⅲ. ①电动力学—高等学校—教材 Ⅳ. ①O442

中国版本图书馆 CIP 数据核字(2021)第 095901 号

责任编辑：佟丽霞
封面设计：常雪影
责任校对：赵丽敏
责任印制：宋 林

出版发行：清华大学出版社
网 址：https://www.tup.com.cn，https://www.wqxuetang.com
地 址：北京清华大学学研大厦 A 座 **邮 编**：100084
社 总 机：010-83470000 **邮 购**：010-62786544
投稿与读者服务：010-62776969，c-service@tup.tsinghua.edu.cn
质量反馈：010-62772015，zhiliang@tup.tsinghua.edu.cn
印 装 者：三河市龙大印装有限公司
经 销：全国新华书店
开 本：170mm×240mm **印 张**：9.75 **字 数**：193 千字
版 次：2023 年 5 月第 1 版 **印 次**：2024 年 9 月第2 次印刷
定 价：49.00 元

产品编号：045020-01

序言

经典电动力学是理论物理研究与教学中的重要组成部分，关于经典电动力学的教科书籍，林林总总，前辈同行的鸿篇巨制，仿如高山仰止。珠玉在前，如何超越？每当作者有所执笔冲动，想要将历年所讲授的内容付诸文字，仍不禁战战兢兢，诚惶诚恐，生怕徒陈空文，或者谬种流传。

俗语说："入门靠师傅，修行靠自己。"我们需要好的师傅带学生入门，进入物理学这座雄伟的殿堂，一本好的教材能起到敲门砖的作用。能看通鸿篇巨制，当然是好事，可是对于大部分入门的人而言，未免有点吃力，要求过高，因而事倍功半，欲速不达。古人云："读书之道，贵在于循序而致精"，面对那些隐晦的公式思路，较为现实的方法是由浅入深，然后几个轮回，蓦然回首，不觉渐入佳境，因此，一本入门级的教材可能更加适合于徘徊在理论物理大厦高昂门坎之前的初学者。

这本书企望主要在三个方面有所努力：一、定位于易懂，尽量避免使用繁杂高深的数学演绎(必要的数学还是不可或缺)，能将学生吸引进电动力学这座瑰丽大厦。在编写过程中注重少而精的取材原则，力求做到概念表述简洁，公式推演详细。在选材上，不采用其他教材惯用的"重静场、轻动场"的思路，不把重点放在静止或稳恒电磁场的求解上(这样做需要学生有较好的数理方法基础)。二、将狭义相对论这个堪称理论物理的珍品融会贯通在电磁波讨论这部分章节中，用人人熟悉的简单物理系统来阐明深邃的原理理论，而不像其他教科书那样单列成若干章节来讨论。三、虽说电动力学发轫于百多年前，是一门相当成熟的学科，但是它仍正在深入发展，仍有强大生命力，作为教科书，既要介绍理论的框架体系，同时又要适度反映最新的成就应用，本书有些章节段落，致力于实践这一点，写出其他教材所无暇顾及而又非常适合初学者的内容，形成有特色的教材。

这本书适用于短学时的教学。全书共分 6 章，前 3 章基本上与主流教材的思路一致，先介绍电磁现象的普遍规律及背后隐藏的对称性约束，同时介绍电磁系统的能量蕴藏、能量流动问题，再推广到介质系统中，然后谈及静止或稳恒电磁场的一般处理，由此引入电势和磁矢势，为后续学习规范场理论作铺垫。后 3 章与传统教科书的叙述有所差别，首先介绍狭义相对论，因为它孕育于电磁规律对时空的制约，是整个电磁理论的时空基础，也就是说不存在非相对论的电磁理论。接下来介绍电磁波在无界空间/有限空间中的传播规律，主要讲述平面电磁波在真空、绝缘介质、导体、等离子体及波导中的传播，然后讨论带电粒子在电磁场中的运动，包括讨论恒定电磁场和平面电磁波的情况，尤其重点关注由最简单带电粒子（电子）和最简单优美电磁波（平面电磁波）组成的电磁系统的行为。最后一章讨论电磁变换问题，它基于这样一个理念，即所有惯性系都是平权的，其时空变换遵从 Lorentz 变换，受此制约，惯性系之间的电磁场、能量动量、波矢频率等一系列变换随之确定。为了照顾初学者的数学程度，这些讨论可以不借助于矩阵运算而直接用代数运算可得，因为对初入门的学生而言，后者更容易被掌握。

作者感谢诸位师长前辈、同仁好友的支持和鼓励，使余有勇气犯难前行，感谢几届同学们的支持，他们耐心地阅读了在形成书稿之前的讲义版，并提出了自己的感觉，他们是这本书最初的忠实读者。

多年以来，作者深得香港中文大学陈耀华教授的指导、支持和鼓励，陈教授给予的诸多启发和点拨，使作者深受教益，在此，谨表我对陈先生的衷心感谢和深切怀念，书中的 5.3 节，取材于陈教授的一系列研究论文，谨以此书纪念陈耀华教授。

感谢清华大学出版社的佟丽霞等诸位编辑的辛勤工作，使本书得以顺利出版。

2022 年暮春　写于广州中山大学康乐园

目录

第 0 章 数学预备知识

0.1 矢量运算

电动力学是研究电磁场和带电物质的运动，在数学上主要涉及标量、矢量和张量的微分运算（梯度、散度和旋度）和矢量的面积分、线积分，以及解偏微分方程组。下面主要是列出常用的一些规律公式，详细的讨论应参考有关的数学物理方法和矢量分析的教科书。

我们记标量为 φ，矢量为 $\mathbf{A}$，张量为 $\overleftrightarrow{T}$，其实，它们是不同阶数的张量而已。严格而言，要区分一个量是标量、矢量还是张量，应该考查它在坐标变换下所遵循的变换规律。在三维直角坐标空间中，标量 φ、矢量 $\mathbf{A}$、张量 $\overleftrightarrow{T}$ 分别有一个、三个和九个分量，分别记为

$$\varphi(x,y,z,t)$$

$$\mathbf{A}(x,y,z,t)=A_x\boldsymbol{e}_x+A_y\boldsymbol{e}_y+A_z\boldsymbol{e}_z$$

$$\begin{aligned}\overleftrightarrow{T}=\ &T_{xx}\boldsymbol{e}_x\boldsymbol{e}_x+T_{xy}\boldsymbol{e}_x\boldsymbol{e}_y+T_{xz}\boldsymbol{e}_x\boldsymbol{e}_z+\\&T_{yx}\boldsymbol{e}_y\boldsymbol{e}_x+T_{yy}\boldsymbol{e}_y\boldsymbol{e}_y+T_{yz}\boldsymbol{e}_y\boldsymbol{e}_z+\\&T_{zx}\boldsymbol{e}_z\boldsymbol{e}_x+T_{zy}\boldsymbol{e}_z\boldsymbol{e}_y+T_{zz}\boldsymbol{e}_z\boldsymbol{e}_z\end{aligned}$$

它们常用的微分运算有：

标量梯度（$\nabla\varphi$）：反映标量的最大变化率的大小以及对应的方向，它是一个矢量。

矢量散度（$\nabla\cdot\mathbf{A}$）：衡量一个矢量在某点附近流进流出的差值，它是一个标量。

当 $\nabla\cdot\mathbf{A}=0$ 时，意味着一个量流进流出的差值为零，没有积累。

矢量旋度（$\nabla\times\mathbf{A}$）：表示一个矢量在某点附近形成涡旋的程度，它是一个矢量。

以靠近河岸的流动河水为例，当流速分布不均匀时，如果放

一个水轮机上去，就会使叶轮有旋转的能力（见图 0.1），旋度就是这一能力的定量标记。

在直角坐标系下，上述这些微分运算可表示为

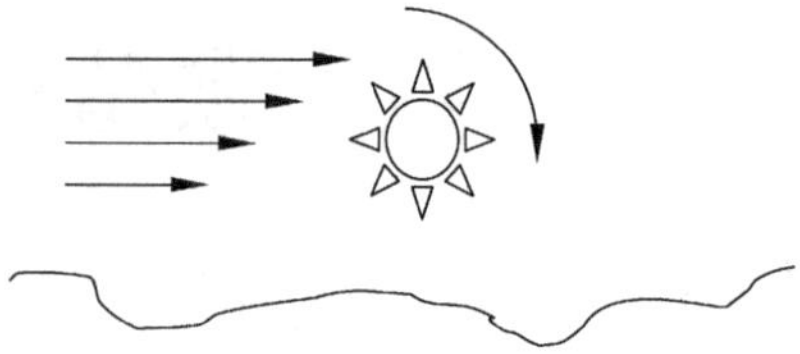

图 0.1　流动的河水有旋度

$$\nabla\varphi=\frac{\partial\varphi}{\partial x}\boldsymbol{e}_x+\frac{\partial\varphi}{\partial y}\boldsymbol{e}_y+\frac{\partial\varphi}{\partial z}\boldsymbol{e}_z$$

$$\nabla\cdot\boldsymbol{A}=\frac{\partial A_x}{\partial x}+\frac{\partial A_y}{\partial y}+\frac{\partial A_z}{\partial z}$$

$$\nabla\times\boldsymbol{A}=\begin{vmatrix}\boldsymbol{e}_x & \boldsymbol{e}_y & \boldsymbol{e}_z\\ \dfrac{\partial}{\partial x} & \dfrac{\partial}{\partial y} & \dfrac{\partial}{\partial z}\\ A_x & A_y & A_z\end{vmatrix}$$

另外，电动力学中还有一个常常遇见的算符——Laplace（拉普拉斯）算符

$$\nabla^2=\nabla\cdot\nabla=\frac{\partial^2}{\partial x^2}+\frac{\partial^2}{\partial y^2}+\frac{\partial^2}{\partial z^2}$$

有时候，由于系统具有轴对称性或球对称性，因此用柱坐标系或球坐标系来解决问题较为方便。在柱坐标系下

$$\nabla\cdot\boldsymbol{A}=\frac{1}{r}\frac{\partial}{\partial r}(rA_r)+\frac{1}{r}\frac{\partial A_\theta}{\partial\theta}+\frac{\partial A_z}{\partial z}$$

$$\nabla\times\boldsymbol{A}=\left(\frac{1}{r}\frac{\partial A_z}{\partial\theta}-\frac{\partial A_\theta}{\partial z}\right)\boldsymbol{e}_r+\left(\frac{\partial A_r}{\partial z}-\frac{\partial A_z}{\partial r}\right)\boldsymbol{e}_\theta+\left[\frac{1}{r}\frac{\partial(rA_\theta)}{\partial r}-\frac{1}{r}\frac{\partial A_r}{\partial\theta}\right]\boldsymbol{e}_z$$

在球坐标系下

$$\nabla^2\varphi=\frac{1}{r^2}\frac{\partial}{\partial r}\left(r^2\frac{\partial\varphi}{\partial r}\right)+\frac{1}{r^2\sin\theta}\frac{\partial}{\partial\theta}\left(\sin\theta\frac{\partial\varphi}{\partial\theta}\right)+\frac{1}{r^2\sin^2\theta}\frac{\partial^2\varphi}{\partial\phi^2}$$

应当指出，不是只有标量才有梯度，也不是只有矢量才有散度、旋度。实际上，所有阶数的张量都可计算其梯度、散度和旋度，只不过常用的是这三种情况而已。

当矢量场中有一曲面 S，将它分割成若干矢量面元 $\mathrm{d}\boldsymbol{S}$，矢量场 $\boldsymbol{A}(x,y,z)$ 对任一面元的通量定义为 $\boldsymbol{A}\cdot\mathrm{d}\boldsymbol{S}$，有限曲面 S 的通量则为 $\iint\boldsymbol{A}\cdot\mathrm{d}\boldsymbol{S}$，实质上是 $\boldsymbol{A}(x,y,z)$ 对 S 的面积分，表示穿过面 S 的 $\boldsymbol{A}$ 的量值，它是标量，如图 0.2 所示；若曲面是封闭的，通量则表示为 $\oint\!\!\oint\boldsymbol{A}\cdot\mathrm{d}\boldsymbol{S}$。

另外，矢量场沿着某一曲线的积分 $\int\boldsymbol{A}\cdot\mathrm{d}\boldsymbol{l}$ 为线积分，表示 $\boldsymbol{A}$ 投影在路径上的量值，如图 0.3 所示，它也是标量；若曲线是闭合环路，则线积分表示为 $\oint\boldsymbol{A}\cdot\mathrm{d}\boldsymbol{l}$。面积分和线积分反映物理量在一有限不为零的区域内的整体性质。而梯度、散度和旋度反映的是物理量在一个无限小的区域（点）内的局部性质。

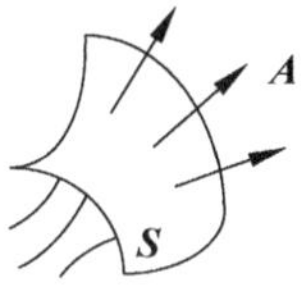

图 0.2 矢量 A 穿过曲面 S 的通量

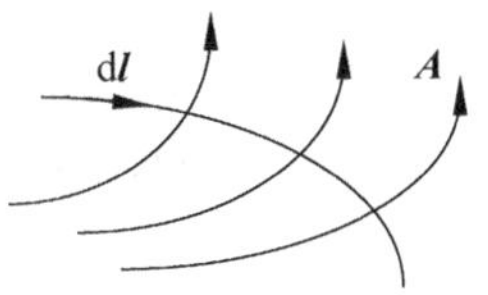

图 0.3 矢量 A 沿着曲线 l 的投影(线积分)

在物理世界中,有一个重要的函数——反平方矢量函数$\frac{\boldsymbol{e}_r}{r^2}$,其中 $\boldsymbol{r}=r\boldsymbol{e}_r$ 为从一定点 p 出发的矢径,该函数有两个重要的积分性质:

(1) 它对任意闭合曲面 Σ 的面积分

$$\oiint_{\Sigma} \frac{\boldsymbol{e}_r}{r^2} \cdot \mathrm{d}\boldsymbol{\Sigma} = \begin{cases} 4\pi, & \text{如果 } p \text{ 点在闭合曲面 } \Sigma \text{ 内,见图 0.4(a)} \\ 0, & \text{如果 } p \text{ 点在闭合曲面 } \Sigma \text{ 外,见图 0.4(b)} \end{cases}$$

(2) 它对任意闭合曲线的线积分(见图 0.5)

$$\oint \frac{\boldsymbol{e}_r}{r^2} \cdot \mathrm{d}\boldsymbol{l} = 0$$

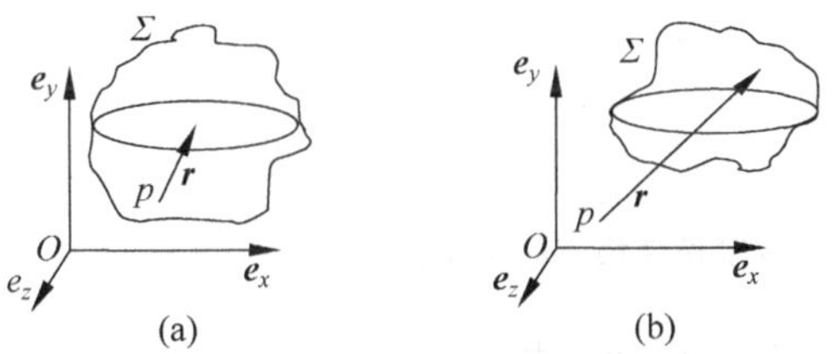

图 0.4 反平方矢量函数的闭合曲面面积分

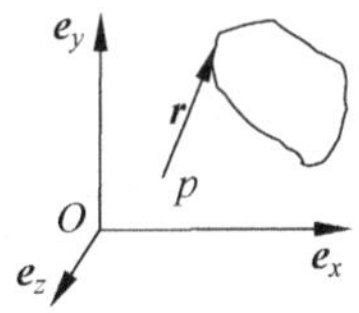

图 0.5 反平方矢量函数的闭合曲线线积分

并且对 $\boldsymbol{r} \neq \boldsymbol{0}$,反平方矢量函数有两个重要的微分运算:

$$\nabla \cdot \frac{\boldsymbol{e}_r}{r^2} = 0$$

$$\nabla \times \frac{\boldsymbol{e}_r}{r^2} = 0$$

此外,在电动力学中,以下的运算也是常常要用到的。

恒等式:

$$\nabla \times \nabla \varphi = 0 \quad (\text{梯度的旋度恒为零})$$

$$\nabla \cdot (\nabla \times \boldsymbol{A}) = 0 \quad (\text{旋度的散度恒为零})$$

矢量变换公式:

$$\boldsymbol{A} \times (\boldsymbol{B} \times \boldsymbol{C}) = (\boldsymbol{A} \cdot \boldsymbol{C})\boldsymbol{B} - (\boldsymbol{A} \cdot \boldsymbol{B})\boldsymbol{C}$$

$$\boldsymbol{A} \cdot (\boldsymbol{B} \times \boldsymbol{C}) = \boldsymbol{C} \cdot (\boldsymbol{A} \times \boldsymbol{B}) = \boldsymbol{B} \cdot (\boldsymbol{C} \times \boldsymbol{A})$$

常用微分算符运算式：

$$\nabla\times(\nabla\times\boldsymbol{A})=\nabla(\nabla\cdot\boldsymbol{A})-\nabla^2\boldsymbol{A}$$

$$\nabla\cdot(\varphi\boldsymbol{A})=\varphi\,\nabla\cdot\boldsymbol{A}+\boldsymbol{A}\cdot\nabla\varphi$$

积分变换公式：

$$\oiint\boldsymbol{E}\cdot\mathrm{d}\boldsymbol{S}=\iiint(\nabla\cdot\boldsymbol{E})\mathrm{d}V\quad\text{Gauss(高斯)定理}$$

$$\oint\boldsymbol{A}\cdot\mathrm{d}\boldsymbol{l}=\iint(\nabla\times\boldsymbol{A})\cdot\mathrm{d}\boldsymbol{S}\quad\text{Stokes(斯托克斯)定理}$$

0.2 矢量的分类

物理学中存在两类矢量，一类称为极矢量，另一类称为轴矢量，它们在空间反射变换或镜像变换下具有不同的变换性质，要区分它们就要看其特定的坐标变换——空间反射变换或镜像变换下的变换性质了。

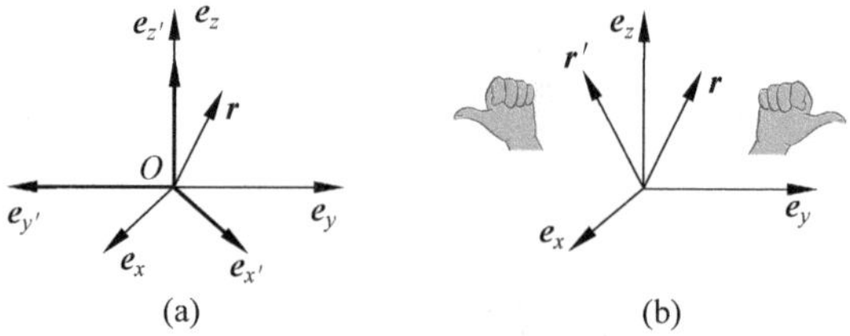

图 0.6 空间反射变换或镜像变换下的极矢量变换

在空间反射变换下，若矢量的变换与坐标变换相同，或者换一个说法，在镜像变换下，其平行镜像的分量(切分量)不变，垂直镜像的分量(法分量)改变符号，则称它为极矢量，如位移、速度、加速度、力、动量、电场等。

如图 0.6(a)所示，在空间反射变换或镜像变换下，新旧坐标系的变换关系为

$$\begin{pmatrix}\boldsymbol{e}_{x'}\\\boldsymbol{e}_{y'}\\\boldsymbol{e}_{z'}\end{pmatrix}=\begin{pmatrix}1&0&0\\0&-1&0\\0&0&1\end{pmatrix}\begin{pmatrix}\boldsymbol{e}_x\\\boldsymbol{e}_y\\\boldsymbol{e}_z\end{pmatrix}$$

即将右旋坐标系变成左旋坐标系。与此同时，同一位置矢量在新旧坐标系中的变换关系为

$$\begin{pmatrix}r_{x'}\\r_{y'}\\r_{z'}\end{pmatrix}=\begin{pmatrix}1&0&0\\0&-1&0\\0&0&1\end{pmatrix}\begin{pmatrix}r_x\\r_y\\r_z\end{pmatrix}$$

因此，$\boldsymbol{r}'=r'_x\boldsymbol{e}_{x'}+r'_y\boldsymbol{e}_{y'}+r'_z\boldsymbol{e}_{z'}=r_x\boldsymbol{e}_{x'}-r_y\boldsymbol{e}_{y'}+r_z\boldsymbol{e}_{z'}$。

可见其平行镜像的 $\boldsymbol{e}_{x'}$ 和 $\boldsymbol{e}_{z'}$ 分量不变，垂直镜像的 $\boldsymbol{e}_{y'}$ 分量改变符号。或者这样理解，这个变换操作把矢量 $\boldsymbol{r}$ 变成镜中的像 $\boldsymbol{r}'$，把右手变成左手，如图 0.6(b)

所示。

另一类矢量称为轴矢量，是指在镜像变换下，其平行镜像的分量(切分量)改变符号，垂直镜像的分量(法分量)不变，如图 0.7(a)所示。如角速度、角动量、力矩、磁场等。

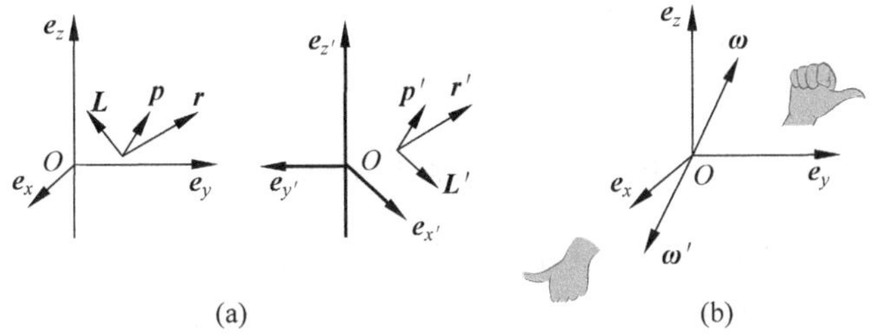

图 0.7 镜像变换下的轴矢量

如图 0.7(a)所示，在空间反射变换或镜像变换下，动量在新旧坐标系的变换关系为

$$\boldsymbol{p}' = p_x \boldsymbol{e}_{x'} - p_y \boldsymbol{e}_{y'} + p_z \boldsymbol{e}_{z'}$$

而角动量在新旧坐标系中分别表示为

$$\boldsymbol{L} = L_x \boldsymbol{e}_x + L_y \boldsymbol{e}_y + L_z \boldsymbol{e}_z = \boldsymbol{r} \times \boldsymbol{p} = \begin{vmatrix} \boldsymbol{e}_x & \boldsymbol{e}_y & \boldsymbol{e}_z \\ r_x & r_y & r_z \\ p_x & p_y & p_z \end{vmatrix}$$

$$\boldsymbol{L}' = L'_x \boldsymbol{e}_{x'} + L'_y \boldsymbol{e}_{y'} + L'_z \boldsymbol{e}_{z'} = \boldsymbol{r}' \times \boldsymbol{p}' = \begin{vmatrix} \boldsymbol{e}'_x & \boldsymbol{e}'_y & \boldsymbol{e}'_z \\ r'_x & r'_y & r'_z \\ p'_x & p'_y & p'_z \end{vmatrix}$$

因此

$$\boldsymbol{L}' = -L_x \boldsymbol{e}_{x'} + L_y \boldsymbol{e}_{y'} - L_z \boldsymbol{e}_{z'}$$

可见其平行镜像的 $\boldsymbol{e}_{x'}$ 和 $\boldsymbol{e}_{z'}$ 改变符号，垂直镜像的 $\boldsymbol{e}_{y'}$ 分量不变。在原坐标系看来，这个变换操作把矢量 $\boldsymbol{\omega}$ 变成了完全相反的矢量 $\boldsymbol{\omega}'$，除了把右手变成左手之外，还把手掌变成手背，如图 0.7(b)所示。

关于镜像反演下的极矢量与轴矢量的区别，可以用一个例子形象地说明。在一面镜子中，一个垂直于镜面的极矢量，在镜子里的像方向与自己相反；而对螺旋转子而言，若其转轴与镜面平行，则镜子中的像的角速度(轴矢量)跟实物的相反，而若其转轴与镜面垂直，则镜子中的像的角速度跟实物的相同(见图 0.8)。

关于矢量之间的乘法运算规则，容易验证：极矢量与极矢量的叉乘是轴矢量，极矢量与轴矢量的叉乘是极矢量，轴矢量与轴矢量的叉乘仍是轴矢量，任意两个矢量的点乘是标量。电磁规律是左右对称的，或称为宇称不变性。在宇称守恒的理论中，不允许极矢量与轴矢量的直接相加，因此，在公式中不会出现 $\boldsymbol{E} + \boldsymbol{B}$ 项，但存

在 $\boldsymbol{E}+\boldsymbol{v}\times\boldsymbol{B}$ 项，即 Lorentz（洛伦兹）力公式。

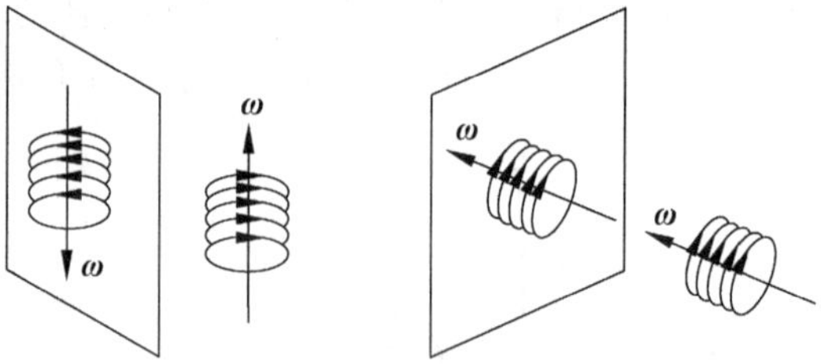

图 0.8　镜像变换下的螺旋转子

如何判断一个矢量是极矢量还是轴矢量？一是从矢量与矢量之间的关系判断，例如，极矢量与极矢量的叉乘是轴矢量，极矢量与轴矢量的叉乘是极矢量等，它们可以容易地从矢量在空间反射变换或镜像变换下具有的变换性质中判断出；二是从物理公式直接判断，例如，力是极矢量，由 Coulomb（库仑）定律 $\boldsymbol{F}=q\boldsymbol{E}$ 可知，电场 $\boldsymbol{E}$ 也是极矢量；由 Ampere（安培）定律 $\mathrm{d}\boldsymbol{F}=I\mathrm{d}\boldsymbol{l}\times\boldsymbol{B}$ 可知，磁感应强度 $\boldsymbol{B}$ 是轴矢量；三是作空间反演，令三维直角坐标系的三个正交单位矢量方向反转，$\boldsymbol{r}\rightarrow-\boldsymbol{r}$，如果物理量也跟随着改变符号，则它是极矢量；如果不改变符号，则它是轴矢量。

第1章 电磁现象的普遍规律

电磁相互作用是自然界四种基本相互作用之一，作用的尺度涵盖了从原子核到宇宙的范围，是属于长程相互作用。尽管在原子核尺度范围内，电磁理论与量子理论已经融合成一门新学科——量子电动力学，但在涉及电荷、电流及其相互作用时，一百多年前总结出来的理论（称为经典电动力学）基于坚实的实验基础，依然保持其完美程度，具有强大的生命力。

电动力学研究的对象有两类：一类是电荷以及流动的电荷（电流），称为源，另一类是弥散在有限空间或无限空间的无形物质，称为场（包括电场、磁场）。本章先从一系列电磁实验定律中（Coulomb 定律、Biot-Savart 定律、Faraday 定律）抽象总结出描述电磁现象的基本规律（Maxwell 方程组和 Lorentz 力公式），并且讨论电磁场的对称性问题，再论述电磁系统所遵循的守恒定律，讨论电磁系统的能量与能量流动问题。

1.1 电荷与电场

真空中两个静止点电荷之间的相互作用遵从 Coulomb 定律：

$$\boldsymbol{F}=\frac{1}{4\pi\varepsilon_0}\frac{qQ}{r^2}\boldsymbol{e}_r \tag{1.1}$$

其中，$\varepsilon_0=8.85\times10^{-12}\mathrm{C}^2\cdot\mathrm{N}^{-1}\cdot\mathrm{m}^{-2}$ 是真空的介电常量（真空电容率），r 是两个点电荷之间的距离，q 和 Q 是两个点电荷的电荷量，作用力的方向 $\boldsymbol{e}_r$ 落在两电荷的连线上，并且大小反比于距离的平方，称为距离的反平方函数。当 q 和 Q 同号时，作用力是排斥力，当 q 和 Q 异号时，是吸引力。现代实验已证实自然界存在最小电荷单位，任何带电系统的电荷量必定是它的整数倍。对于原子尺度上的系统，最小电荷量单位称为元电荷 $e=1.602\times10^{-19}\mathrm{C}$；一个质子带一个单位的正电荷，而一个电子带一个单位的负电荷，但在高能物理中，可能有理由相信夸克的电荷量是$\pm\frac{e}{3}$或$\pm\frac{2}{3}e$。

近代物理已经否定了超距作用,认为相互作用是必须通过媒介传递的,并且传递是需要时间的,即存在着相互作用的最大传播速度(光速)。因此电荷所处的空间存在着传递相互作用的媒介物质,称为电场,电场弥散充满于全空间或有限空间。值得指出的是,电场是可以独立于电荷而存在的。

如何衡量电场的大小和指向?我们可以在电场中某处放置一电荷q,设在电场的作用下它所受的力为$\boldsymbol{F}$,定义该处的电场强度为

$$\boldsymbol{E}=\frac{\boldsymbol{F}}{q} \tag{1.2}$$

于是,在真空中存在有电荷量为Q的点电荷,它产生的电场弥散于全空间,在距离点电荷r处,点电荷所产生的电场为

$$\boldsymbol{E}=\frac{Q}{4\pi\varepsilon_0 r^2}\boldsymbol{e}_r=\frac{Q\boldsymbol{r}}{4\pi\varepsilon_0 r^3} \tag{1.3}$$

当空间中存在若干个点电荷时,其他电荷的存在与否并不改变当前两电荷的相互作用形式,因此,当空间存在若干点电荷时,则对于空间中的任意一点,电场满足叠加原理:空间中任意一点P的总电场为各个点电荷的共同贡献,如图1.1所示,即

$$\boldsymbol{E}=\sum_i \frac{Q_i\boldsymbol{r}_i}{4\pi\varepsilon_0 r_i^3} \tag{1.4}$$

这一点貌似简单和理所当然,但却是很深刻的,也就是说,电场所遵循的规律是线性的,满足的方程是线性方程。这样的规律为我们指明了一个探索方向,正确地判断出(真空中的)电磁规律应该是线性的。

电动力学通常把研究对象的位置分为两类:一类是观察点,称为场点,其位置用$\boldsymbol{x}$表示;另一类是电荷、电流的位置,称为源点,用$\boldsymbol{x}'$表示。则$\boldsymbol{r}=\boldsymbol{x}-\boldsymbol{x}'$就是从源点到场点的矢径,如图1.2所示。

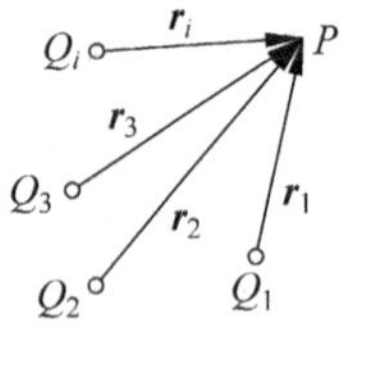

图1.1 多个点电荷形成的电场叠加

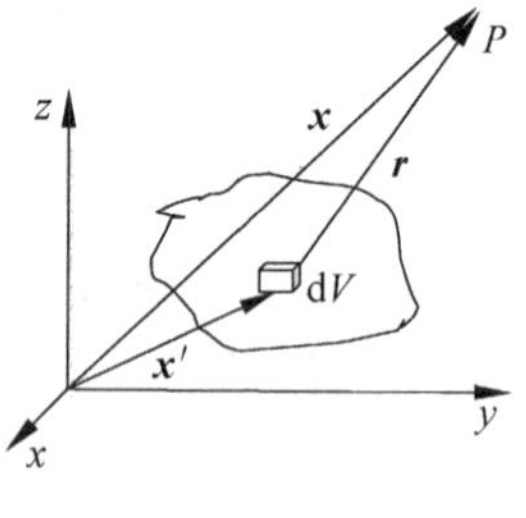

图1.2 场点与源点

从微观上看,电荷由若干个元电荷构成,为分立的不连续分布。但对宏观尺度而言,由于带电体的尺寸与电荷尺度不可比拟,并且带电体的电荷量远远大于元电

荷,因此,在宏观尺度上研究系统的电磁性质时,通常把带电体看成连续电荷分布。考虑在带电体系内包围某点的一个极其小体积元 $\mathrm{d}V$,其电荷量为 $\mathrm{d}q$,定义

$$\rho(\boldsymbol{x}',t)=\frac{\mathrm{d}q}{\mathrm{d}V} \tag{1.5}$$

为该点处的单位体积内的电荷量,称为电荷密度。反过来,在体积元 $\mathrm{d}V$ 中包含的电荷元为

$$\mathrm{d}q=\rho(\boldsymbol{x}',t)\,\mathrm{d}V \tag{1.6}$$

如图 1.2 所示,根据式(1.3),电荷元 $\mathrm{d}q$ 在距离 r 处的 P 点产生的电场为

$$\mathrm{d}\boldsymbol{E}=\frac{\boldsymbol{r}\,\mathrm{d}q}{4\pi\varepsilon_0 r^3}=\frac{\rho(\boldsymbol{x}')\boldsymbol{r}\,\mathrm{d}V}{4\pi\varepsilon_0 r^3} \tag{1.7}$$

把系统各部分电荷的贡献叠加起来,则整个电荷系统在 P 点产生的总电场为

$$\boldsymbol{E}=\int\frac{\rho(\boldsymbol{x}')\boldsymbol{r}\,\mathrm{d}V'}{4\pi\varepsilon_0 r^3}=\int\frac{\rho(\boldsymbol{x}')\boldsymbol{e}_r\,\mathrm{d}V}{4\pi\varepsilon_0 r^2} \tag{1.8}$$

比较式(1.4)和式(1.8),相当于数学上作了这样的处理

$$\sum\rightarrow\int$$

$$Q\rightarrow\rho(\boldsymbol{x}',t)\,\mathrm{d}V'$$

于是,电场公式由求和形式过渡到了积分形式。

式(1.4)和式(1.8)中的函数是反平方函数,注意其中隐含的两条重要性质以及对应的微分方程。对于反平方函数而言,数学上存在 Gauss 定理和 Stokes 定理(见“数学预备知识”)。

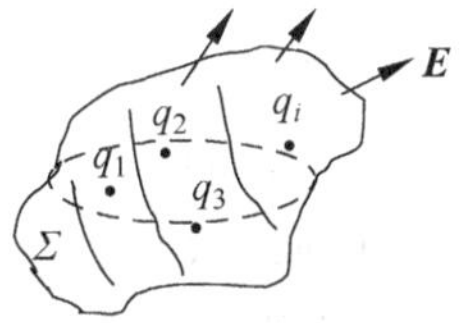

图 1.3 封闭曲面中的电荷与电场

如图 1.3 所示,作一任意闭合曲面 Σ,根据 Gauss 定理,对 Σ 内所包围的电荷而言,它产生的电场穿过在该曲面上的电通量为

$$\begin{aligned}\oiint_{\Sigma}\boldsymbol{E}\cdot\mathrm{d}\boldsymbol{\Sigma}&=\oiint\sum_i\frac{q_i\boldsymbol{r}_i}{4\pi\varepsilon_0 r_i^3}\cdot\mathrm{d}\boldsymbol{\Sigma}=\sum_i\frac{q_i}{4\pi\varepsilon_0}\oiint\frac{\boldsymbol{r}_i}{r_i^3}\cdot\mathrm{d}\boldsymbol{\Sigma}\\&=\sum_i\frac{q_i}{4\pi\varepsilon_0}\oiint\frac{\boldsymbol{e}_i}{r_i^2}\cdot\mathrm{d}\boldsymbol{\Sigma}=\sum_i\frac{q_i}{4\pi\varepsilon_0}\cdot4\pi=\sum_i\frac{q_i}{\varepsilon_0}=\frac{Q}{\varepsilon_0}\end{aligned} \tag{1.9}$$

其中,$Q=\sum_i q_i$ 为闭合曲面 Σ 内所包围的电荷总量;反之,对闭合曲面 Σ 外的电荷,在该闭合曲面上电通量为零,因为闭合曲面外的电荷所产生的电场在该闭合曲面上进出相抵,即电通量为零。

另一个性质是,根据 Stokes 定理,对任意闭合环路,反平方函数的环路积分为零,因此电场沿任意闭合环路的线积分为

$$\oint\boldsymbol{E}\cdot\mathrm{d}\boldsymbol{l}=\oint\sum_i\frac{q_i\boldsymbol{r}_i}{4\pi\varepsilon_0 r_i^3}\cdot\mathrm{d}\boldsymbol{l}=\sum_i\frac{q_i}{4\pi\varepsilon_0}\oint\frac{\boldsymbol{e}_i}{r_i^2}\cdot\mathrm{d}\boldsymbol{l}=0 \tag{1.10}$$

总结一下，静电荷产生的电场对任意闭合曲面的面积分等于该闭合曲面所包围着的电荷量 Q 除以真空介电常量 ε_0，电场对任意闭合环路的线积分为零。

进一步，由式(1.6)，任意闭合曲面内的总电荷可以写成该曲面所包围体积内的电荷密度体积分：

$$Q=\iiint\rho\mathrm{d}V$$

根据积分变换公式

$$\oint\!\!\!\oint_{\Sigma}\boldsymbol{E}\cdot\mathrm{d}\boldsymbol{\Sigma}=\iiint(\nabla\cdot\boldsymbol{E})\mathrm{d}V \tag{1.11}$$

式(1.9)可变为

$$\iiint(\nabla\cdot\boldsymbol{E})\mathrm{d}V=\frac{1}{\varepsilon_0}\iiint\rho\mathrm{d}V \tag{1.12}$$

上式对任意大小、任意形状、任意位置的体积都成立。选体积 $\Delta V\to 0$，因左右两边的被积函数必须相等，于是得到微分公式

$$\nabla\cdot\boldsymbol{E}=\frac{\rho}{\varepsilon_0} \tag{1.13}$$

式(1.13)称为静电场的Gauss定理，它意味着：电荷是电场的源，在 $\rho\neq 0$ 的源点，电场的散度不为零；反之，在其他地方，电场的散度为零，在该点流进流出的电力线相抵。如图1.4所示，由正负点电荷所产生的电场，在正电荷 A 处，电力线只出不进；在负电荷 B 处，电力线只进不出，这两点电场的散度都不为零；而在其他地方，例如点 C 处，电力线连续变化并且互不相交，进出相抵。

另一方面，应用Stokes定理，式(1.10)变成

$$\oint\boldsymbol{E}\cdot\mathrm{d}\boldsymbol{l}=\iint(\nabla\times\boldsymbol{E})\cdot\mathrm{d}\boldsymbol{\Sigma}=0 \tag{1.14}$$

它对任意环路都成立，因此对任意位置，均有

$$\nabla\times\boldsymbol{E}=0 \tag{1.15}$$

即静电荷产生的(静)电场是有源无旋的，即电场散度在源头不为零，而旋度处处为零。

另外，对闭合环路中的任意两点 A 和 B，把环路分成两条路径 l_1 和 l_2，如图1.5所示，由式(1.14)得

$$\oint\boldsymbol{E}\cdot\mathrm{d}\boldsymbol{l}=\int_A^B\boldsymbol{E}\cdot\mathrm{d}\boldsymbol{l}_1+\int_B^A\boldsymbol{E}\cdot\mathrm{d}\boldsymbol{l}_2=0$$

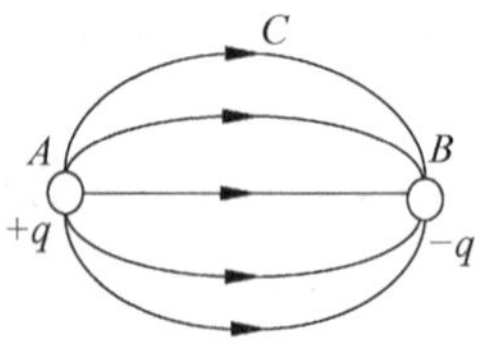

图1.4 正负点电荷所产生的电场、电力线

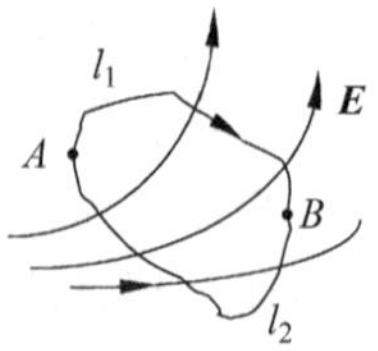

图1.5 静电场做功与路径无关

即

$$\int_A^B \boldsymbol{E} \cdot \mathrm{d}\boldsymbol{l}_1 = \int_A^B \boldsymbol{E} \cdot \mathrm{d}\boldsymbol{l}_2 \tag{1.16}$$

意味着对于静电场，把电荷 q 从 A 点移到 B 点所做的功

$$W = \int_B^A \boldsymbol{F} \cdot \mathrm{d}\boldsymbol{l} = \int_B^A q\boldsymbol{E} \cdot \mathrm{d}\boldsymbol{l} \tag{1.17}$$

只与 A、B 点的位置有关，与移动的路程无关，这是静电场无旋性具有的特性。

Gauss 定理的正确性取决于平方反比函数关系的 Coulomb 定律。若 Coulomb 定律不严格遵从反平方规律，假设 $\boldsymbol{F} = \frac{1}{4\pi\varepsilon_0}\frac{qQ}{r^{2+\delta}}\boldsymbol{e}_r\ (\delta \neq 0)$，则 Gauss 定理不成立，导致的直接后果是，均匀带电球壳里的电场不为零，静电屏蔽效应不再成立，光子静止质量不再为零，进而导致现在通行的整个电动力学的理论基础坍塌，因此检验 Coulomb 定律是否严格遵从反平方规律涉及整个电动力学理论体系的可靠性。20 世纪 70 年代实验给出的上限为 $\delta \leqslant 10^{-16}$，相应地，可确定光子静止质量上限为 $m_\gamma < 10^{-50}\,\mathrm{kg}$；而在 2006 年，由改进的动态扭秤调制实验可知，这一上限调整到 $m_\gamma < 1.5 \times 10^{-55}\,\mathrm{kg}$（比较一下，电子质量为 $9.1 \times 10^{-31}\,\mathrm{kg}$）。

对于非静电场，电场的 Gauss 定理式(1.13)仍然成立，但电场的闭合环路路径积分为零的结论式(1.15)需要修正。

1.2 电流与磁场

静电荷产生静电场，而运动的电荷（电流）还产生另一种场——磁场，本节讨论电流与磁场之间的相互作用的规律。

1. 电流

电荷的流动形成了电流。若带电体在某处的电荷密度为 ρ，该处电荷速度为 $\boldsymbol{v}$，则定义该处的电流密度 $\boldsymbol{J}$ 为

$$\boldsymbol{J} = \rho\boldsymbol{v} \tag{1.18}$$

它代表单位时间流过单位截面的电荷量，因此流过某一截面 Σ 上的电流为

$$I = \iint \boldsymbol{J} \cdot \mathrm{d}\boldsymbol{\Sigma} = \frac{\mathrm{d}q}{\mathrm{d}t} \tag{1.19}$$

等于流过该面的电荷的时间变化率。

2. 电荷守恒定律

大量实验表明，电荷既不会凭空产生，也不会无故消失。无论宏观物理过程还是微观物理过程，参与过程的系统的电荷总量不变，这就是电荷守恒定律。或者说，对任意封闭曲面内部而言，如果内部的电荷量减少了，则减少的电荷一定是以

电流的形式穿过曲面流走，把这个思想翻译成数学语言可表述为：流出闭合曲面的电流

$$I=-\frac{\mathrm{d}q}{\mathrm{d}t}=-\frac{\mathrm{d}\left(\iiint\rho(\boldsymbol{x}',t)\,\mathrm{d}V\right)}{\mathrm{d}t}=-\iiint\frac{\partial\rho(\boldsymbol{x}',t)}{\partial t}\mathrm{d}V \tag{1.20}$$

其中 $\rho(\boldsymbol{x}',t)$ 是闭合曲面内的电荷密度。式(1.20)中对函数 $\rho(\boldsymbol{x}',t)$ 的两种不同的操作(对空间的积分和对时间的微分)顺序的交换，变成先求时间微分再算空间积分，使得在积分号外的时间微分变成了积分号内的时间偏微分。与此同时，流出闭合曲面的电流为

$$I=\oint\!\!\!\oint\boldsymbol{J}\cdot\mathrm{d}\boldsymbol{\Sigma}=\iiint(\nabla\cdot\boldsymbol{J})\,\mathrm{d}V \tag{1.21}$$

比较式(1.20)和式(1.21)，右边的积分对任意大小、任意形状、任意位置的体积都成立，因此

$$\nabla\cdot\boldsymbol{J}+\frac{\partial\rho}{\partial t}=0 \tag{1.22}$$

式(1.22)就是电荷守恒定律的数学形式(微分形式)，或称为电流连续性方程。

对局部而言，在某处电荷的减少 $\left(\frac{\partial\rho}{\partial t}<0\right)$ 一定是以电流的形式流走 $(\nabla\cdot\boldsymbol{J}>0)$。若电流线上的某处流进、流出的电荷量相等，即该处电荷没有囤积或流失，$\frac{\partial\rho}{\partial t}=0$。因此该处有

$$\nabla\cdot\boldsymbol{J}=0 \tag{1.23}$$

满足上述条件的电流称为稳恒电流。对于整个闭合环路而言，稳恒电流的流线是闭合的，没有源头也没有终点。

3. 电流产生的磁场

一段通电的直导线，会使附近的指南针发生偏转，说明通电导线产生一种物质来影响指南针，这种物质弥散在全空间，称为磁场。如何衡量磁场的强弱大小？

考虑带电体中的某体积元 $\mathrm{d}V$，内含电荷元 $\mathrm{d}q$，运动速度为 $\boldsymbol{v}$，沿速度方向的长度元为 $\mathrm{d}l$，横截面为 S，$\boldsymbol{v}\mathrm{d}q$ 称为电流元。

根据式(1.6)、式(1.18)和式(1.21)，电流元可表示为 $\boldsymbol{J}\mathrm{d}V$ 或 $I\mathrm{d}\boldsymbol{l}$，因为

$$\boldsymbol{v}\,\mathrm{d}q=\boldsymbol{v}\rho\mathrm{d}V=\boldsymbol{J}\mathrm{d}V=\boldsymbol{J}S\mathrm{d}l=J\cdot S\mathrm{d}\boldsymbol{l}=I\mathrm{d}\boldsymbol{l} \tag{1.24}$$

如图1.6所示，由实验上测得通电导线中稳恒电流元 $I\mathrm{d}\boldsymbol{l}$ 在距离 $\boldsymbol{r}$ 处产生的磁场为

$$\mathrm{d}\boldsymbol{B}=\frac{\mu_0}{4\pi}\frac{I\mathrm{d}\boldsymbol{l}\times\boldsymbol{e}_r}{r^2} \tag{1.25}$$

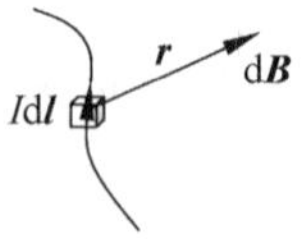

图1.6 电流产生的磁场

$\boldsymbol{B}$ 称为磁感应强度，其单位为T(特斯拉)，$\mu_0=4\pi\times$

10^{-7} H·m^{-1}(亨利每米)是真空磁导率。式(1.25)称为 Biot-Savart(毕奥-萨伐尔)定律。

反过来,同样是一段通电的导线,放在磁场中,也受到磁场的作用力。测量一下导线所受的力,就可以确定磁场的大小。实验上发现,放在磁场 $\boldsymbol{B}$ 中的电流为 I 的长度元为 $\mathrm{d}l$ 的导线,电流元所受的力为

$$\mathrm{d}\boldsymbol{F} = I\,\mathrm{d}\boldsymbol{l} \times \boldsymbol{B} \tag{1.26}$$

称为 Ampere(安培)力公式。

若有两个任意的闭合电流环 1 和 2,如图 1.7 所示,当中的稳恒电流分别为 I_1 和 I_2,电流环 1 中的电流元 $I_1\mathrm{d}\boldsymbol{l}_1$ 所产生的磁场 $\mathrm{d}\boldsymbol{B}_1$ 对电流环 2 中的电流元 $I_2\mathrm{d}\boldsymbol{l}_2$ 的作用力为

$$\mathrm{d}\boldsymbol{F}_{12} = I_2\mathrm{d}\boldsymbol{l}_2 \times \mathrm{d}\boldsymbol{B}_1 = I_2\mathrm{d}\boldsymbol{l}_2 \times \frac{\mu_0 I_1\mathrm{d}\boldsymbol{l}_1 \times \boldsymbol{e}_r}{4\pi r^2}$$

同理,电流环 2 中的电流元 $I_2\mathrm{d}\boldsymbol{l}_2$ 所产生的磁场对电流环 1 中的电流元 $I_1\mathrm{d}\boldsymbol{l}_1$ 的作用力为

$$\mathrm{d}\boldsymbol{F}_{21} = I_1\mathrm{d}\boldsymbol{l}_1 \times \mathrm{d}\boldsymbol{B}_2 = I_1\mathrm{d}\boldsymbol{l}_1 \times \frac{\mu_0 I_2\mathrm{d}\boldsymbol{l}_2 \times (-\boldsymbol{e}_r)}{4\pi r^2}$$

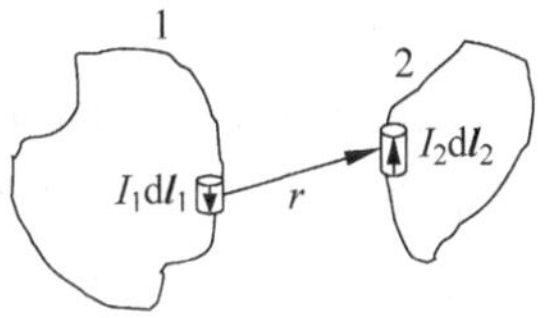

图 1.7 两个电流环的相互作用

值得注意的是,利用矢量变换公式 $\boldsymbol{A}\times(\boldsymbol{B}\times\boldsymbol{C})=(\boldsymbol{A}\cdot\boldsymbol{C})\boldsymbol{B}-(\boldsymbol{A}\cdot\boldsymbol{B})\boldsymbol{C}$,可知 $\mathrm{d}\boldsymbol{F}_{12}\neq-\mathrm{d}\boldsymbol{F}_{21}$,即两个电流环中的电流元之间的相互作用并不遵从牛顿第三定律(当然,孤立的稳恒电流元并不存在)。但对两个电流圈整体而言,两者之间的相互作用力仍然遵从牛顿第三定律,大小相等,方向相反,即 $\boldsymbol{F}_{12}=-\boldsymbol{F}_{21}$。

4. 稳恒电流磁场的两个重要性质

磁感强度 $\boldsymbol{B}$ 穿过曲面 Σ 的量称为磁通量,记为 $\Phi=\iint\boldsymbol{B}\cdot\mathrm{d}\boldsymbol{\Sigma}$ 。

Biot-Savart 定律式(1.25)描述的是稳恒电流产生的磁场,它蕴含着两个重要的性质,即

$$\oiint_{\Sigma}\boldsymbol{B}\cdot\mathrm{d}\boldsymbol{\Sigma}=0 \tag{1.27}$$

$$\oint_{l}\boldsymbol{B}\cdot\mathrm{d}\boldsymbol{l}=\mu_0 I \tag{1.28}$$

其中,I 为被闭合环路 l 包围着的电流。即磁场对任意形状的闭合曲面 Σ 的面积分为零,磁场对任意形状的闭合环路 l 的路径积分正比于该环路所包围的电流。

进一步,由 Gauss 定理和 Stokes 定理,式(1.27)和式(1.28)可写成

$$\oiint\boldsymbol{B}\cdot\mathrm{d}\boldsymbol{\Sigma}=\iiint(\nabla\cdot\boldsymbol{B})\mathrm{d}V=0 \tag{1.29}$$

$$\iint(\nabla\times\boldsymbol{B})\cdot\mathrm{d}\boldsymbol{\Sigma}=\oint_{l}\boldsymbol{B}\cdot\mathrm{d}\boldsymbol{l}=\mu_0 I=\mu_0\iint\boldsymbol{J}\cdot\mathrm{d}\boldsymbol{\Sigma}\tag{1.30}$$

它们对于任意形状和大小的曲面均成立，因此只能是等式两边的被积函数相等，于是稳恒电流磁场的性质可写成微分形式：

$$\nabla\cdot\boldsymbol{B}=0\tag{1.31}$$

$$\nabla\times\boldsymbol{B}=\mu_0\boldsymbol{J}\tag{1.32}$$

稳恒电流产生的磁场是无源有旋的，即磁场散度处处为零，而旋度在电流处不为零，式(1.32)称为 Ampere 环路定理。下面将会看到，在普遍的情况下，对于非稳恒磁场，磁场的闭合曲面面积分为零的结论即式(1.31)仍然成立；但磁场的闭合环路路径积分公式即式(1.32)需要修正。

1.3　由对称性确定电磁场

前面我们总结了静电场和稳恒电流磁场的规律，即式(1.13)、式(1.15)、式(1.31)和式(1.32)。电磁场所遵从的规律是偏微分方程组，对一般电磁系统而言，要求出问题的解是不容易的，只有那些电荷或电流分布具有很好对称性的系统，方可较为容易地求得方程的解。因为此时电场或磁场分布的某些特征可以由对称性原理直接得到。

电磁规律是左右对称的。以前，人们普遍相信物理定律是左右对称的，即任何物理过程的镜像也是一个可能的物理过程，认为自然定律的镜像对称性(或称“宇称不变性”)应是不言而喻的。但 1956 年李政道和杨振宁发现，在弱作用过程中，宇称不变性从未被证实过，随后吴健雄用实验验证了，宇称在弱作用过程中不是不变的。

对称性要求是凌驾于物理规律之上的，也就是说，物理规律必须要符合对称性的要求①。由对称性可确定，极矢量必定是落在对称面上的，轴矢量必定是垂直于对称面的。

我们已经知道，电场是极矢量，而磁感强度是轴矢量(见“数学预备知识”)。因此，根据对称性的要求，可以通过下面的论证得到这样的结论：

对于具有对称分布的电荷或电流系统，如果系统的电荷对某一个平面具有对称分布，则在该平面上各点的电场方向就一定落在该平面上。

如果系统的电流对某一个平面具有对称分布，则在该平面上各点的磁场方向就一定垂直该平面。

先讨论电场的情况。若两个同号电荷源电荷密度 ρ 和 ρ' 关于平面 Π 镜像对称分布，两个观察点 M 和 M' 也关于平面 Π 镜像对称，如图 1.8(a)所示。由于电场是极矢量，于是在这两个观察点上，平行于对称面的电场分量相等，垂直于对称面的

---

① 见参考文献[6]。

电场分量等量相反，即

$$\boldsymbol{E}'(M')_{/\!/}=\boldsymbol{E}(M)_{/\!/},\quad \boldsymbol{E}'(M')_{\perp}=-\boldsymbol{E}(M)_{\perp}$$

于是，在对称面上，M 和 M'重合，垂直于对称面的电场分量消失，$\boldsymbol{E}'(M')_{\perp}=-\boldsymbol{E}(M)_{\perp}=\boldsymbol{0}$，剩下落在平面上的平行分量。

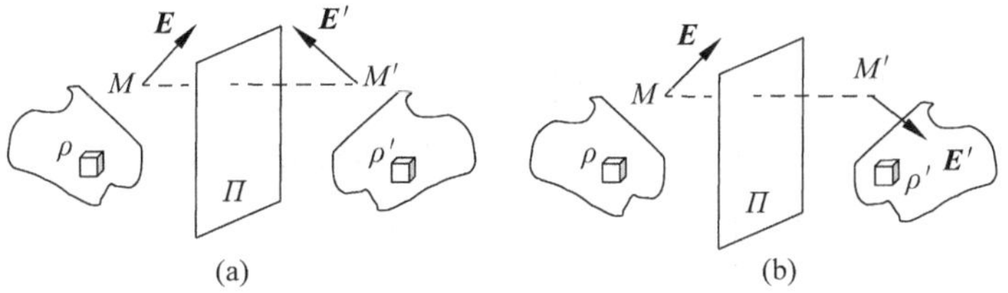

图 1.8 同/异号电荷源关于平面 Π 镜像对称分布

进一步，若两个异号电荷源 ρ 和 ρ'关于平面 Π 镜像对称分布，两个观察点 M 和 M'也关于平面 Π 镜像对称，如图 1.8(b)所示，则在这两个观察点上，平行于对称面的电场分量等量相反，垂直于对称面的电场分量相等：

$$\boldsymbol{E}'(M')_{/\!/}=-\boldsymbol{E}(M)_{/\!/},\quad \boldsymbol{E}'(M')_{\perp}=\boldsymbol{E}(M)_{\perp}$$

于是，在对称面上，M 和 M'重合，平行于对称面的电场分量消失，$\boldsymbol{E}'(M')_{/\!/}=-\boldsymbol{E}(M)_{/\!/}=\boldsymbol{0}$，剩下垂直平面上的分量。

再来讨论磁场的情况。如图 1.9(a)所示，若两个电流源 $\boldsymbol{J}$ 和 $\boldsymbol{J}'$关于平面 Π 镜像对称分布，两个观察点 M 和 M'也关于平面 Π 镜像对称，由于磁感强度是轴矢量，则在这两个观察点上，平行于对称面的磁感强度分量等量相反，垂直于对称面的磁感强度分量相等，即

$$\boldsymbol{B}'(M')_{/\!/}=-\boldsymbol{B}(M)_{/\!/},\quad \boldsymbol{B}'(M')_{\perp}=\boldsymbol{B}(M)_{\perp}$$

于是，在对称面上，M 和 M'重合，平行于对称面的磁感强度分量消失，$\boldsymbol{B}'(M')_{/\!/}=-\boldsymbol{B}(M)_{/\!/}=0$，剩下垂直平面上的分量。

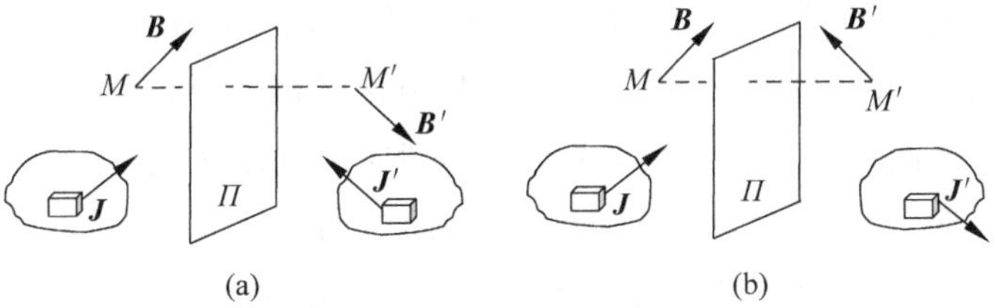

图 1.9 电流源关于平面 Π 镜像对称/反对称分布

进一步，如图 1.9(b)所示，若两个电流源 $\boldsymbol{J}$ 和 $\boldsymbol{J}'$关于平面 Π 镜像反对称分布（即平行镜面分量改变符号，垂直镜面分量不变），两个观察点 M 和 M'也关于平面 Π 镜像对称，则在这两个观察点上，平行于对称面的磁感强度分量相等，垂直于对称面的磁感强度分量等量相反：

$$\boldsymbol{B}'(M')_{/\!/}=\boldsymbol{B}(M)_{/\!/},\quad \boldsymbol{B}'(M')_{\perp}=-\boldsymbol{B}(M)_{\perp}$$

于是，在对称面上，垂直于对称面的磁场分量消失，$\boldsymbol{B}'(M')_{\perp}=-\boldsymbol{B}(M)_{\perp}=0$，剩下落在平面上的平行分量。

我们已经知道，点电荷（一种最简单的球对称系统）的电场必定是球对称，只有径向分量。原因很简单，过球心作两个互相垂直的平面，这两个平面都是关于球对称系统（点电荷）的对称面，在这两个面相交线上的任一点，电场的方向都要同时落在两个对称面上，因此只有径向分量满足这个要求。

如图 1.10 所示，若系统是均匀的带电球体，即对 Π_1 平面和 Π_2 平面而言都是镜像对称的，可沿三个互相正交的方向分解为

$$\boldsymbol{E}=\boldsymbol{E}_r+\boldsymbol{E}_\varphi+\boldsymbol{E}_z$$

电场是极矢量，则电场也应对 Π_1 平面是镜像对称的，电场必定落在该面上，$E_\varphi=0$，同时电场也必定落在 Π_2 平面，$E_z=0$，只有径向分量 E_r 才同时满足这两个要求。因此，得出点电荷的电场必定是球对称的，就只有径向分量 E_r。

同理，如图 1.11 所示，对无限长圆形截面均匀电流导线产生的磁场，在柱坐标下磁场可分解为

$$\boldsymbol{B}=\boldsymbol{B}_r+\boldsymbol{B}_\varphi+\boldsymbol{B}_z$$

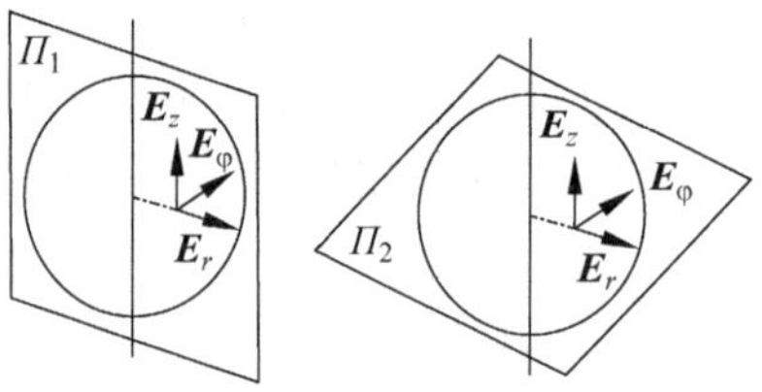

图 1.10　均匀的带电球体的电场分布

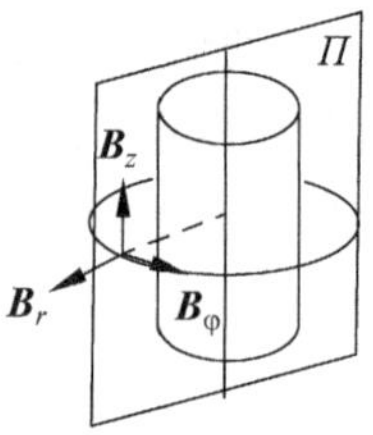

图 1.11　无限长圆柱均匀电流产生的磁场分布

设平面 Π 过导线轴线，这平面是轴对称系统（无限长圆直导线）的对称面，磁感强度是轴矢量，由于电流分布对 Π 平面是镜像对称的，则该面上的磁感强度方向必定垂直于该面，也即 $\boldsymbol{B}_r=\boldsymbol{B}_z=\boldsymbol{0}$，只剩下切向矢量分量 $\boldsymbol{B}_\varphi$。

同样的道理，对于无限长圆柱绝缘线上均匀分布的电荷，柱外的电场是沿径向分布的，而稳恒电流圆环在圆心处的磁场是垂直于圆环平面的。

例 1-1　半径为 a 的球状体中电荷量 Q 均匀分布，求球内外的电场。

解：对具有球对称的系统，取与球状体共球心的半径为 r 的球面 Σ，如图 1.12 所示，在该面上的每一点，电场的大小都相等，并且只有径向分量，因此在整个球面上的电通量积分为

$$\oiint \boldsymbol{E}\cdot \mathrm{d}\boldsymbol{\Sigma}=E_r\oiint \mathrm{d}\Sigma=E_r\cdot 4\pi r^2=\frac{1}{\varepsilon_0}\sum_i q_i$$

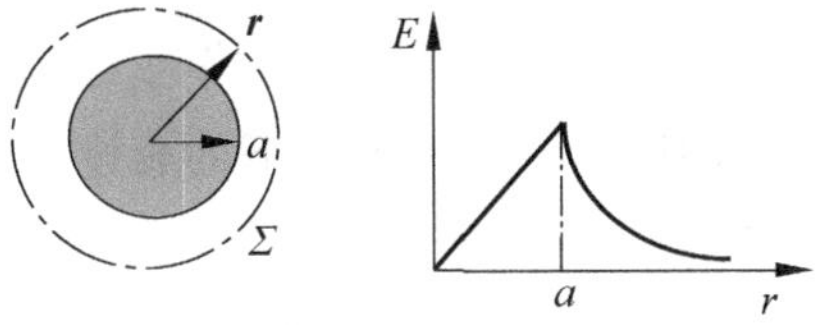

图 1.12 电荷均匀分布的球状体的电场

其中，$\sum_i q_i$ 为球面所包围的电荷量，在球状体外的空间，即球面半径大于球状体半径（$r>a$），则 $\sum_i q_i = Q$，因此球外电场

$$\boldsymbol{E} = \frac{Q}{4\pi\varepsilon_0 r^2}\boldsymbol{e}_r \quad (r > a)$$

与点电荷产生的电场相同。对球状体内的空间，均匀分布的电荷体密度为

$$\rho = \frac{Q}{4\pi a^3/3}$$

取球面半径 $r \leqslant a$，球面内包围着的电荷量为

$$\sum_i q_i = \iiint \rho \mathrm{d}V = \rho \cdot \frac{4\pi r^3}{3} = Q \cdot \left(\frac{r}{a}\right)^3$$

因此球内电场

$$\boldsymbol{E} = \frac{Qr}{4\pi\varepsilon_0 a^3}\boldsymbol{e}_r \quad (r \leqslant a)$$

例 1-2 半径为 a 的无限长圆柱直导线均匀流过电流 I，如图 1.13 所示，求它所产生的磁场及其旋度。

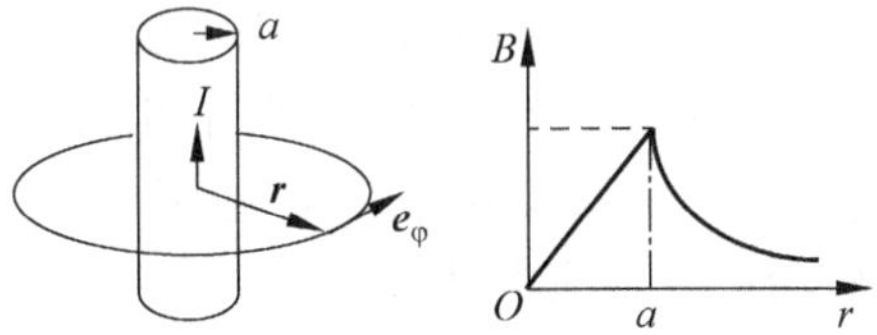

图 1.13 无限长圆柱直导线均匀电流的磁场

解：对具有轴对称的系统，在垂直于轴线的平面上取半径为 r 的圆环，在该环上的每一点，磁感强度的大小都相等，并且只有切向分量，因此磁感强度沿圆环的闭路积分有

$$\oint \boldsymbol{B} \cdot \mathrm{d}\boldsymbol{l} = B_\varphi \oint \mathrm{d}l = B_\varphi \cdot 2\pi r = \mu_0 I'$$

其中 I' 为闭合环路所包围的电流量，在直导线外的空间，即圆环半径大于导线半径，有 $I' = I$，因此

$$\boldsymbol{B} = \frac{\mu_0 I}{2\pi r}\boldsymbol{e}_\varphi \quad (r > a)$$

磁感强度只有切向分量，且反比于 r，由柱坐标下的旋度公式（见“数学预备知识”）得，其旋度为零，即 $\nabla\times\boldsymbol{B}=\boldsymbol{0}$。

对直导线内的区域，闭合环路所包围的电流量为

$$I' = \iint \boldsymbol{J}\cdot \mathrm{d}\boldsymbol{\Sigma} = \frac{I}{\pi a^2}\cdot \pi r^2 = I\,\frac{r^2}{a^2}$$

因此

$$\boldsymbol{B} = \frac{\mu_0 I r}{2\pi a^2}\boldsymbol{e}_\varphi \quad (r \leqslant a)$$

此处磁感强度正比于 r，由柱坐标下的旋度公式，可得

$$\nabla\times\boldsymbol{B} = \frac{1}{r}\,\frac{\partial(rB_\varphi)}{\partial r}\boldsymbol{e}_z = \frac{\mu_0 I}{\pi a^2}\boldsymbol{e}_z$$

注意到例 1-1 和例 1-2 中在电磁体系的外部电场与 r^2 成反比，而磁感强度与 r 成反比。

1.4 Maxwell 方程组与 Lorentz 力

我们已经介绍了描述不随时间变化的“静态的”电磁现象的规律，现在进一步把研究领域拓展到含时的“动态的”范畴，从而构造建立起现代自然科学——经典电磁理论。

1. Faraday(法拉第)定律

实验表明，运动的磁铁会导致旁边的闭合线圈产生电流，或者相对磁铁运动的导体“切割”磁力线时，导体两端会产生电动势；两个互相嵌套的线圈，当一个线圈中的电流发生变化时，会在另一个线圈中产生电流，从这些现象可总结出 Faraday 电磁感应定律：变化的磁场产生感应电动势。

如图 1.14 所示，在磁场中有一闭合线圈 l，令 Φ 为通过闭合线圈的磁通量，当磁场变化时，在磁场中的闭合线圈的感应电动势为

$$\varepsilon = -\frac{\mathrm{d}\Phi}{\mathrm{d}t} = -\frac{\mathrm{d}}{\mathrm{d}t}\iint \boldsymbol{B}\cdot \mathrm{d}\boldsymbol{\Sigma} \qquad (1.33)$$

而感应电动势与导线内的感应电场的关系为①

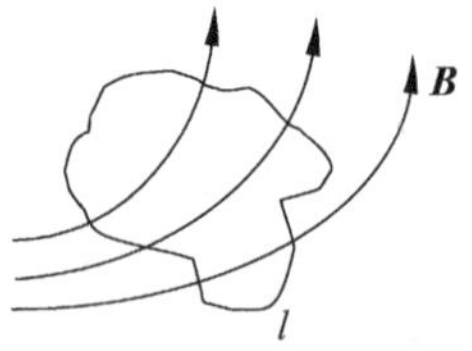

图 1.14 变化磁场中的闭合线圈会产生感应电动势

① 关于电场与电势的关系可参见第 3 章。

$$\varepsilon = \oint \boldsymbol{E} \cdot \mathrm{d}\boldsymbol{l} \tag{1.34}$$

其中的感应电场不是无旋的，因此它的环路积分不为零。

另一方面，由 Stokes 定理

$$\oint \boldsymbol{E} \cdot \mathrm{d}\boldsymbol{l} = \iint (\nabla \times \boldsymbol{E}) \cdot \mathrm{d}\boldsymbol{\Sigma}$$

即

$$\iint (\nabla \times \boldsymbol{E}) \cdot \mathrm{d}\boldsymbol{\Sigma} = -\frac{\mathrm{d}}{\mathrm{d}t}\iint \boldsymbol{B} \cdot \mathrm{d}\boldsymbol{\Sigma} = -\iint \frac{\partial \boldsymbol{B}}{\partial t} \cdot \mathrm{d}\boldsymbol{\Sigma} \tag{1.35}$$

于是有

$$\nabla \times \boldsymbol{E} = -\frac{\partial \boldsymbol{B}}{\partial t} \tag{1.36}$$

即变化的磁场可产生左旋电场，式(1.36)是 Faraday 电磁感应定律的微分形式。有旋电场是一种左旋场，即磁场增加的方向与由此产生的有旋电场的方向构成左手螺旋关系。作为对比，电流产生的磁场也是有旋场，但电流的方向和它所产生的磁场的方向成右手螺旋关系，所以是右旋场。

2. 位移电流

磁场旋度方程式(1.32)是在稳恒电流情况下导出的，事实上，对方程两边取散度，根据旋度的散度恒为零这一数学性质(见“数学预备知识”)，则

$$\nabla \cdot (\nabla \times \boldsymbol{B}) = \mu_0 \nabla \cdot \boldsymbol{J} \equiv 0 \tag{1.37}$$

因此方程自动包含有稳恒电流的要求(电流线是闭合的，$\nabla \cdot \boldsymbol{J} = 0$)。但在一般的非稳恒电流的条件下，情况又会是怎么样的？

如图 1.15 所示，以交流电源和电容器组成的简单物理系统为例，电源向电容器充电，导线中有电荷流动，且没有电荷积累，电荷向电容器极板集结积累，但在极板之间是没有电荷的流动，此处 $\boldsymbol{J} = \boldsymbol{0}$，即在这里电流线不再闭合，电流不再是稳恒的，也即 $\nabla \cdot \boldsymbol{J} \neq 0$。

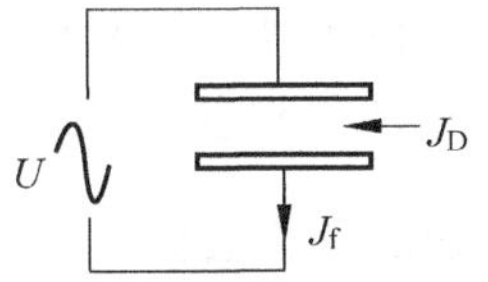

图 1.15 由交流电源和电容器组成的非稳恒电流系统

在非稳恒电流的一般情况下，磁场旋度方程式(1.32)是不自洽的。那么，其理论是保留下来还是推倒重来呢？

在 Faraday 实验的启发下，Maxwell(麦克斯韦)提出了关键的一步，在导线之外的极板之间补上一项虚拟的位移电流项 $\boldsymbol{J}_{\mathrm{D}}$，使得在电容极板中断的电流被接续下去，电流线仍闭合，总电流 $\boldsymbol{J} = \boldsymbol{J}_{\mathrm{f}} + \boldsymbol{J}_{\mathrm{D}}$ 仍满足稳恒条件：

$$\nabla \cdot (\boldsymbol{J}_{\mathrm{f}} + \boldsymbol{J}_{\mathrm{D}}) = 0 \tag{1.38}$$

其中 $\boldsymbol{J}_{\mathrm{f}}$ 是传统意义上的电荷流动形成的电流，称为传导电流，因此方程式(1.32)经修正后仍成立，即

$$\nabla\times \boldsymbol{B}=\mu_0(\boldsymbol{J}_{\mathrm{f}}+\boldsymbol{J}_{\mathrm{D}}) \tag{1.39}$$

另一方面，要使方程式(1.39)能反映真正的物理规律，那么这项虚拟的位移电流 $\boldsymbol{J}_{\mathrm{D}}$ 必须能与可观测的电磁物理量相联系。比较电荷守恒定律式(1.22)：

$$\nabla\cdot \boldsymbol{J}_{\mathrm{f}}+\frac{\partial \rho}{\partial t}=0$$

及式(1.38)有

$$\nabla\cdot \boldsymbol{J}_{\mathrm{D}}=\frac{\partial \rho}{\partial t}$$

而由 Gauss 定理式(1.13)，可得

$$\rho=\varepsilon_0\ \nabla\cdot \boldsymbol{E}$$

因此

$$\nabla\cdot \boldsymbol{J}_{\mathrm{D}}=\frac{\partial(\varepsilon_0\ \nabla\cdot \boldsymbol{E})}{\partial t}=\varepsilon_0\ \nabla\cdot\left(\frac{\partial \boldsymbol{E}}{\partial t}\right)$$

即

$$\boldsymbol{J}_{\mathrm{D}}=\varepsilon_0\ \frac{\partial \boldsymbol{E}}{\partial t}+\boldsymbol{C} \tag{1.40}$$

其中 $\boldsymbol{C}$ 为常矢量，从数学上来说，$\boldsymbol{J}_{\mathrm{D}}$ 并不能唯一确定，但从物理上考虑，对于真空且无电磁场的区域($\boldsymbol{J}=\boldsymbol{0},\rho=0,\boldsymbol{E}=\boldsymbol{0},\boldsymbol{B}=\boldsymbol{0}$)，若方程仍要成立，必须取 $\boldsymbol{C}=\boldsymbol{0}$，则式(1.39)变为

$$\nabla\times \boldsymbol{B}=\mu_0\boldsymbol{J}_{\mathrm{f}}+\mu_0\boldsymbol{J}_{\mathrm{D}}=\mu_0\boldsymbol{J}_{\mathrm{f}}+\mu_0\varepsilon_0\ \frac{\partial \boldsymbol{E}}{\partial t} \tag{1.41}$$

于是，在式(1.32)Ampere 环路定理中补上位移电流这一项，这样既修正完善了方程，同时也不违反电荷守恒定律，则问题迎刃而解。

3. Lorentz 力公式

Maxwell 方程组描述了电磁场的运动规律，而带电体系所受的电磁力作用，是由 Lorentz 总结的。根据式(1.2)，在电场中，带电粒子所受的电场力为 $\boldsymbol{F}=q\boldsymbol{E}$，对体积元 d$V$ 内电荷所受的电场力可写成

$$\mathrm{d}\boldsymbol{F}=\rho\boldsymbol{E}\,\mathrm{d}V$$

记 $\boldsymbol{f}=\dfrac{\mathrm{d}\boldsymbol{F}}{\mathrm{d}V}$为单位体积系统所受的力，称为力密度，电场力密度为

$$\boldsymbol{f}_{\mathrm{e}}=\rho\boldsymbol{E}$$

另外，在磁场中，长为 dl 的通电导线的受力由安培定律式(1.26)给出

$$\mathrm{d}\boldsymbol{F}=I\,\mathrm{d}\boldsymbol{l}\times\boldsymbol{B}=\boldsymbol{J}\,\mathrm{d}V\times\boldsymbol{B}$$

于是单位体积系统所受的磁力为 $\boldsymbol{f}_{\mathrm{m}}=\boldsymbol{J}\times\boldsymbol{B}$。综合起来，包含电荷密度 ρ 和电流密度 $\boldsymbol{J}$ 的电磁系统在电磁场中所受的电磁力密度为

$$\boldsymbol{f}=\boldsymbol{f}_{\mathrm{e}}+\boldsymbol{f}_{\mathrm{m}}=\rho\boldsymbol{E}+\boldsymbol{J}\times\boldsymbol{B} \tag{1.42}$$

称为 Lorentz 力。单个带电粒子所受的电磁力为

$$\boldsymbol{F}=q(\boldsymbol{E}+\boldsymbol{v}\times\boldsymbol{B}) \tag{1.43}$$

4. 电磁现象的普遍规律

描述电磁世界的基本规律总结如下。

Maxwell 方程组的微分形式为

$$\nabla\cdot\boldsymbol{E}=\frac{\rho}{\varepsilon_0} \tag{MG}$$

$$\nabla\times\boldsymbol{E}=-\frac{\partial\boldsymbol{B}}{\partial t} \tag{MF}$$

$$\nabla\cdot\boldsymbol{B}=0 \tag{M0}$$

$$\nabla\times\boldsymbol{B}=\mu_0\boldsymbol{J}+\varepsilon_0\mu_0\frac{\partial\boldsymbol{E}}{\partial t} \tag{MA}$$

Lorentz 力公式为

$$\boldsymbol{F}=q(\boldsymbol{E}+\boldsymbol{v}\times\boldsymbol{B})+\boldsymbol{R} \tag{L1}$$

相应地,Maxwell 方程组的积分形式为

$$\oint\!\!\!\oint_{\Sigma}\boldsymbol{E}\cdot\mathrm{d}\boldsymbol{\Sigma}=\frac{Q}{\varepsilon_0} \tag{MG}$$

$$\oint\boldsymbol{E}\cdot\mathrm{d}\boldsymbol{l}=-\iint\frac{\partial\boldsymbol{B}}{\partial t}\cdot\mathrm{d}\boldsymbol{\Sigma} \tag{MF}$$

$$\oint\!\!\!\oint_{\Sigma}\boldsymbol{B}\cdot\mathrm{d}\boldsymbol{\Sigma}=0 \tag{M0}$$

$$\oint\boldsymbol{B}\cdot\mathrm{d}\boldsymbol{l}=\mu_0\iint\boldsymbol{J}\cdot\mathrm{d}\boldsymbol{\Sigma}+\mu_0\varepsilon_0\iint\frac{\partial\boldsymbol{E}}{\partial t}\cdot\mathrm{d}\boldsymbol{\Sigma} \tag{MA}$$

方程式(MG)是 Gauss 定理,它是库仑定律严格遵守反平方定理的体现,也说明电荷是电场的源泉;方程式(MF)是 Faraday 定理,它体现了动磁生电的思想;方程式(M0)反映的是磁场的无源性,即任何一条磁力线都是闭合的,没有起点也没有终点,也就是说,不存在着磁荷(磁单极);方程式(MA)是 Ampere 环路定理加上 Maxwell 位移电流的修正,体现了动电生磁的思想。建立在 Maxwell 方程组和 Lorentz 力公式基础上的电磁理论称为经典电动力学。

事实上,Maxwell 方程组自动满足电荷守恒定律,这容易从方程组中看出,对式(MG)求时间导数和对式(MA)取其散度,并注意到求时间导数和取散度的次序可作交换

$$\frac{\partial\rho}{\partial t}=\varepsilon_0\frac{\partial\,\nabla\cdot\boldsymbol{E}}{\partial t}=\varepsilon_0\,\nabla\cdot\frac{\partial\boldsymbol{E}}{\partial t}$$

$$\nabla\cdot(\nabla\times\boldsymbol{B})=\mu_0\,\nabla\cdot\boldsymbol{J}+\mu_0\varepsilon_0\,\nabla\cdot\frac{\partial\boldsymbol{E}}{\partial t}\equiv 0$$

因此有

$$\nabla\cdot \boldsymbol{J}+\frac{\partial \rho}{\partial t}=0$$

Maxwell 方程组是偏微分方程组，当给定空间电荷和电流分布，以及给定电磁场的初始条件和研究区域的边界条件时，电磁场的解唯一由 Maxwell 方程组确定，因此 Maxwell 方程组是完备的。另外，从方程的形式上看，Maxwell 方程组有着若干优美的对称性(见本章附录 1)。

Maxwell 凭借优异的数学基础和敏锐的思维在理论上统一了电和磁，并预言了电磁波的存在，成为继牛顿之后 19 世纪最伟大的物理学家。我们会惊讶地发现，原来支配缤纷多彩的电磁世界的规律却又是如此的简单、朴素、漂亮和对称，我们不得不赞叹大自然造物主的伟大，可以说，如果没有 Maxwell 方程组，就没有我们的现代文明，我们至今仍在黑暗中摸索。

带电粒子在电磁场中运动，受到电磁力的作用式(L1)而作加速运动，因而产生电磁辐射(见第 5 章)，而辐射的电磁场会伴随着能量向外辐射，因而相当于存在一个辐射的反冲作用力，称为辐射阻尼力 $\boldsymbol{R}$(radiation reaction)，它与电荷的加速度有关，虽然一般而言，它是个小量，忽略它并不显著影响计算结果，但在经典电动力学(狭义相对论平直时空)的框架内，是无法解决这个问题的，这是经典电动力学的悬案，寄望将来也许在广义相对论弯曲时空的框架下有所突破。

例 1-3 无限长直导线流过缓慢变化电流 $I(t)$，如图 1.16 所示，求它所产生的感应电场。

解：由于电流变化缓慢，适用静场近似，在距离导线 r 处产生的磁场切向分量大小为 $B=\mu_0 I/2\pi r$，磁场变化缓慢，并且绕直导线转圈，根据式(MF)，$\boldsymbol{E}$ 与 $\partial \boldsymbol{B}/\partial t$ 互相垂直，也即 $\boldsymbol{E}\perp\boldsymbol{B}$，因此电场的切向分量 E_φ 为零；另外，电场的轴向分量 E_z 与坐标变量 z 无关，根据式(MG)得

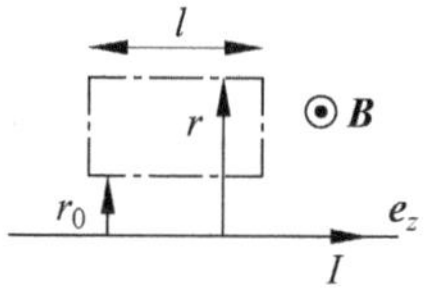

图 1.16 无限长直导线缓变电流感应产生电磁场

$$\nabla\cdot \boldsymbol{E}=\frac{1}{r}\frac{\partial (rE_r)}{\partial r}+\frac{\partial E_z}{\partial z}=0$$

则感应电场的径向分量 $E_r=\dfrac{C}{r}$，结合在轴线附近($r\rightarrow 0$)的 E_r 有限的要求，常数 $C=0$，即感应电场的径向分量为零，因此感应出的电场方向是沿轴向方向，$\boldsymbol{E}=E(r)\boldsymbol{e}_z$。

应用式(MF)的积分形式，选长方形(虚线)为电场积分环路，左右两端的电场方向与路径方向垂直，路径积分为零，因此

$$\oint \boldsymbol{E}\cdot \mathrm{d}\boldsymbol{l}=E(r_0)l-E(r)l=-\iint \frac{\partial \boldsymbol{B}}{\partial t}\cdot \mathrm{d}\boldsymbol{\Sigma}$$

$$=-\frac{\mu_0 l}{2\pi}\frac{\mathrm{d}I}{\mathrm{d}t}\int_{r_0}^{r}\frac{1}{r}\cdot \mathrm{d}r=-\frac{\mu_0 l}{2\pi}\frac{\mathrm{d}I}{\mathrm{d}t}\ln\frac{r}{r_0}$$

在 r 处感应产生的电场为

$$\boldsymbol{E}(r)=\left(E_0+\frac{\mu_0}{2\pi}\frac{\mathrm{d}I}{\mathrm{d}t}\ln\frac{r}{r_0}\right)\boldsymbol{e}_z$$

观察一下这个结果，你会发现，随着 $r\to\infty$，电场趋于无穷大；这个令人惊讶的结果当然不对，原因是，电流的变化引起磁场的变化，而磁场的变化是需要时间传递的(以光速 c 传播)，在 t 时刻到达 r 处的磁场是在之前的 $\tau=t-r/c$ 时刻($\tau<t$)发出的，因此静场近似只适用于电流变化缓慢和距离不太远的情况，在极远处，该电场公式已经不适用了。

1.5 能量守恒定律、电磁场的能流密度、能量密度和能量传输

虽然电磁场看不见摸不着，但它也是物质的一种存在形式，因此它也同样具有物质的种种特性，即它具有能量、质量、动量、角动量和(能量流动形成的)能流。

无论是力学系统、电磁系统，或者其他系统，不管其运动形式如何，其运动的能力都有一个共同的量度——能量，而运动的形式可以互相转化，伴随着这种转化，能量从一种形式转换成另一种形式，从一个物体传递到另一个物体。对孤立系统，在能量的转换和传递的过程中，各种形式、各个物体的能量的总和保持不变。这个规律被称为能量守恒定律，它是物理学的普遍规律，其根源来自于系统 Lagrangian (拉格朗日量)对时间平移的对称性。

这一节首先把这个物理学的普遍规律——能量守恒定律用严谨的数学语言表达出来，然后应用到具体电磁系统，把电磁系统的能量、能流、动量、角动量等物理量用电磁场量来表示，再重点讨论电磁能量的存储和传输。

1. 能量守恒定律的数学形式

如图 1.17 所示，考虑区域 V 内能量以场的形式进入而产生的变化。设 V 的边界为 Σ，$\boldsymbol{f}$ 为场对区域内物质的作用力密度，$\boldsymbol{v}$ 为区域内物质的运动速度，定义：

能流密度 $\boldsymbol{S}$——单位时间内穿过单位截面的能量。

能量密度 w——单位体积内的能量。

场对区域 V 内的物质做功的功率为 $\iiint\limits_V(\boldsymbol{f}\cdot\boldsymbol{v})\mathrm{d}V$；

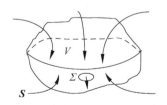

图 1.17 穿过界面 Σ 进入区域 V 内的能流

区域 V 内场的能量增加率为 $\iiint\limits_V\frac{\partial w}{\partial t}\mathrm{d}V$；

单位时间进入区域 V 内的场的总能量为(负号代表流进的能量) $-\oint\!\!\!\oint \boldsymbol{S}\cdot\mathrm{d}\boldsymbol{\Sigma}$。

由能量守恒定律,能量既不会凭空产生,也不会无故消失。对区域 V 而言,单位时间内穿过区域 V 的表面 Σ 而进入的能量等于区域内能量的增加率和对系统做的功,即

$$-\oint\!\!\!\oint \boldsymbol{S}\cdot\mathrm{d}\boldsymbol{\Sigma}=\iiint_V \frac{\partial w}{\partial t}\mathrm{d}V+\iiint_V(\boldsymbol{f}\cdot\boldsymbol{v})\mathrm{d}V \tag{1.44}$$

另外,由 Gauss 定理,有

$$\oint\!\!\!\oint_{\Sigma} \boldsymbol{S}\cdot\mathrm{d}\boldsymbol{\Sigma}=\iiint(\nabla\cdot\boldsymbol{S})\mathrm{d}V$$

即

$$-\iiint_V(\nabla\cdot\boldsymbol{S})\mathrm{d}V=\iiint_V \frac{\partial w}{\partial t}\mathrm{d}V+\iiint_V(\boldsymbol{f}\cdot\boldsymbol{v})\mathrm{d}V$$

上式对于任意形状、任意位置、任意大小的区域都成立,因此只能是等式两边的被积函数相等,于是有

$$-\nabla\cdot\boldsymbol{S}=\frac{\partial w}{\partial t}+\boldsymbol{f}\cdot\boldsymbol{v} \tag{1.45}$$

这就是能量守恒定律的微分形式,表明单位时间内能量在某点流进的净增量等于在该点囤积的能量增加率,加上对该处物质做功的功率。它是一条普适的定律,并不局限于电磁系统,其他形式的能量同样成立。

2. 电磁场的能流密度、能量密度

对电磁系统,设区域 V 内有电荷 ρ,电流 $\boldsymbol{J}$,$\boldsymbol{v}$ 为电荷的运动速度,$\boldsymbol{f}$ 为电磁场对电荷的作用力密度,则 Lorentz 力由式(1.42)得

$$\boldsymbol{f}=\rho\boldsymbol{E}+\boldsymbol{J}\times\boldsymbol{B}$$

将 Maxwell 方程组代入电磁场的 $\boldsymbol{E}$ 和 $\boldsymbol{B}$ 公式,可推导出 $\boldsymbol{S}$ 有无数多的选择,迄今为止尚无一种实验能判定哪个是正确的解,一种最简单的选择是(见本章附录 2)

$$\boldsymbol{S}=\frac{1}{\mu_0}\boldsymbol{E}\times\boldsymbol{B} \tag{1.46}$$

同时

$$\frac{\partial w}{\partial t}=\varepsilon_0\boldsymbol{E}\cdot\frac{\partial\boldsymbol{E}}{\partial t}+\frac{1}{\mu_0}\boldsymbol{B}\cdot\frac{\partial\boldsymbol{B}}{\partial t} \tag{1.47}$$

式(1.46)中的 $\boldsymbol{S}$ 称为 Poynting(坡印廷)矢量,是描述单位时间内穿过单位截面的电磁场所携带的能量。式(1.46)和式(1.47)与目前为止所有的实验结果是自洽的。进一步,式(1.47)变成

$$\frac{\partial w}{\partial t}=\frac{\varepsilon_0}{2}\frac{\partial\boldsymbol{E}^2}{\partial t}+\frac{1}{2\mu_0}\frac{\partial\boldsymbol{B}^2}{\partial t}$$

即可认为

$$w=\frac{1}{2}\varepsilon_0\boldsymbol{E}^2+\frac{1}{2\mu_0}\boldsymbol{B}^2 \tag{1.48}$$

这就是电磁系统的能量密度公式，表明能量是以电场或磁场的形式储存在空间中的。

例 1-4 半径为 a 的球状体内均匀分布电荷量 Q，求球状体内外的电场总能量。

解：从例 1-1 可知球内、外电场的分布，其对应的能量密度 w_1 和 w_2 分别为

$$w_1=\frac{1}{2}\varepsilon_0\boldsymbol{E}^2=\frac{1}{2}\varepsilon_0\left(\frac{Qr}{4\pi\varepsilon_0 a^3}\right)^2=\frac{Q^2r^2}{32\pi^2\varepsilon_0 a^6}\quad(r\leqslant a)$$

$$w_2=\frac{1}{2}\varepsilon_0\boldsymbol{E}^2=\frac{1}{2}\varepsilon_0\left(\frac{Q}{4\pi\varepsilon_0 r^2}\right)^2=\frac{Q^2}{32\pi^2\varepsilon_0 r^4}\quad(r\geqslant a)$$

系统具有球对称性，因此总能量

$$W=\iiint w\,\mathrm{d}V=\int_0^\infty w4\pi r^2\,\mathrm{d}r=\int_0^a w_1 4\pi r^2\,\mathrm{d}r+\int_a^\infty w_2 4\pi r^2\,\mathrm{d}r=\frac{3Q^2}{20\pi\varepsilon_0 a}$$

可见，带电球的能量弥散在全空间中，并且与带电球的半径成反比。当我们讨论电子时，电子的体积大小通常并不影响所考虑的物理过程，都把电子想象成一个没有大小、没有内部结构的点电荷，但这种半径无穷小的模型会导致电子自身所拥有的电磁能量(自能)无穷大。如果把电子想象成一个半径为 r_e，电荷量为 e 的球状体，则这个矛盾迎刃而解。由相对论的质能关系 $E=mc^2$(在第 5 章讨论)，质量和能量是关联的，假设电子的能量一部分来源于电磁能量，于是

$$mc^2\sim\frac{e^2}{4\pi\varepsilon_0 r_\mathrm{e}}$$

实验上，我们很容易测到电子的静止质量，可知电子的静止能量 m_0c^2 大约为 0.511MeV(百万电子伏特)，由此推算出 $r_\mathrm{e}=2.818\times10^{-15}\mathrm{m}$，称为经典电子半径。必须注意，在此尺度内，经典电动力学已经不再适用了，应由量子电动力学取而代之。

值得指出的是，近年来高能物理实验结果表明，在直到大约 $10^{-18}\mathrm{m}$ 的范围内，电子的行为仍然像一个点电荷，因此 r_e 只能看成是一种长度尺度来引用。

3. 电磁场的其他特性

电磁场除了携带能流、储藏能量之外，与其他形式的物质一样，同样也拥有动量和角动量，并且电磁场是弥漫在空间中，因此用密度来描述较为适合。

定义：电磁场的动量密度 $\boldsymbol{g}$——单位体积的电磁场所具有的动量。

可证明

$$\boldsymbol{g}=\frac{1}{c^2}\boldsymbol{S} \tag{1.49}$$

其中 $c=\dfrac{1}{\sqrt{\mu_0\varepsilon_0}}=2.9979\times10^8\,\mathrm{m/s}$,称为真空中的光速。

电磁波(光)入射到物体表面,经反射后电磁波的传播方向改变了,即动量发生了变化,也就是说物体施予电磁波作用力,因而物体表面受到了电磁波的反作用压力,称为辐射压力(光压)。20 世纪初,Lebedev(列别捷夫)和 Nichols(尼科尔斯)、Hull(赫耳)等人分别用精密实验测量了光压,验证了电磁波(光)动量的存在。

类似于一般物体的角动量定义,建立了坐标系后,电磁场的角动量密度就可以定义为

$$\boldsymbol{l}=\boldsymbol{r}\times\boldsymbol{g} \tag{1.50}$$

其中 $\boldsymbol{r}$ 为在该坐标系下场点的矢径。

说明电磁场具有角动量的一个简单的例子是电动机。接通电源之后,电流流动,场也流动,转子从静止到转动,其角动量发生了变化,即电磁场的角动量转移到了转子上。

Ohm(欧姆)定律:从初等物理学可知,当电流流过一个电阻元件时,电流 I、电压 U 与电阻 R 有线性关系:

$$I=\frac{U}{R}$$

其中 $R=\rho\dfrac{L}{S}$,ρ、L、S 分别是材料的电阻率、长度和横截面积。但这只是反映了电阻元件的整体平均电性质而已,并未涉及材料的局部性质,而电磁理论要求局部的物理性质能够用严密的数学语言来表示,因此需要对上式进一步细化。

由
$$I=\boldsymbol{J}\cdot\boldsymbol{S}=\boldsymbol{J}\cdot S\boldsymbol{n},\quad U=\boldsymbol{E}\cdot\boldsymbol{L}=\boldsymbol{E}\cdot L\boldsymbol{n}$$

得

$$I=\boldsymbol{J}\cdot S\boldsymbol{n}=\frac{\boldsymbol{E}\cdot L\boldsymbol{n}}{\rho(L/S)}$$

即

$$\boldsymbol{J}=\sigma\boldsymbol{E} \tag{1.51}$$

其中,$\sigma=1/\rho$ 称为介质的电导率。式(1.51)就是 Ohm 定律的微分形式,说明导体介质中形成电流的一个原因是存在着电场,是电场驱赶带电电荷,使得它们在无规则热运动的基础上再叠加定向运动,从而形成电流。σ 是衡量材料导电性能的一个物理量,(导体、半导体、绝缘体)材料的电阻率 $\rho=1/\sigma$,如铜 $\rho=1.68\times10^{-8}\,\Omega\cdot\mathrm{m}$,硅 $\rho=2.5\times10^3\,\Omega\cdot\mathrm{m}$,玻璃 $\rho=10^{10}\sim10^{14}\,\Omega\cdot\mathrm{m}$,当中相差 22 个数量级之巨,$\sigma$ 越大说明导电性能越好。$\sigma\to\infty$ 是理想导体(超导体),而 $\sigma\to0$ 是理想绝缘材料。对理想导体,即使有电流流过,仍可视为 $\boldsymbol{E}=\boldsymbol{J}/\sigma=\boldsymbol{0}$,因此通常取导体为等势体。

另一方面,在超导体中,存在两种电流——正常传导电流 J_n 和超导电流 J_s,正常传导电流 J_n 遵从 Ohm 定律,超导电流 J_s 遵从 London(伦敦)第一方程式(1.52a)和 London 第二方程式(1.52b):

$$\frac{\partial \boldsymbol{J}_s}{\partial t}=\alpha \boldsymbol{E} \tag{1.52a}$$

$$\nabla \times \boldsymbol{J}_s=-\alpha \boldsymbol{B} \tag{1.52b}$$

其中 $\alpha=\frac{n_s e^2}{m}$ 是与超导电子密度 n_s 有关的量。

4. 关于电磁能量传输的问题

一直以来，大家都认为电磁能量是靠导线中的电子定向运动(电流)来传输的，例如，图 1.18 中的电池与电灯构成的电路系统，原来我们一直都直觉以为电能是沿着导线内传输的，就像自来水管中的水流携带能量一样，导线内的电子定向漂移携带着电磁能。

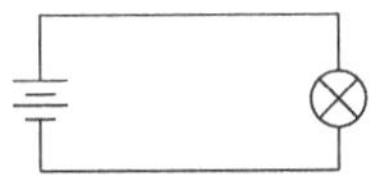
图 1.18 电池灯泡电路图

如果这个想法是正确的话，以典型数据为例，假设导线中的电流密度为 $J=1\text{A/mm}^2=10^6\text{A/m}^2$，导线中的自由电子密度为 $n=10^{23}/\text{cm}^3$，每个电子带 1.6×10^{-19}C 的负电荷，则由电流密度的定义 $J=\rho v=nev$，可以推断，电子的平均漂移速度为 $\bar{v}=6\times10^{-5}$m/s(相比起自由电子的平均热运动速率 10^5m/s，实在是太小了)，若电池与电灯的距离为 60m，则合上开关后需要 10^6s(即大约 300h)才能亮灯，而事实上接通电路与灯亮几乎是同时的，因此直觉往往会误导，产生荒谬的结论。

事实上，是电磁场而不是电子携带着电磁能量。电磁场在运动过程中，能量随场的运动而传播；电子在电场的驱动下运动形成电流，而电流产生磁场，电场和磁场共同形成能量的流动(能流)，电子在整个过程中只起到一个道具的作用，每个电子移动的距离很短，可是场却以极高的速度(光速 c)来传递，就像骨牌效应一样；与此同时，场作用在物质上，场能的一部分会转化为带电物质的热运动能量而被消耗。下面用一个例子说明电磁能量的传输。

例 1-5 半径为 a 的无限长直导线构成的传输线如图 1.19 所示，导线中流过的电流为 I，导线表面均匀分布电荷，单位长度所带的电荷量为 τ，求导体表面的电场、磁场和能流密度，并且证明单位时间内通过导线表面进入的能量恰好等于导线内电流热效应所损耗的功率。

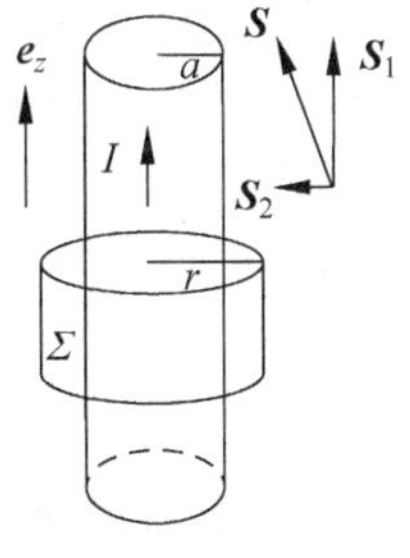

图 1.19 无限长直导线表面的能流示意图

解：设传输线很长，由轴对称性和例 1-2 可知，导体外 $r\geqslant a$ 处的任一点的磁感应强度为 $\boldsymbol{B}=\frac{\mu_0 I}{2\pi r}\boldsymbol{e}_\varphi$。

对于良导体而言，在电场的驱动下，导体内部的电荷趋于表面分布(见第 4 章)，导体表面处的电场强度由两部分贡献构成，分别为导线表面电荷产生的径

向电场 $E_1\boldsymbol{e}_r$ 和导线电流产生的轴向电场 $E_2\boldsymbol{e}_z$，总电场 $\boldsymbol{E}=\boldsymbol{E}_1+\boldsymbol{E}_2$。根据轴对称性，建构一个长为 L、半径为 r 的共轴圆筒闭合面，应用方程式(MG)，上、下底面的电场面积分互相抵消，于是

$$\oiint_{\Sigma}\boldsymbol{E}\cdot\mathrm{d}\boldsymbol{\Sigma}=E_1\cdot 2\pi rL=\frac{\tau L}{\varepsilon_0}$$

而

$$\boldsymbol{E}_2=\frac{\boldsymbol{J}}{\sigma}=\frac{I}{\pi a^2\sigma}\boldsymbol{e}_z$$

因此导体表面($r=a$)的总电场

$$\boldsymbol{E}=\boldsymbol{E}_1+\boldsymbol{E}_2=\frac{\tau}{2\pi\varepsilon_0 a}\boldsymbol{e}_r+\frac{I}{\pi a^2\sigma}\boldsymbol{e}_z$$

此处的能流密度为

$$\begin{aligned}\boldsymbol{S}&=\frac{1}{\mu_0}\boldsymbol{E}\times\boldsymbol{B}=\frac{1}{\mu_0}(\boldsymbol{E}_1+\boldsymbol{E}_2)\times\boldsymbol{B}\\&=\frac{1}{\mu_0}\left(\frac{\tau}{2\pi\varepsilon_0 a}\boldsymbol{e}_r+\frac{I}{\pi a^2\sigma}\boldsymbol{e}_z\right)\times\frac{\mu_0 I}{2\pi a}\boldsymbol{e}_\varphi\\&=\frac{I\tau}{4\pi^2\varepsilon_0 a^2}\boldsymbol{e}_z-\frac{I^2}{2\pi^2a^3\sigma}\boldsymbol{e}_r=\boldsymbol{S}_1+\boldsymbol{S}_2\end{aligned}$$

在导体表面能量既沿 $\boldsymbol{e}_z$ 方向向前传播，也向导线内部方向($-\boldsymbol{e}_r$)渗透，负载上消耗的能量是由贴着导体表面的电磁场来传输的。

进一步，单位时间进入长度为 L 的一段导体内部的能量为

$$-\oiint\boldsymbol{S}\cdot\mathrm{d}\boldsymbol{\Sigma}=-\iint\boldsymbol{S}_2\cdot\mathrm{d}\Sigma\boldsymbol{e}_r=\frac{I^2}{2\pi^2a^3\sigma}\cdot 2\pi aL=I^2\frac{L}{\pi a^2\sigma}=I^2R$$

其中 $R=\dfrac{L}{\pi a^2\sigma}$ 为该段导线的电阻，说明了单位时间通过导线表面进入的能量恰好等于导线内电流热效应所损耗的功率。

例 1-6　半径为 a、相距为 h 的两金属圆极板形成的电容器两极加恒压直流电源充电。问电池的能量是如何传输给电容器的？是能量沿充电导线输入电容器吗？

解：设两极板间距离 $h\ll a$，忽略边缘效应，由电磁学理论可知，当电容器两极板加上电压 U_0 充电时，电容器内部电场沿垂直极板方向 $\boldsymbol{e}_z$ 均匀分布，$\boldsymbol{E}=E_1\boldsymbol{e}_z$，且

$$E_1=\frac{U_0}{h}(1-\mathrm{e}^{-t/\tau})$$

其中 τ 为电容器的时间常数，这个电场是随时间而增大并逐渐趋于稳定的。另一方面，动电生磁，变化的电场激发出磁场，如图 1.20 所示，选择以对称轴为轴线的半径为 r 的圆环 L_1 为积分环路，由 Ampere 环路定理方程(MA)得

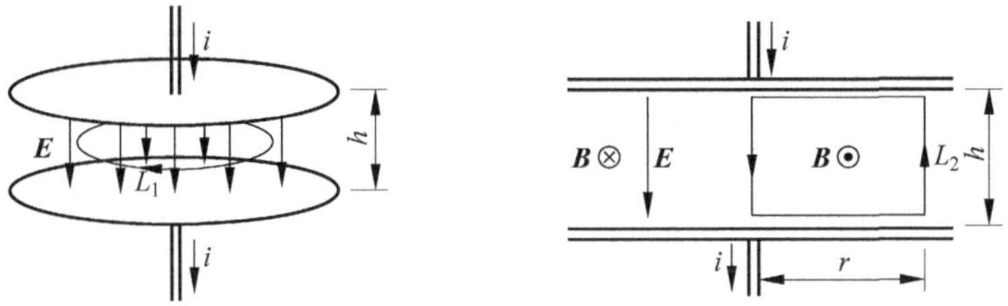

图 1.20 充电电容器中的电场、磁场分布

$$\oint \boldsymbol{B} \cdot \mathrm{d}\boldsymbol{l} = B_1 \cdot 2\pi r = \mu_0 \varepsilon_0 \iint \frac{\partial \boldsymbol{E}_1}{\partial t} \cdot \mathrm{d}\boldsymbol{\Sigma}_1 = \mu_0 \varepsilon_0 \frac{U_0}{h\tau} \mathrm{e}^{-t/\tau} \cdot \pi r^2$$

其中 Σ_1 为圆环 L_1 包围的面积，则容器内距中心为 r 的磁场为 $\boldsymbol{B} = B_1(r,t)\boldsymbol{e}_\varphi$，$\mu_0\varepsilon_0 = 1/c^2$，且

$$B_1(r,t) = \frac{U_0 r}{2\tau c^2 h} \mathrm{e}^{-t/\tau}$$

可见电场、磁场都是随时间变化的。反过来，变化的磁场又感生出电动势，其感生的电场与原电场方向平行，因此又需要对电场作出修正。作矩形回路 L_2，其中回路所包围面积 Σ_2 的磁通量为

$$\Phi_{\mathrm{m}}(t) = \iint \boldsymbol{B}_1(r,t) \cdot \mathrm{d}\boldsymbol{\Sigma}_2 = \int_0^r B_1(r,t) h \,\mathrm{d}r = \frac{U_0 r^2}{4\tau c^2} \mathrm{e}^{-t/\tau}$$

由 Faraday 定律，变化的磁通量感应产生出电动势，使得电场产生出一项修正项 $\boldsymbol{E}_2$，即

$$\oint_{L_2} \boldsymbol{E}_2 \cdot \mathrm{d}\boldsymbol{l} = -\frac{\mathrm{d}\Phi_{\mathrm{m}}}{\mathrm{d}t} = \frac{U_0 r^2}{4\tau^2 c^2} \mathrm{e}^{-t/\tau}$$

对矩形回路 L_2 而言，回路由四段路径组成，上下两底的电场方向与路径方向垂直，积分为零；若取回路的外侧逼近中轴线处($r \to 0$)，则它所包围的磁通量为零，因此沿中轴线的修正电场为零，于是，距轴线为 r 处的修正电场为

$$E_2(r,t) = -\frac{U_0 r^2}{4\tau^2 c^2 h} \mathrm{e}^{-t/\tau}$$

同样地，该修正电场反过来又诱导出磁场 $B_2(r,t)$，因此也要对磁场作修正，将 E_2 应用于回路 L_1，再由 Ampere 环路定理，可得

$$B_2(r,t) = \frac{U_0 r^3}{16\tau^3 c^4 h} \mathrm{e}^{-t/\tau}$$

可见，在充电过程中电容器内电场不是呈线性变化的，它产生的磁场也是随时间变化的，于是动电生磁，动磁生电，如此反复修正。最后把充电电容器中的电磁场可写为

$$E=E_1+E_2+E_3+\cdots=\frac{U_0}{h}(1-\mathrm{e}^{-t/\tau})-\frac{U_0 r^2}{4\tau^2c^2h}\mathrm{e}^{-t/\tau}-\frac{U_0 r^4}{64\tau^4c^4h}\mathrm{e}^{-t/\tau}+\cdots$$
$$=\frac{U_0}{h}-\frac{U_0}{h}\mathrm{e}^{-t/\tau}\left[1+\frac{1}{4}\left(\frac{r}{\tau c}\right)^2+\frac{1}{64}\left(\frac{r}{\tau c}\right)^4+\cdots\right]$$
$$B=B_1+B_2+B_3+\cdots=\frac{U_0 r}{2\tau c^2h}\mathrm{e}^{-t/\tau}+\frac{U_0 r^3}{16\tau^3c^4h}\mathrm{e}^{-t/\tau}+\frac{U_0 r^5}{384\tau^5c^6h}\mathrm{e}^{-t/\tau}+\cdots$$
$$=\frac{U_0 r}{2\tau c^2h}\mathrm{e}^{-t/\tau}\left[1+\frac{1}{8}\left(\frac{r}{\tau c}\right)^2+\frac{1}{192}\left(\frac{r}{\tau c}\right)^4+\cdots\right]$$

从上式可看出，在电容器内部，电场分布并不均匀，远离中心轴的地方，电场趋弱，但磁场趋强。即充电过程中电磁场都是非均匀分布的，当 $t\to\infty$ 时，充电完成，$\mathrm{e}^{-t/\tau}\to 0$，电场趋向均匀分布，而磁场消失。更严格的讨论应考虑到电容器的电感效应，这样的话磁场就不会一开始就达到最大值。

另一方面，电容器两极板侧面的能流密度和内部的能量密度变化率可以通过式(1.46)和式(1.47)定出，因此电容器侧面流入的总能流为(流入为负)

$$S_{\text{total}}=\iint_a \frac{1}{\mu_0}(\boldsymbol{E}\times\boldsymbol{B})\cdot \mathrm{d}\boldsymbol{\Sigma}=-\frac{2\pi a h}{\mu_0}EB$$

其内部的电磁能量总变化率为

$$\frac{\mathrm{d}W_{\text{total}}}{\mathrm{d}t}=\int\frac{\partial w}{\partial t}\mathrm{d}V=\int\left(\varepsilon_0\boldsymbol{E}\cdot\frac{\partial \boldsymbol{E}}{\partial t}+\frac{1}{\mu_0}\boldsymbol{B}\cdot\frac{\partial \boldsymbol{B}}{\partial t}\right)\mathrm{d}V$$

取最低一级近似，可得(见习题1-11)

$$-S_{\text{total}}=\frac{\mathrm{d}W_{\text{total}}}{\mathrm{d}t}=\frac{\varepsilon_0\pi a^2U_0^2}{h\tau}\mathrm{e}^{-t/\tau}$$

可见，充电时能量是从电容器的边缘侧面向中心方向流入的($\boldsymbol{E}\times\boldsymbol{B}$ 方向是 $-\boldsymbol{e}_r$)，并不是像以前想象那样沿着充电导线输入的。可以用一个形象的图像来说明充电电容器的能量流动，如图1.21所示，在电容器的上、下方有一些电荷向极板聚拢，当电荷较远时，在电容器周围有一些较弱的大范围的场分布，随着电荷逐渐靠近，电场逐渐增强，而原来四散的场能也逐渐移向电容器，最后聚集在极板之间。

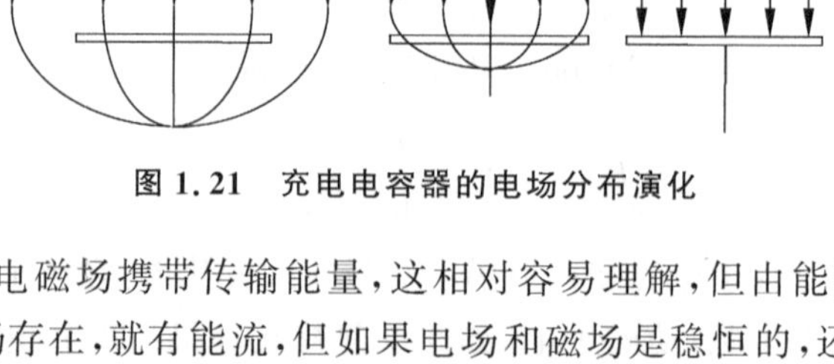

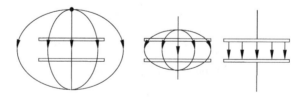

图1.21 充电电容器的电场分布演化

变化运动的电磁场携带传输能量，这相对容易理解，但由能流公式(1.46)可知，有电场和磁场存在，就有能流，但如果电场和磁场是稳恒的，还有能量流动吗？如何理解静电场和静磁场所构成的体系的能流密度？

如图 1.22 所示，一条静止磁铁和一个电荷组成的系统，在空间各处电磁场都不为零，均有 $\boldsymbol{S}=\frac{1}{\mu_0}\boldsymbol{E}\times\boldsymbol{B}\neq\boldsymbol{0}$，但另一方面，处处有 $\nabla\cdot\boldsymbol{S}=0$，因此在空间各处，流进、流出的能量相当，没有能量囤积或消耗，也就是说没有可观察的物理效应。因此要计算能量的流动，除了计算 $\boldsymbol{S}$ 之外，有时还要计算其散度 $\nabla\cdot\boldsymbol{S}$；或者换个角度思考，所谓的静止磁铁也可以想象为被一个闭合通电螺线圈所取代，当中的电流稳恒流动，能量也不断地在其中被循环传输。

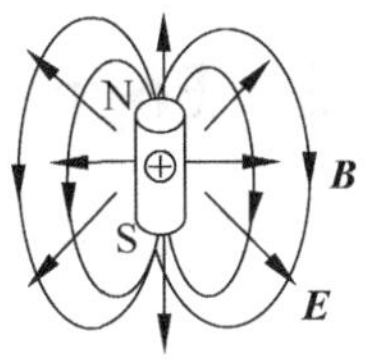

图 1.22　由一条磁铁和一个电荷组成的系统

附录 1　Maxwell 方程组的对称性

物理规律（方程组）在某个数学变换下，其方程组的形式保持不变，称该方程组在此变换下具有对称性。

（1）在无源（$\rho=0, \boldsymbol{J}=\boldsymbol{0}$）的简单情况下，将电场和磁场分别作替换，即 $\boldsymbol{E}\to c\boldsymbol{B}$，$\boldsymbol{B}\to-\frac{\boldsymbol{E}}{c}$，Maxwell 方程组形式不变，这种性质称为电磁对偶性；

（2）在有源的情况下，把 Maxwell 方程组中的电荷改变符号，即 $\rho\to-\rho$（当然对应的电流方向也改变了符号，$\boldsymbol{J}\to-\boldsymbol{J}$），这种变换称为电荷共轭变换 C；在该变换下，如果电磁场也相应作如下变换：

$$\boldsymbol{E}\to-\boldsymbol{E},\quad \boldsymbol{B}\to-\boldsymbol{B}$$

则 Maxwell 方程组形式不变，称 Maxwell 方程组在 C 变换下形式不变；

（3）如果把描述方程的坐标系作一反演，例如对直角坐标系，三个正交方向的基矢方向都倒转，即令 $\boldsymbol{r}\to-\boldsymbol{r}$，称为空间反演 P，使得 $\nabla\to-\nabla$（当然对应的电流方向同样也改变了符号，$\boldsymbol{J}\to-\boldsymbol{J}$），在该反演下，如果电磁场也相应作如下变换：

$$\boldsymbol{E}\to-\boldsymbol{E},\quad \boldsymbol{B}\to\boldsymbol{B}$$

则 Maxwell 方程组形式不变，称 Maxwell 方程组在 P 反演下形式不变；

（4）如果把方程中的时间流逝方向倒转过来，$t\to-t$（相当于时光倒流），称为时间反演 T（当然对应的电流方向也改变了符号，$\boldsymbol{J}\to-\boldsymbol{J}$），在时间反演 T 下，如果电磁场也相应作如下变换：

$$\boldsymbol{E}\to\boldsymbol{E},\quad \boldsymbol{B}\to-\boldsymbol{B}$$

则 Maxwell 方程组形式不变，称 Maxwell 方程组在 T 反演下形式不变；

（5）显然，Maxwell 方程组在 CPT 联合反演下形式亦不变。

附录 2　Poynting 矢量的推导

根据 Lorentz 公式和 Maxwell 方程组,有

$$\boldsymbol{f}\cdot\boldsymbol{v}=(\rho\boldsymbol{E}+\boldsymbol{J}\times\boldsymbol{B})\cdot\boldsymbol{v}=\rho\boldsymbol{E}\cdot\boldsymbol{v}=\boldsymbol{J}\cdot\boldsymbol{E}=\left(\frac{1}{\mu_0}\nabla\times\boldsymbol{B}-\varepsilon_0\frac{\partial\boldsymbol{E}}{\partial t}\right)\cdot\boldsymbol{E}$$

$$=\frac{1}{\mu_0}(\nabla\times\boldsymbol{B})\cdot\boldsymbol{E}-\varepsilon_0\boldsymbol{E}\cdot\frac{\partial\boldsymbol{E}}{\partial t}$$

而数学上

$$(\nabla\times\boldsymbol{B})\cdot\boldsymbol{E}=-\nabla\cdot(\boldsymbol{E}\times\boldsymbol{B})+\boldsymbol{B}\cdot(\nabla\times\boldsymbol{E})=-\nabla\cdot(\boldsymbol{E}\times\boldsymbol{B})-\boldsymbol{B}\cdot\frac{\partial\boldsymbol{B}}{\partial t}$$

因此

$$\boldsymbol{f}\cdot\boldsymbol{v}=-\frac{1}{\mu_0}\nabla\cdot(\boldsymbol{E}\times\boldsymbol{B})-\frac{1}{\mu_0}\boldsymbol{B}\cdot\frac{\partial\boldsymbol{B}}{\partial t}-\varepsilon_0\boldsymbol{E}\cdot\frac{\partial\boldsymbol{E}}{\partial t}$$

对照能量守恒定律式(1.45):

$$\boldsymbol{f}\cdot\boldsymbol{v}=-\nabla\cdot\boldsymbol{S}-\frac{\partial w}{\partial t}$$

可得

$$\boldsymbol{S}=\frac{1}{\mu_0}\boldsymbol{E}\times\boldsymbol{B}+\nabla\times\boldsymbol{A},\quad \frac{\partial w}{\partial t}=\varepsilon_0\boldsymbol{E}\cdot\frac{\partial\boldsymbol{E}}{\partial t}+\frac{1}{\mu_0}\boldsymbol{B}\cdot\frac{\partial\boldsymbol{B}}{\partial t}$$

式中,$\boldsymbol{S}$ 为 Poynting 矢量;$\boldsymbol{A}$ 为任意矢量,取最简单的选择,可认为

$$\boldsymbol{S}=\frac{1}{\mu_0}\boldsymbol{E}\times\boldsymbol{B},\quad \frac{\partial w}{\partial t}=\varepsilon_0\boldsymbol{E}\cdot\frac{\partial\boldsymbol{E}}{\partial t}+\frac{1}{\mu_0}\boldsymbol{B}\cdot\frac{\partial\boldsymbol{B}}{\partial t}$$

习题 1

1-1　无限长绝缘直线上均匀分布着电荷,设单位长度的电荷量为 λ,求与直线距离为 r 处的电场。

1-2　求以下情况的电场或磁场:

(1) 如图(a)所示,在平面内有一半径为 a 的绝缘体圆环,环上均匀分布着电荷,设单位长度的电荷量为 λ,求圆环的对称轴上一点 z 的电场;

(2) 如图(b)所示,在平面内有一半径为 a 的绝缘体圆盘,盘上均匀分布着电荷,设单位面积的电荷量为 σ,求圆盘的对称轴上一点 z 的电场;

(3) 如果线电荷密度为 λ 的圆环绕其对称轴以角速度 ω 旋转,求圆环对称轴上一点 z 的磁场;

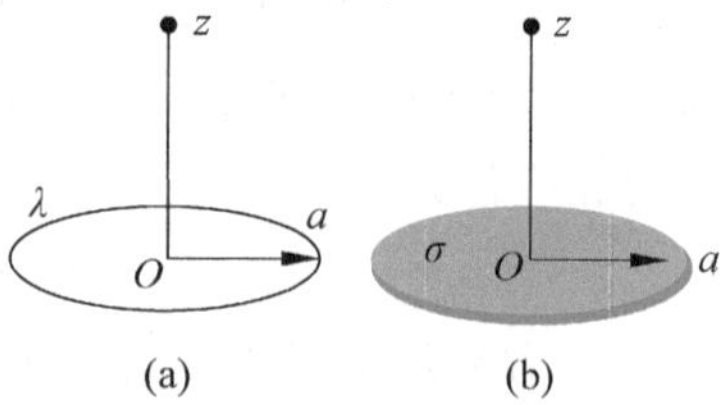

习题 1-2 图

(4) 如果面电荷密度为 σ 的圆盘绕其对称轴以角速度 ω 旋转，求圆盘对称轴上一点 z 的磁场。

1-3 如图所示，两个半径为 a 的球体，其球上分别带有均匀的体电荷密度 $+\rho_0$ 和 $-\rho_0$，其球心错开分别在 O_+ 和 O_- 处（两者相距 Δ）。

(1) 当距离 Δ 趋于零时，这样的电荷分布等价于半径为 a 的表面带电球体，其表面面电荷密度是 $\sigma=\sigma_0\cos\theta$，此处 θ 是 z 轴与半径之间的夹角，求出 σ_0、ρ_0 和 Δ 之间的关系（提示：两球非重叠区的体积元与面积元关系为 $\mathrm{d}V=\Delta\cos\theta\mathrm{d}S$）。

(2) 计算远处的电场。

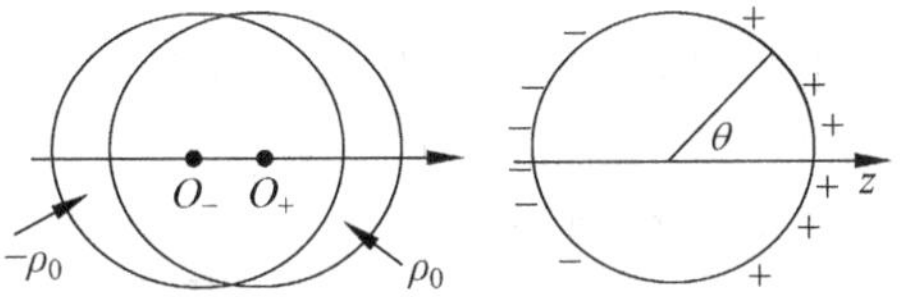

习题 1-3 图

1-4 在平面内有一半径为 a、电流为 I 的电流圆环，如图所示。

(1) 求圆环中心处的磁场；

(2) 证明在环平面内距离圆心 ρ 处（$\rho<a$）产生的磁场为

$$\boldsymbol{B}=\frac{\mu_0 Ia}{2\pi}\int_0^{\pi}\frac{(a-\rho\cos\theta)}{(a^2+\rho^2-2a\rho\cos\theta)^{3/2}}\mathrm{d}\theta\boldsymbol{e}_\perp$$
（提示：$\mathrm{d}\boldsymbol{l}\times\boldsymbol{r}=(a-\rho\cos\theta)a\,\mathrm{d}\theta\boldsymbol{e}_\perp$）。

1-5 运用对称性原理，确定下列几种情况下镜像对称面内的点的场方向。

(1) 如图(a)所示，两电荷关于镜像平面对称/反对称（$q'=\pm q$），确定电场方向；

(2) 如图(b)所示，两电流圆环关于镜像平面对称/反对称（互为顺时针、反时针流动/同为顺时针或反时针流动，$\boldsymbol{J}'=\mp\boldsymbol{J}$），确定磁场方向。

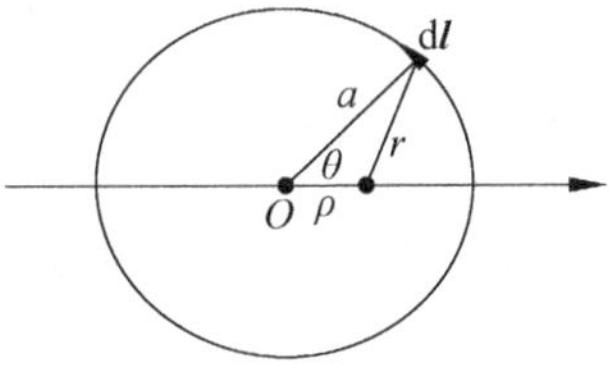

习题 1-4 图

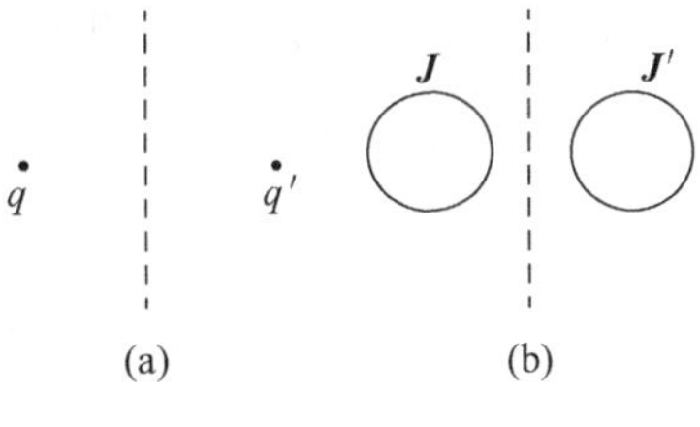

习题 1-5 图

1-6 由电磁场的对称性计算：

(1) 如图(a)所示，半径为 a 的圆面中心轴线 h 处的点电荷 q 对圆面的电通量；

(2) 如图(b)所示，考虑一条半径为 a 的无限长圆柱直导线，导线内被钻开一个半径为 b 的偏离轴线的圆柱形空腔，导线轴线和空腔轴

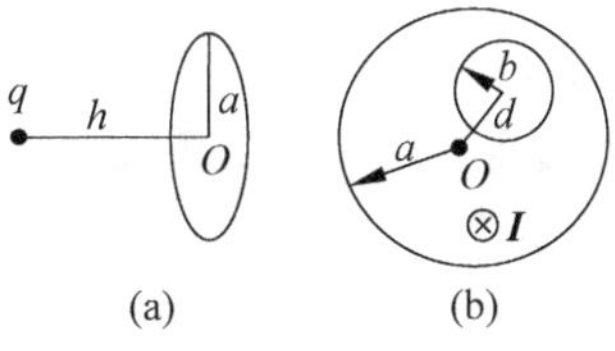

习题 1-6 图

线平行且相距为 d，导线上流有均匀电流 I，确定空腔轴线上的磁场。

1-7　假如存在磁荷，你认为 Maxwell 方程组和 Lorentz 力公式应该如何修正？

1-8　估计以下几种情况下的光辐射压强或压力：

(1) 太阳光辐射落在地面上；

(2) 核聚变激光的光压强；

(3) 恒星内部的光压强；

(4) 利用太阳光的光压作动力的太阳帆飞船，设飞船帆板面积为 10000m^2，且处于太阳—地球轨道上。

1-9　半径为 a 的无限长导线(电导率为 σ)通有电流 I，求导线表面的电场、磁场和 Poynting 矢量。

1-10　如图所示，内外半径分别为 a、b 的无限长共轴金属圆筒构成一条同轴电缆，内外圆筒流着方向相反的电流 I，求在一段长为 l 的电缆内的磁场能量。

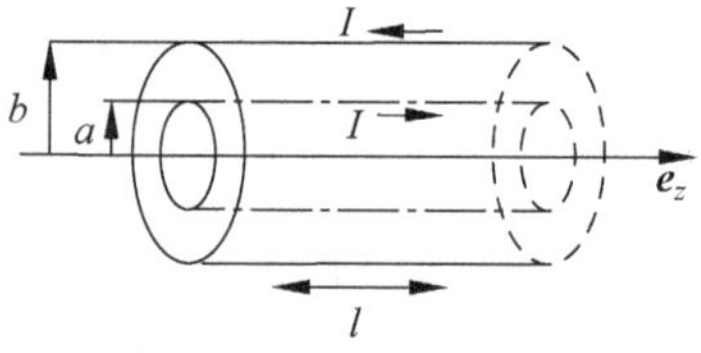

习题 1-10 图

1-11　例 1-6 的充电电容器中，取最低一级近似，计算极板边缘侧面流入的能流密度和电容器内部的能量密度变化率、总能流 $\boldsymbol{S}_{\text{total}}$ 和内部的电磁能量总变化率。

1-12　例 1-6 的充电电容器中，若假设充电过程中能做到让电场的增长率 $\dfrac{\partial \boldsymbol{E}}{\partial t}=\boldsymbol{\Gamma}$ 为恒定量，求电容内的磁场、能量密度变化率、总能量变化率、极板边缘侧面的 Poynting 矢量和总能流。

1-13　例 1-6 的充电电容器中，若用角频率为 ω 的交流电充电，设加在极板间的电场为 $E_1=E_0\text{e}^{\text{i}\omega t}$，考虑动电生磁和动磁生电效应，证明修正后的极板间电场为

$$E=E_1+E_2+E_3+E_4+\cdots=E_0\text{e}^{\text{i}\omega t}J_0\left(\frac{\omega r}{2c}\right)$$

其中 $J_0(x)=1-\dfrac{1}{1!}x^2+\dfrac{1}{(2!)^2}x^4-\dfrac{1}{(3!)^2}x^6+\cdots$ 为第一类 Bessel(贝塞尔)函数。

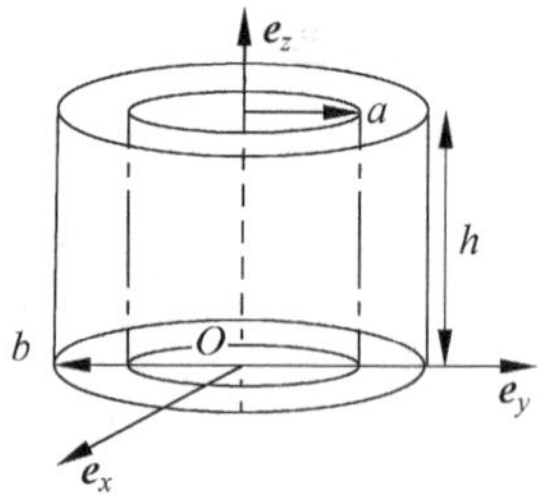

习题 1-14 图

1-14　如图所示，高为 h，内外半径分别为 a、b 的两个共轴金属圆桶形成的电容器，两块极板各带电荷量为 $\pm Q$，忽略边缘效应，求电容器内部的能量密度和总能量。

1-15　若上题中沿轴加上磁场 $B\boldsymbol{e}_z$，求电容器内部的角动量密度和总角动量。若两极板接通并缓慢放电直至放电完毕，内圆筒固定，质量为 m 的外圆筒的转动角速度是多少？

第2章 宏观系统的电磁物性

我们研究的对象通常不是真空，而是由具体材料构成的介质系统。从本质上讲，介质不外乎是大量原子或分子组成的集合，因此从方法论上说，处理介质中的电磁现象与真空的情况没有原则的不同，不外乎也是研究带电粒子的电磁性质，但由于在外部电磁场的作用下，材料中的电荷分布和电流分布受到了扰动而改变，于是在原来的电荷电流上诱导出新的电荷和电流，这些电荷与电流反过来对电磁场也有影响。

本章研究的是在外部电磁场的作用下，这些诱导出的新的电荷和电流是如何反过来影响介质中的电荷电流分布，并且导致 Maxwell 方程组要考虑引入它们的贡献的。另外，Maxwell 方程组是一组偏微分方程组，方程组的解有赖于边界条件和初始条件，因此最后讨论一下如何确定系统的边界条件。

2.1 电介质和磁介质

1. 电介质

材料按其导电性能，可分为导体、半导体和绝缘体。导体是指易于传导电流的物质（电阻率很小），体内中存在大量可自由移动的带电粒子，称为载流子，在外电场作用下，载流子作定向运动，形成明显的电流。绝缘体是指在通常情况下不传导电流的物质（电阻率极高）。当然这个分类取决于材料的性质和外场的条件，彼此之间也没有不可逾越的鸿沟。导电性能介于导体和绝缘体之间的物体叫作半导体，硅、锗、硒等都是半导体，半导体中杂质的含量以及外界条件的改变，都会使它的导电性能发生显著的变化。

由 Ohm 定律可知，材料的导电性能可用电导率 σ 描述，σ 越大的材料导电性能越好，多数绝缘介质的电阻率很高（电导率 σ 很低），在电场作用下，材料中的原子分子内部电结构发生变化，出现束缚电荷（极化电荷）。能产生极化现象的材料，习惯上也称为电介质。

任何物质的分子或原子都由电子(带负电)和原子核(带正电)组成。不考虑具体系统物质的结构差异,可以把组成材料的分子或原子基本单元唯象地看成是简单的正电荷中心和负电荷中心的合成。根据介质结构的不同,电介质分子可分为无极分子和极性分子两大类。对无极分子,当外电场不存在时,分子的正、负电荷中心重合。而对极性分子,虽然分子整体而言呈现电中性,但由于电荷分布的不均匀,正、负电荷中心错位不重合,如图2.1所示。

这种正、负电荷中心错位而形成的系统称为电偶极子,电偶极子的特性可用电偶极矩描述,记 $\boldsymbol{l}$ 为负电荷中心到正电荷中心的位置矢量,q 为中心电荷量,定义电偶极矩为

$$\boldsymbol{p}=q\boldsymbol{l} \tag{2.1}$$

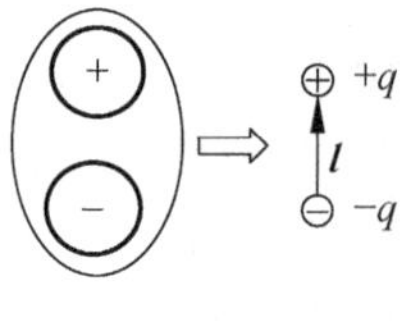

图2.1 电偶极子示意图

电偶极子是一种理想的物理模型,在研究电介质的极化、电磁波的发射与吸收等都要用到。实际中,可当作电偶极子处理的例子也很多,它在理论和实际中有着广泛的应用。

对无极分子,在外电场作用下,正、负电荷中心被分离错开而不重合,也形成电偶极矩 $\boldsymbol{p}$。

在外电磁场的作用下,材料中的电荷分布和电流分布受到了扰动而改变,于是在原来的电荷电流上诱导出新的束缚电荷和束缚电流,这些附加的电荷与电流反过来对电磁场产生影响。原则上,引入极化强度矢量 $\boldsymbol{P}$ 和磁化强度矢量 $\boldsymbol{M}$ 可以完全描述这些束缚电荷与束缚电流分布,但直观地,可以借助介质的电偶极子模型和分子电流模型给予简单的说明和推导。

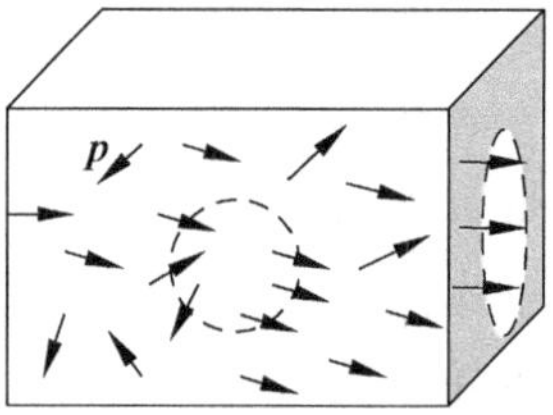

图2.2 介质中的电偶极子分布示意图

由于热运动,电偶极矩的取向是随机的,其总的电偶极矩在宏观上平均为零,但在外电场作用下,趋向排成与外场平行的方向,由于材料的可能非均匀性,局部将会出现剩余的束缚电荷(如图2.2圆虚线内),称为极化电荷。定义其体密度为 ρ_P。另外,在介质的端面上,由于两侧的材料组分不同,导致具有不同的极化程度,因此在端面上的束缚电荷积累此消彼长,形成一层薄薄的剩余极化电荷(如图2.2椭圆虚线内),定义其面密度为 σ_P。当然,整个材料系统是电中性的,因此对整个材料,有 $\iiint \rho_P \mathrm{d}V=0$。

2. 磁介质

材料按其磁性质,可分为铁磁体和非铁磁体。像铁、镍、钴、铁氧体以及某些合金等具有较强磁性的物质,称为铁磁性物质;非铁磁体在磁场的作用下只受到较

弱的排斥或吸引，它又可分为顺磁体和抗磁体，水银、氯化钠、苯、二氧化碳等这样一些轻微地被磁体排斥的物质是抗磁性物质，自然界的大多数物质和绝大多数有机材料和生物材料都是抗磁性物质；能被吸向较强磁场区域的物质为顺磁性物质，像氧化铜、二氯化铬、三氯化钛等；

物质的磁性起源于原子的磁性，而原子磁性又与量子力学密切相关，因此严格的磁学理论必须建立在量子力学基础上，但在宏观尺度上理解，不依赖于具体的物质结构，可唯象地认为材料的磁性来自于材料分子电流环。它源自于原子核外的电子绕核转动(同时电子还有一种内在的运动，这种性质称为自旋)，电子的运动可等效为一个封闭的电流环，称为磁偶极子，如图 2.3 所示，它的特性由磁偶极矩 $\boldsymbol{m}$ 描述，记

$$\boldsymbol{m}=i\boldsymbol{S} \tag{2.2}$$

其中 i 为环的电流值，$\boldsymbol{S}$ 为环路面积矢量，方向由电流方向决定，满足右手定则。因此磁介质中的每个分子相当于一个环形分子电流，产生磁偶磁矩。

磁偶极子的大小和取向决定了材料的磁性。在外磁场作用下，材料分子的磁偶极矩取向有一定的变化，因此也改变了材料的磁性，按照电流产生磁场的想法，相当于材料中产生了一个电流而引起了磁化改变。取磁介质内部的任意一小面元来讨论，许多分子环流穿过面元，除非对于各向同性的均匀理想介质，介质内部各分子电流相互抵消，否则由于电流环分布的不均匀性，导致了面元的边界附近局部进出电流不相抵，也即进出该面元的电荷量不相抵消(如图 2.4 虚线内)，形成束缚电流(称为磁化电流)，记其密度为 $\boldsymbol{J}_{\mathrm{M}}$。另外，材料表面的分子电流无法抵消，其宏观效果相当于环面的表面电流，称为磁化面电流。

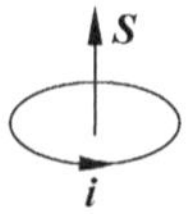

图 2.3 磁偶极子示意图

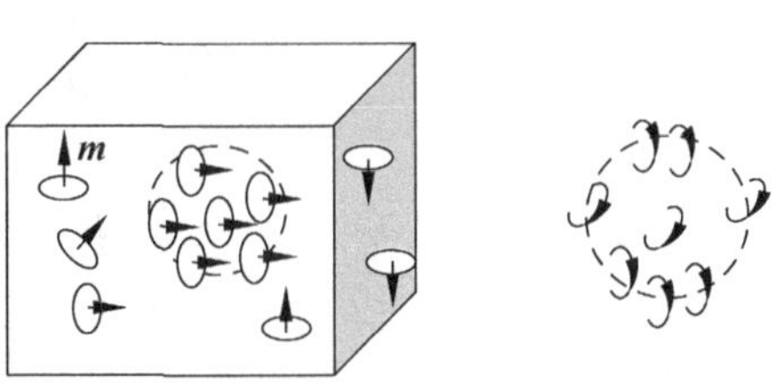

图 2.4 介质中的磁偶极子分布示意图

2.2 介质中的 Maxwell 方程组

在外电场作用下，材料分子的电荷密度分布发生改变，相当于在介质局部由于极化而产生极化电荷，设其体密度为 ρ_{P}；介质在外磁场作用下，磁性发生变化，相当于在介质内部有磁化电流存在，设其密度为 $\boldsymbol{J}_{\mathrm{M}}$；此外，若再加一个变化的外电场，则引起的极化电荷分布也变化，运动的极化电荷形成极化电流，设其密度为 $\boldsymbol{J}_{\mathrm{P}}$。

介质在外来电磁场的作用下，会诱导产生出极化电荷 ρ_P、磁化电流 $\boldsymbol{J}_M$ 和极化电流 $\boldsymbol{J}_P$，它们都对电磁场有贡献，即 Maxwell 方程组中的电磁场应考虑所有的源的贡献，因此方程式(MG)和(MA)应理解为

$$\nabla\cdot \boldsymbol{E}=\frac{\rho_f+\rho_P}{\varepsilon_0} \tag{2.3a}$$

$$\nabla\times \boldsymbol{B}=\mu_0(\boldsymbol{J}_f+\boldsymbol{J}_M+\boldsymbol{J}_P)+\varepsilon_0\mu_0\frac{\partial \boldsymbol{E}}{\partial t} \tag{2.3b}$$

其中，ρ_f 和 $\boldsymbol{J}_f$ 是传统意义上的自由电荷密度和传导电流密度(以后的讨论中下标 f 将被忽略掉)。Maxwell 方程组中的方程式(MF)和式(M0)由于不含电荷、电流源，所以不需修正。另外，介质中的极化电荷 ρ_P、磁化电流 $\boldsymbol{J}_M$ 和极化电流 $\boldsymbol{J}_P$ 又与具体材料的性质有关，在实验上难以测量和控制，因此，我们采取唯象的方法，把一个未知量用另外的一个未知量来表示。令

$$\rho_P=-\nabla\cdot \boldsymbol{P} \tag{2.4a}$$

$$\boldsymbol{J}_M=\nabla\times \boldsymbol{M}, \tag{2.4b}$$

其中，$\boldsymbol{P}$ 与材料分子形成的电偶极矩有关，称为介质的极化强度，近似地可以理解为单位体积的分子形成的电偶极矩的叠加之和，$\boldsymbol{P}=\dfrac{\sum \boldsymbol{p}_i}{\Delta V}$。而 $\boldsymbol{M}$ 与材料分子形成的磁偶极矩有关，称为介质的磁化强度，也可近似地理解为单位体积分子的磁偶极矩 $\boldsymbol{m}$ 的叠加之和，$\boldsymbol{M}=\dfrac{\sum \boldsymbol{m}_i}{\Delta V}$(见本章附录 1)。

变化的极化电荷会以极化电流的形式流动，从电荷守恒定律式(1.22)得知，即

$$\nabla\cdot \boldsymbol{J}_P+\frac{\partial \rho_P}{\partial t}=0$$

而据式(2.4a)，有

$$\frac{\partial \rho_P}{\partial t}=-\frac{\partial\ \nabla\cdot \boldsymbol{P}}{\partial t}=-\nabla\cdot\frac{\partial \boldsymbol{P}}{\partial t}$$

对比两式，可知

$$\boldsymbol{J}_P=\frac{\partial \boldsymbol{P}}{\partial t} \tag{2.5}$$

因此，在介质中 Maxwell 方程组的式(2.3a)和式(2.3b)变为

$$\nabla\cdot \varepsilon_0\boldsymbol{E}=\rho-\nabla\cdot \boldsymbol{P}$$

$$\nabla\times\frac{1}{\mu_0}\boldsymbol{B}=\boldsymbol{J}+\nabla\times \boldsymbol{M}+\frac{\partial \boldsymbol{P}}{\partial t}+\varepsilon_0\frac{\partial \boldsymbol{E}}{\partial t}$$

尽量把未知的场的变量放在方程的一边，而源放在另一边，即

$$\nabla\cdot(\varepsilon_0\boldsymbol{E}+\boldsymbol{P})=\rho$$

$$\nabla\times\left(\frac{1}{\mu_0}\boldsymbol{B}-\boldsymbol{M}\right)=\boldsymbol{J}+\frac{\partial(\varepsilon_0\boldsymbol{E}+\boldsymbol{P})}{\partial t}$$

引入两个辅助的物理量：

$$\boldsymbol{D}=\varepsilon_0\boldsymbol{E}+\boldsymbol{P} \tag{2.6a}$$

$$\boldsymbol{H}=\frac{\boldsymbol{B}}{\mu_0}-\boldsymbol{M} \tag{2.6b}$$

其中，$\boldsymbol{D}$ 称为电位移矢量，$\boldsymbol{H}$ 称为磁场强度。于是，介质中的 Maxwell 方程组微分形式修正为

$$\nabla\cdot\boldsymbol{D}=\rho \tag{MG}$$

$$\nabla\times\boldsymbol{E}=-\frac{\partial\boldsymbol{B}}{\partial t} \tag{MF}$$

$$\nabla\cdot\boldsymbol{B}=0 \tag{M0}$$

$$\nabla\times\boldsymbol{H}=\boldsymbol{J}+\frac{\partial\boldsymbol{D}}{\partial t} \tag{MA}$$

相应地，介质中的 Maxwell 方程组的积分形式修正为

$$\oiint_{\Sigma}\boldsymbol{D}\cdot\mathrm{d}\boldsymbol{\Sigma}=Q \tag{MG}$$

$$\oint\boldsymbol{E}\cdot\mathrm{d}\boldsymbol{l}=-\iint\frac{\partial\boldsymbol{B}}{\partial t}\cdot\mathrm{d}\boldsymbol{\Sigma} \tag{MF}$$

$$\oiint_{\Sigma}\boldsymbol{B}\cdot\mathrm{d}\boldsymbol{\Sigma}=0 \tag{M0}$$

$$\oint\boldsymbol{H}\cdot\mathrm{d}\boldsymbol{l}=I+\iint\frac{\partial\boldsymbol{D}}{\partial t}\cdot\mathrm{d}\boldsymbol{\Sigma} \tag{MA}$$

其中，Q 和 I 是自由电荷量和传导电流。对照真空中的 Maxwell 方程组，容易发现，相当于将真空方程组中的 $\varepsilon_0\boldsymbol{E}$ 和$\dfrac{\boldsymbol{B}}{\mu_0}$替换成 $\boldsymbol{D}$ 和 $\boldsymbol{H}$ 就成为介质中的方程组，其方程组形式没有发生变化。

相应地，介质中电磁场的能流密度和能量密度变化率修正为（见习题 2-3）

$$\boldsymbol{S}=\boldsymbol{E}\times\boldsymbol{H} \tag{2.7a}$$

$$\frac{\partial w}{\partial t}=\boldsymbol{E}\cdot\frac{\partial\boldsymbol{D}}{\partial t}+\boldsymbol{H}\cdot\frac{\partial\boldsymbol{B}}{\partial t} \tag{2.7b}$$

对于线性理想介质，式(2.7b)还可以简化为

$$w=\frac{1}{2}\boldsymbol{E}\cdot\boldsymbol{D}+\frac{1}{2}\boldsymbol{B}\cdot\boldsymbol{H} \tag{2.7c}$$

对于各向同性的静止的理想介质，$\boldsymbol{D}$ 和 $\boldsymbol{E}$ 的方向落在同一直线上，$\boldsymbol{H}$ 和 $\boldsymbol{B}$ 的方向落在同一直线上，并且构成线性关系。定义

$$\boldsymbol{D}=\varepsilon\boldsymbol{E} \tag{2.8a}$$

$$\boldsymbol{H}=\frac{\boldsymbol{B}}{\mu} \tag{2.8b}$$

上两式称为材料的本构方程，其中 ε 和 μ 分别称为介质的介电常量(电容率)和磁导率；但对于很多材料(例如对于各向异性晶体材料和铁磁体材料等)，$\boldsymbol{D}$ 和 $\boldsymbol{E}$、$\boldsymbol{H}$ 和 $\boldsymbol{B}$ 的关系相当复杂，不再是简单的线性关系，本构方程式(2.8)不再适用，需要用张量的形式描述。

特别强调一点，本构方程式(2.7)只是在介质材料静止的参考系才成立，对于相对介质运动的惯性系，$\boldsymbol{D}$ 和 $\boldsymbol{E}$、$\boldsymbol{H}$ 和 $\boldsymbol{B}$ 的关系是交织在一起的(见第6章)。

将本构方程式(2.8a)和(2.8b)代入介质中的 Maxwell 方程组，得

$$\nabla\cdot\boldsymbol{E}=\frac{\rho}{\varepsilon} \tag{MG}$$

$$\nabla\times\boldsymbol{E}=-\frac{\partial\boldsymbol{B}}{\partial t} \tag{MF}$$

$$\nabla\cdot\boldsymbol{B}=0 \tag{M0}$$

$$\nabla\times\boldsymbol{B}=\mu\boldsymbol{J}+\mu\varepsilon\frac{\partial\boldsymbol{E}}{\partial t} \tag{MA}$$

从上式可看出，各向同性理想介质中的 Maxwell 方程组，相当于将真空的 Maxwell 方程组中的 ε_0 和 μ_0 替换成 ε 和 μ，其方程组形式没有变化：

$$\varepsilon_0\rightarrow\varepsilon,\quad \mu_0\rightarrow\mu$$

介电常量 ε 和磁导率 μ 是描述材料基本电磁性质的量。在以往认识的自然界存在的材料中，一般而言，在外电场作用下，介质中的电偶极矩 $\boldsymbol{p}$ 的取向是趋向排成与外场 $\boldsymbol{E}$ 平行的方向，因此有 $\boldsymbol{D}=\varepsilon\boldsymbol{E}=\varepsilon_0\boldsymbol{E}+\boldsymbol{P}>\varepsilon_0\boldsymbol{E}$，即 $\varepsilon>\varepsilon_0$；同样地，在外磁场作用下，材料分子的磁偶极矩 $\boldsymbol{m}$ 取向也是趋向排成与外场平行的方向，因此有 $\boldsymbol{H}=\frac{\boldsymbol{B}}{\mu_0}-\boldsymbol{M}=\frac{\boldsymbol{B}}{\mu}<\frac{\boldsymbol{B}}{\mu_0}$，即 $\mu>\mu_0$，介电常量 ε 和磁导率 μ 都是大于零，但是在某些波段频率中，介电常量或磁导率小于零的人造材料已经成功实现了。

2.3 边界条件

Maxwell 方程组是一组偏微分方程组，从数理方法可知，微分方程有解必须依赖于边界条件和初始条件。这个边界条件不能与 Maxwell 方程组相悖，并且要反映出两种材料介质分界处的有限区域电磁场量的变化。

微分方程只反映局域的点的情况，不能反映一个有限大小的非零区域的情况，因此我们从 Maxwell 方程组的积分形式中去挖掘寻找不同介质的分界面上电磁场满足的边界条件，具体来说，就是从介质中的4条 Maxwell 方程组积分公式出发，找出4个边界条件。

介质中的 Maxwell 方程组由两个闭合曲面面积分公式和两个闭合环路曲线积分公式组成。先从闭合曲面面积分说起，如图2.5所示，取闭合曲面为横跨两介质的厚度为 $h(h\rightarrow0)$ 的圆柱体表面，上、下底面积均为 S，$\boldsymbol{n}$ 是从介质1指向介质2的法向单位矢量。

对式(M0)，面积分$\oint\!\!\!\oint_S \boldsymbol{B}\cdot \mathrm{d}\boldsymbol{\Sigma}$可分为三部分：上底面积分、侧面积分和下底面积分。由于侧面积无限小(厚度$h\to 0$)，而$\boldsymbol{B}$有限，因此侧面积分趋于零；对上底面，$\boldsymbol{B}\cdot \mathrm{d}\boldsymbol{\Sigma}=\boldsymbol{B}_2\mathrm{d}\Sigma\cdot \boldsymbol{n}$，而对下底面，$\boldsymbol{B}\cdot \mathrm{d}\boldsymbol{\Sigma}=\boldsymbol{B}_1\mathrm{d}\Sigma\cdot(-\boldsymbol{n})$，因此面积分变为

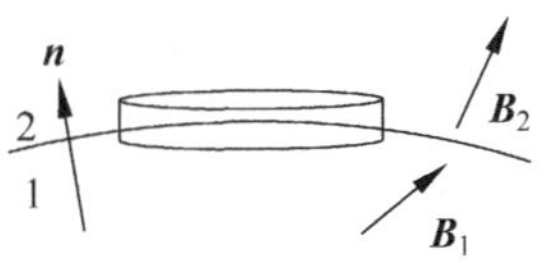

图 2.5 横跨两介质的圆柱体闭合曲面

$$\oint\!\!\!\oint_S \boldsymbol{B}\cdot \mathrm{d}\boldsymbol{\Sigma}=\boldsymbol{B}_2\cdot \boldsymbol{n}S-\boldsymbol{B}_1\cdot \boldsymbol{n}S=0$$

即

$$(\boldsymbol{B}_2-\boldsymbol{B}_1)\cdot \boldsymbol{n}=0 \tag{2.9a}$$

或可写成

$$B_{1n}=B_{2n},\quad \mu_1 H_{1n}=\mu_2 H_{2n} \tag{2.9b}$$

即$\boldsymbol{B}$在两种介质交界处的法向分量连续。

令σ_f是介质分界面上的自由电荷面密度，同样从式(MG)可得

$$\oint\!\!\!\oint_S \boldsymbol{D}\cdot \mathrm{d}\boldsymbol{\Sigma}=\boldsymbol{D}_2\cdot \boldsymbol{n}S-\boldsymbol{D}_1\cdot \boldsymbol{n}S$$

$$Q=\iint \sigma_{\mathrm{f}}\cdot \mathrm{d}S=\sigma_{\mathrm{f}}\cdot S$$

即

$$(\boldsymbol{D}_2-\boldsymbol{D}_1)\cdot \boldsymbol{n}=\sigma_{\mathrm{f}} \tag{2.10a}$$

或可写成

$$\begin{cases} D_{2n}-D_{1n}=\sigma_{\mathrm{f}} \\ \varepsilon_2 E_{2n}-\varepsilon_1 E_{1n}=\sigma_{\mathrm{f}} \end{cases} \tag{2.10b}$$

即$\boldsymbol{D}$在两种介质交界处法向分量的差等于分界面上的自由电荷面密度。

再看闭合环路曲线积分公式所蕴含的边界条件。如图 2.6 所示，取横跨两介质的宽度为$h(h\to 0)$的矩形闭合曲线，在两侧介质内的边长均为L。

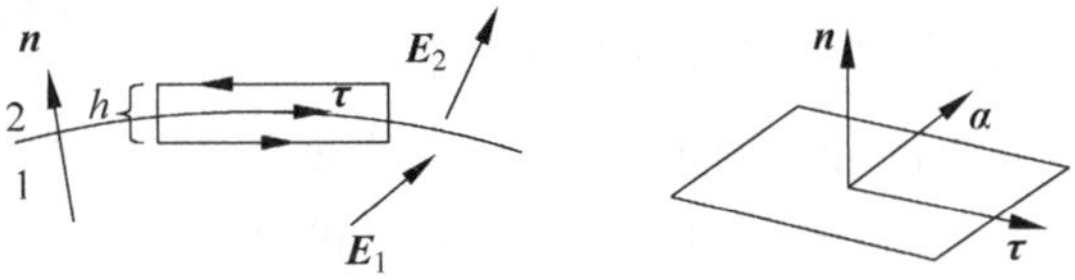

图 2.6 横跨两介质的矩形闭合曲线

根据式(MF)，闭合环路线积分$\oint \boldsymbol{E}\cdot \mathrm{d}\boldsymbol{l}$可分 4 段：横跨两介质的两段和沿介质切线方向的两段；由于横跨段的路径长趋于零($h\to 0$)，而$\boldsymbol{E}$有限，因此这两段的积分都趋于零。对于切向的两段积分，记$\boldsymbol{\tau}$为介质交界面的切向单位矢量，则

$$\int \boldsymbol{E}_1 \cdot \mathrm{d}\boldsymbol{l} = \boldsymbol{E}_1 L \cdot \boldsymbol{\tau}, \quad \int \boldsymbol{E}_2 \cdot \mathrm{d}\boldsymbol{l} = \boldsymbol{E}_2 L \cdot (-\boldsymbol{\tau})$$

而由于闭合曲线所围的面积趋于零，而$\frac{\partial \boldsymbol{B}}{\partial t}$有限，因此$\iint \frac{\partial \boldsymbol{B}}{\partial t} \cdot \mathrm{d}\boldsymbol{\Sigma}$也趋于零，于是从积分公式(MF)可得

$$\oint \boldsymbol{E} \cdot \mathrm{d}\boldsymbol{l} = \boldsymbol{E}_1 L \cdot \boldsymbol{\tau} - \boldsymbol{E}_2 L \cdot \boldsymbol{\tau} = L(\boldsymbol{E}_1 - \boldsymbol{E}_2) \cdot \boldsymbol{\tau} = -\iint \frac{\partial \boldsymbol{B}}{\partial t} \cdot \mathrm{d}\boldsymbol{\Sigma} = 0$$

即

$$(\boldsymbol{E}_2 - \boldsymbol{E}_1) \cdot \boldsymbol{\tau} = 0 \tag{2.11a}$$

或可写成

$$\boldsymbol{n} \times (\boldsymbol{E}_2 - \boldsymbol{E}_1) = \boldsymbol{0} \tag{2.11b}$$

即 $\boldsymbol{E}$ 在两种介质交界处的切向分量连续。

同样的办法，从式(MA)出发，可得

$$\oint \boldsymbol{H} \cdot \mathrm{d}\boldsymbol{l} = (\boldsymbol{H}_1 - \boldsymbol{H}_2) \cdot \boldsymbol{\tau} L$$

基于同样的理由，可以忽略$\iint \frac{\partial \boldsymbol{D}}{\partial t} \cdot \mathrm{d}\boldsymbol{\Sigma}$；定义$\boldsymbol{\alpha}_{\mathrm{f}}$是介质分界面上的单位长度的传导电流线密度，在闭合曲线所围面积内的电流 I 是$\boldsymbol{\alpha}_{\mathrm{f}}$投影在 $\boldsymbol{n} \times \boldsymbol{\tau}$ 方向上的分量乘以线段长度 L，因此

$$I = \int \alpha_{\mathrm{f}} \cdot \mathrm{d}l = \boldsymbol{\alpha}_{\mathrm{f}} \cdot (\boldsymbol{n} \times \boldsymbol{\tau}) L = (\boldsymbol{\alpha}_{\mathrm{f}} \times \boldsymbol{n}) \cdot \boldsymbol{\tau} L$$

即

$$\boldsymbol{n} \times (\boldsymbol{H}_2 - \boldsymbol{H}_1) = \boldsymbol{\alpha}_{\mathrm{f}} \tag{2.12}$$

即 $\boldsymbol{H}$ 在两种介质交界处切向分量的差等于分界面上的自由电流线密度。

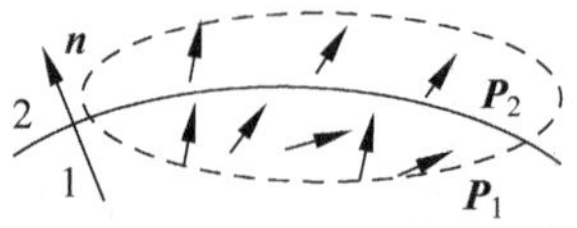

图 2.7 两种电介质的分界面上极化程度的差异

总结一下，在两介质的交界面上，电场的切向分量和磁感强度的法向分量是连续的，而电位移矢量的法向分量和磁场的切向分量是否连续取决于交界面上是否存在自由电荷和自由电流分布。

另外，在两种电介质的分界面上，由于极化程度的差异，产生了极化电荷的积累，如图 2.7 虚线内所示，将式(2.4a)写成积分形式为

$$Q_{\mathrm{P}} = \iiint \rho_{\mathrm{P}} \mathrm{d}V' = -\iiint (\nabla \cdot \boldsymbol{P}) \mathrm{d}V' = -\oiint \boldsymbol{P} \cdot \mathrm{d}\boldsymbol{\Sigma}$$

同样取闭合曲面为横跨两介质的厚度为 $h(h \to 0)$ 的圆柱体表面，令 σ_{P} 是介质分界面上的极化电荷面密度，底面积为 S，$Q_P = \sigma_{\mathrm{P}} \cdot S$，则面积分化为

$$\oiint \boldsymbol{P} \cdot \mathrm{d}\boldsymbol{\Sigma} = \boldsymbol{P}_2 \cdot \boldsymbol{n} S - \boldsymbol{P}_1 \cdot \boldsymbol{n} S$$

因此有

$$\sigma_P = -\boldsymbol{n}\cdot(\boldsymbol{P}_2-\boldsymbol{P}_1) \tag{2.13}$$

即在两种介质交界处极化强度法向分量的差等于分界面上极化电荷面密度。

同样，在两种磁介质的分界面上，由于磁化程度的差异，也产生了磁化电流，如图 2.8 所示。令 $\boldsymbol{\alpha}_m$ 为宏观的磁化电流线密度（介质分界面上的单位长度的磁化电流），同样取横跨两介质的厚度为 $h(h\to 0)$ 的矩形闭合曲线，将式(2.4b)写成积分形式为

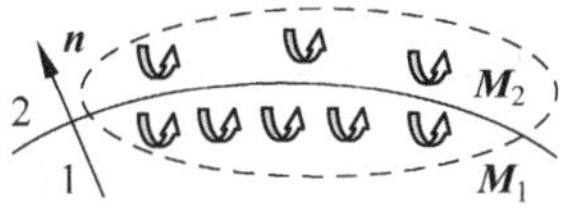

图 2.8　两种磁介质的分界面上磁化程度的差异

$$\oint \boldsymbol{M}\cdot d\boldsymbol{l} = I_M$$

遵循类似的讨论，在磁化强度分别为 $\boldsymbol{M}_1$ 和 $\boldsymbol{M}_2$ 的两种磁介质的分界面上，有

$$\boldsymbol{\alpha}_m = \boldsymbol{n}\times(\boldsymbol{M}_2-\boldsymbol{M}_1) \tag{2.14}$$

例 2-1　真空中有电场强度为 $\boldsymbol{E}_0$ 的均匀电场，将半径为 a、介电常量为 ε 的均匀介质球放到这个电场里，如图 2.9 所示。已知介质球内电场为 $\boldsymbol{E}_i=\dfrac{3\varepsilon_0}{\varepsilon+2\varepsilon_0}\boldsymbol{E}_0$，计算介质球的极化强度、自由电荷体密度、束缚电荷的体密度和面密度。

解：由式(2.6a)和式(2.8a)，极化强度

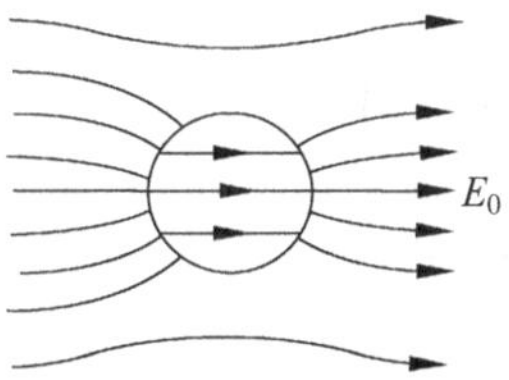

图 2.9　均匀外电场中的极化介质球

$$\boldsymbol{P}=(\varepsilon-\varepsilon_0)\boldsymbol{E}_i=\frac{3\varepsilon_0(\varepsilon-\varepsilon_0)}{\varepsilon+2\varepsilon_0}\boldsymbol{E}_0$$

自由电荷体密度

$$\rho_f=\nabla\cdot\boldsymbol{D}=\varepsilon\,\nabla\cdot\boldsymbol{E}_i=\frac{3\varepsilon_0\varepsilon}{\varepsilon+2\varepsilon_0}\nabla\cdot\boldsymbol{E}_0=0$$

极化电荷体密度

$$\rho_P=-\nabla\cdot\boldsymbol{P}=-\frac{3\varepsilon_0(\varepsilon-\varepsilon_0)}{\varepsilon+2\varepsilon_0}\nabla\cdot\boldsymbol{E}_0=0$$

在介质球外的真空区域，$\boldsymbol{P}_2=\boldsymbol{0}$，极化电荷面密度

$$\sigma_P=-\boldsymbol{n}\cdot(\boldsymbol{P}_2-\boldsymbol{P}_1)=\boldsymbol{n}\cdot\boldsymbol{P}=\frac{3\varepsilon_0(\varepsilon-\varepsilon_0)}{\varepsilon+2\varepsilon_0}\boldsymbol{n}\cdot\boldsymbol{E}_0=\frac{3\varepsilon_0(\varepsilon-\varepsilon_0)}{\varepsilon+2\varepsilon_0}E_0\cos\theta$$

附录1　极化强度 P、磁化强度 M 与电偶极矩、磁偶极矩的关系[①]

记 $\boldsymbol{xP}$ 为两个矢量组成的并矢，$\boldsymbol{e}_n$ 为面积元 $d\Sigma$ 的法向单位矢量，由式(2.4a) $\rho_P=-\nabla\cdot\boldsymbol{P}$，利用恒等式$\nabla\cdot(\boldsymbol{xP})=\boldsymbol{P}+\boldsymbol{x}\,\nabla\cdot\boldsymbol{P}=\boldsymbol{P}-\rho_P\boldsymbol{x}$，根据 Gauss 定理得

---

① 邓文基. 电磁介质的极化和磁化[J]. 大学物理，2014，8(33).

$$\oiint (\boldsymbol{x}\boldsymbol{P})\cdot \mathrm{d}\boldsymbol{\Sigma}=\iiint (\nabla\cdot \boldsymbol{x}\boldsymbol{P})\mathrm{d}V=\iiint \boldsymbol{P}\mathrm{d}V-\iiint \rho_P \boldsymbol{x}\mathrm{d}V$$

极化强度 $\boldsymbol{P}$ 满足

$$\boldsymbol{P}=\lim_{V\to 0}\frac{1}{V}\iiint \boldsymbol{P}\mathrm{d}V=\lim_{V\to 0}\frac{1}{V}\left[\iiint \rho_{\mathrm{P}}\boldsymbol{x}\mathrm{d}V+\oiint (\boldsymbol{x}\boldsymbol{P})\cdot \mathrm{d}\boldsymbol{\Sigma}\right]$$

$$=\lim_{V\to 0}\frac{1}{V}\left[\left(\sum_i \boldsymbol{p}_i\right)+\oiint \sigma_{\mathrm{P}}\boldsymbol{x}\mathrm{d}\Sigma\right]$$

其中 $\sigma_{\mathrm{P}}=\boldsymbol{P}\cdot \boldsymbol{e}_n$，忽略后一项，得 $\boldsymbol{P}\approx \dfrac{\sum \boldsymbol{p}_i}{\Delta V}$。

另外，由矢量运算公式得

$$\nabla\cdot (\boldsymbol{M}\boldsymbol{x})=\boldsymbol{M}+\boldsymbol{x}\,\nabla\cdot \boldsymbol{M}$$

$$\nabla(\boldsymbol{x}\cdot \boldsymbol{M})=\boldsymbol{x}\times(\nabla\times \boldsymbol{M})+(\boldsymbol{x}\cdot\nabla)\boldsymbol{M}+\boldsymbol{M}\times(\nabla\times \boldsymbol{x})+(\boldsymbol{M}\cdot\nabla)\boldsymbol{x}$$
$$=\boldsymbol{x}\times(\nabla\times \boldsymbol{M})+(\boldsymbol{x}\cdot\nabla)\boldsymbol{M}+\boldsymbol{M}$$

$$\nabla\times(\boldsymbol{x}\times\boldsymbol{M})=(\boldsymbol{M}\cdot\nabla)\boldsymbol{x}+(\nabla\cdot\boldsymbol{M})\boldsymbol{x}-(\boldsymbol{x}\cdot\nabla)\boldsymbol{M}-(\nabla\cdot\boldsymbol{x})\boldsymbol{M}$$
$$=(\nabla\cdot\boldsymbol{M})\boldsymbol{x}-(\boldsymbol{x}\cdot\nabla)\boldsymbol{M}-2\boldsymbol{M}$$

综合以上三式，得

$$2\boldsymbol{M}=\boldsymbol{x}\times(\nabla\times\boldsymbol{M})+\nabla\cdot(\boldsymbol{M}\boldsymbol{x})-\nabla(\boldsymbol{x}\cdot\boldsymbol{M})-\nabla\times(\boldsymbol{x}\times\boldsymbol{M})$$

对上式进行体积分得

$$\int \boldsymbol{M}\mathrm{d}V=\frac{1}{2}\left\{\int \boldsymbol{x}\times(\nabla\times\boldsymbol{M})\mathrm{d}V+\int \nabla\cdot(\boldsymbol{M}\boldsymbol{x})\mathrm{d}V-\right.$$
$$\left.\int \nabla(\boldsymbol{x}\cdot\boldsymbol{M})\mathrm{d}V-\int \nabla\times(\boldsymbol{x}\times\boldsymbol{M})\mathrm{d}V\right\}$$

利用体积分和面积分的转换公式，有

$$\int \nabla\times(\boldsymbol{x}\times\boldsymbol{M})\mathrm{d}V=\iint \mathrm{d}\boldsymbol{\Sigma}\times(\boldsymbol{x}\times\boldsymbol{M})=\iint \boldsymbol{e}_n\times(\boldsymbol{x}\times\boldsymbol{M})\mathrm{d}\Sigma$$

$$\int \nabla\cdot(\boldsymbol{M}\boldsymbol{x})\mathrm{d}V=\iint \mathrm{d}\boldsymbol{\Sigma}\cdot\boldsymbol{M}\boldsymbol{x}=\iint \boldsymbol{e}_n\cdot\boldsymbol{M}\boldsymbol{x}\mathrm{d}\Sigma$$

$$\int \nabla(\boldsymbol{x}\cdot\boldsymbol{M})\mathrm{d}V=\iint (\boldsymbol{x}\cdot\boldsymbol{M})\mathrm{d}\boldsymbol{\Sigma}=\iint (\boldsymbol{x}\cdot\boldsymbol{M})\boldsymbol{e}_n\mathrm{d}\Sigma$$

因此

$$\int \nabla\cdot(\boldsymbol{M}\boldsymbol{x})\mathrm{d}V-\int \nabla(\boldsymbol{x}\cdot\boldsymbol{M})\mathrm{d}V=\iint \boldsymbol{M}\times(\boldsymbol{x}\times\boldsymbol{e}_n)\mathrm{d}\Sigma$$

结合恒等式

$$\boldsymbol{M}\times(\boldsymbol{x}\times\boldsymbol{e}_n)+\boldsymbol{e}_n\times(\boldsymbol{M}\times\boldsymbol{x})+\boldsymbol{x}\times(\boldsymbol{e}_n\times\boldsymbol{M})=\boldsymbol{0}$$

由式(2.4b)$\boldsymbol{J}_{\mathrm{M}}=\nabla\times\boldsymbol{M}$ 得，磁化强度 $\boldsymbol{M}$ 满足

$$\boldsymbol{M}=\lim_{V\to 0}\frac{1}{2V}\left\{\int \boldsymbol{x}\times\boldsymbol{J}_{\mathrm{M}}\mathrm{d}V-\iint \boldsymbol{x}\times(\boldsymbol{e}_n\times\boldsymbol{M})\mathrm{d}\Sigma\right\}$$

其中 $\displaystyle\int \frac{1}{2}\boldsymbol{x}\times\boldsymbol{J}_{\mathrm{M}}\mathrm{d}V=\sum_i \boldsymbol{m}_i$，忽略后一项，得 $\boldsymbol{M}\approx \dfrac{\sum \boldsymbol{m}_i}{\Delta V}$。

习题 2

2-1 内外半径分别为 a 和 b 的无限长中空导体圆柱，沿轴向流有恒定均匀自由电流 I，导体的磁导率为 μ，求导体内外磁感应强度和磁化电流。

2-2 如图所示，有一内外半径分别为 a 和 b 的空心介质球，介质的介电常量为 ε，使介质内均匀带自由电荷 Q，求：

(1) 空间各点的电场；

(2) 极化体电荷和极化面电荷分布；

(3) 若介电常量分布为 $\varepsilon=\varepsilon_0+\varepsilon_1\cos^2\theta$，$\theta$ 为极角，介质内仍然带自由电荷 Q，求外表面极化面电荷分布。(提示：电场仍具有球对称性 $\boldsymbol{E}=E(r)\boldsymbol{e}_r$，面元 $\mathrm{d}\Sigma=2\pi r^2\sin\theta\,\mathrm{d}\theta$)。

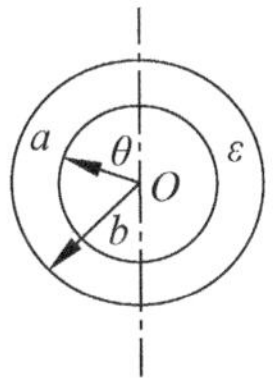

习题 2-2 图

2-3 用 Lorentz 力公式、介质中的 Maxwell 方程组，再加上能量守恒定律，推导出介质中电磁场的能流密度和能量密度变化率公式(参照第 1 章附录 2)。

2-4 证明均匀介质内部的极化电荷体密度 ρ_{P} 总是等于自由电荷体密度 ρ_{f} 的 $\left(\dfrac{\varepsilon_0}{\varepsilon}-1\right)$倍。

2-5 (1) 当两种线性绝缘介质的交界面上没有自由电荷分布时，电场线会弯折(图(a))，证明

$$\tan\theta_1/\tan\theta_2=\varepsilon_1/\varepsilon_2$$

(2) 当两种线性介质的交界面上没有自由传导电流分布时，磁感应线会弯折(图(b))，证明

$$\tan\theta_1/\tan\theta_2=\mu_1/\mu_2$$

(3) 证明：在稳恒电流情况下，介质的交界面上电流密度的法向分量连续；

(4) 证明：在绝缘介质与导体的交界面上，在静电情况下，导体外的电场线总是垂直于导体表面；在稳恒电流情况下，导体表面的电场线总是平行于导体表面。

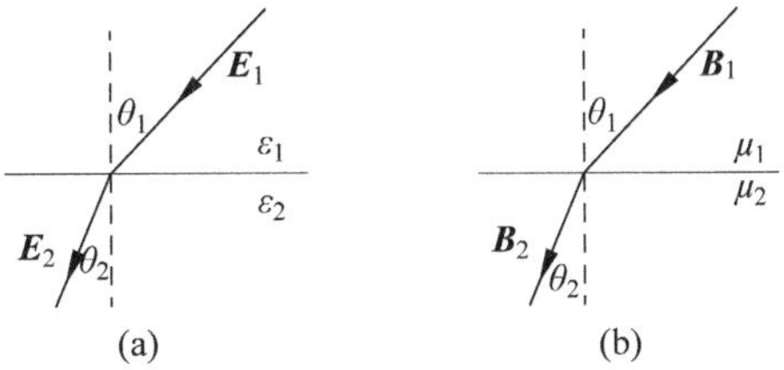

习题 2-5 图

2-6 在例 2-1 中，由于球面极化电荷的存在，球外电场变为

$$\boldsymbol{E}=\boldsymbol{E}_0+\frac{A\cos\theta}{r^3}\boldsymbol{e}_r+\frac{B\sin\theta}{r^3}\boldsymbol{e}_\theta$$

根据电场的连续性，求出待定常数 A 和 B。

2-7 试讨论：

(1) 介电常量小于零与大于零的两种材料分界面上的电磁场边界条件；

(2) 磁导率小于零与大于零的两种材料分界面上的电磁场边界条件。

第3章 标势与矢势、电磁规范

Maxwell 方程组是描述电磁现象规律的基本方程组，是偏微分方程组，一般情况下是不容易求解的。本章先从较简单的情况入手，考虑与时间无关的稳恒情况，把方程组中与时间有关的项消除了，根据静电场的有源无旋的性质和磁场的无源有旋的性质，从数学上在静电场中引入标势，在磁场中引入矢势，得到关于标势、矢势的方程，然后推广到一般含时的情况，得到电磁场与标势、矢势的普适关系式。

标势和矢势是隐含在 Maxwell 方程组背后的两个重要的势场，它们被称为电磁规范场。接下来讨论在规范变换下电磁场的规范不变性，最后讨论 A-B 效应，指出电磁规范场是物理的实在，具有可观察测量的效应。

3.1 静电场与电势，电偶极矩

先考虑稳恒(与时间无关的)电磁系统的行为。对于给定电荷分布的静电系统，我们本来可以应用 Coulomb 定律或式(1.8)直接求解，但如果系统电荷的分布比较复杂，则引入电势来求解是较为容易处理的办法。

1. 稳恒电磁系统的电势引入

稳恒电磁系统的物理量(场量和源量)都不随时间变化。Maxwell 方程组中的式(MF)：

$$\nabla\times \boldsymbol{E}=-\frac{\partial \boldsymbol{B}}{\partial t}$$

因$\dfrac{\partial \boldsymbol{B}}{\partial t}=\boldsymbol{0}$，或没有磁场 $\boldsymbol{B}=\boldsymbol{0}$，有

$$\nabla\times \boldsymbol{E}=0 \tag{3.1}$$

即静电场或稳恒磁场下的电场是无旋的。

另一方面，对任意的标量函数 φ，其梯度的旋度恒为零(见

“数学预备知识”)，即

$$\nabla\times\nabla\varphi=0$$

对照上面两式，由 $\boldsymbol{E}$ 的无旋性，可引入一个标量场 $\varphi(\boldsymbol{x})$，使得

$$\boldsymbol{E}=-\nabla\varphi \tag{3.2}$$

$\varphi(\boldsymbol{x})$称为静电势。

进一步，对于电场 $\boldsymbol{E}$ 中的一段线元 $\mathrm{d}\boldsymbol{l}$，有

$$\begin{aligned}\boldsymbol{E}\cdot\mathrm{d}\boldsymbol{l}&=-\nabla\varphi\cdot\mathrm{d}\boldsymbol{l}\\&=-\left(\frac{\partial\varphi}{\partial x}\boldsymbol{e}_x+\frac{\partial\varphi}{\partial y}\boldsymbol{e}_y+\frac{\partial\varphi}{\partial z}\boldsymbol{e}_z\right)\cdot(\mathrm{d}x\boldsymbol{e}_x+\mathrm{d}y\boldsymbol{e}_y+\mathrm{d}z\boldsymbol{e}_z)\\&=-\left(\frac{\partial\varphi}{\partial x}\mathrm{d}x+\frac{\partial\varphi}{\partial y}\mathrm{d}y+\frac{\partial\varphi}{\partial z}\mathrm{d}z\right)\\&=-\mathrm{d}\varphi\end{aligned} \tag{3.3}$$

因此，对任意两点 P_1 和 P_2，由上式积分，有

$$\varphi(P_1)-\varphi(P_2)=-\int_{P_2}^{P_1}\boldsymbol{E}\cdot\mathrm{d}\boldsymbol{l} \tag{3.4}$$

或者静电场力做功

$$W=\int_{P_2}^{P_1}\boldsymbol{F}\cdot\mathrm{d}\boldsymbol{l}=\int_{P_2}^{P_1}q\boldsymbol{E}\cdot\mathrm{d}\boldsymbol{l}=q\left[\varphi(P_2)-\varphi(P_1)\right] \tag{3.5}$$

即 P_1 和 P_2 两点之间的电势的差，等于电场将单位正电荷从 P_2 移到 P_1 所做的功 W(电场力将正电荷从电势高的地方移向电势低的地方)。而 $q\varphi(P)$则看成是电荷 q 在 P 点处的电势能。要强调的是，两点之间的电势差只与两点的位置有关，与两点之间的积分路径无关。

φ 本质上是一种势(类似重力场中的重力势)，因此，谈论它的绝对值是没有意义的，通常我们关心的是两点之间的电势的差值，如果选择合适的电势基准零点，则任意位置的电势就可唯一确定。对于有限电荷分布体系，其中一种比较通用的选择是取无穷远的电势为零，即 $\varphi(\infty)=0$，则任一点的电势可表示为

$$\varphi(r)=\int_r^{\infty}\boldsymbol{E}\cdot\mathrm{d}\boldsymbol{l} \tag{3.6}$$

电场矢量 $\boldsymbol{E}$ 满足 Gauss 定理，那么电势 φ 满足什么方程？由 Maxwell 方程组的式(MG)，得

$$\nabla\cdot\boldsymbol{E}=-\nabla\cdot\nabla\varphi=-\nabla^2\varphi=\frac{\rho}{\varepsilon_0}$$

即

$$\nabla^2\varphi=-\frac{\rho}{\varepsilon_0} \tag{3.7}$$

上式称为 Poisson(泊松)方程。可见，电荷的分布决定了电势的分布；反过来，电势的分布也影响着电荷的分布。原则上，如果已知电荷分布和边界条件，就可以从式(3.7)解出电势 $\varphi(\boldsymbol{x})$的分布。

电场是矢量，而电势是标量，相比之下，计算标量是简单方便的，并且从数学技巧而言，求导数比求积分容易，因此对一个带电系统，求解电势相对较为容易。求解静电系统的电势分布是电磁理论中的一个重要话题。若进一步定量描述电场，只需由式(3.2)求电势的负梯度即可。

2. 几种典型带电体系的电势

例 3-1 求单个点电荷 q 的电势。

解：由点电荷的电场公式(1.3)，得

$$\varphi(r)=\int_r^\infty \boldsymbol{E}\cdot \mathrm{d}\boldsymbol{l}=\int_r^\infty \frac{q\boldsymbol{e}_r}{4\pi\varepsilon_0 r^2}\cdot \mathrm{d}\boldsymbol{l}$$

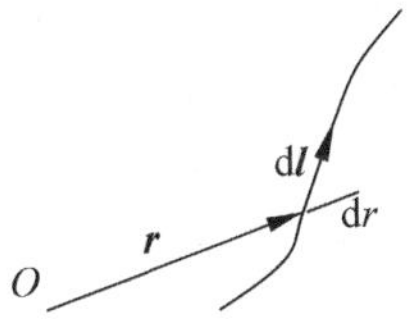

图 3.1 线元与电场径向单位矢量的点乘关系

由图 3.1，注意到线元 $\mathrm{d}\boldsymbol{l}$ 与电场径向单位矢量 $\boldsymbol{e}_r$ 的点乘关系为 $\boldsymbol{e}_r\cdot\mathrm{d}\boldsymbol{l}=\mathrm{d}r$，因此

$$\varphi(r)=\int_r^\infty \frac{q}{4\pi\varepsilon_0 r^2}\mathrm{d}r=\frac{q}{4\pi\varepsilon_0 r}$$

例 3-2 求半径为 a、电荷量 Q 均匀分布的球状体的球内外的电势。

解：由例 1-1 给出的电场公式，可得球外($r>a$)电势与点电荷的情形相同，即

$$\varphi(r)=\int_r^\infty \frac{Q}{4\pi\varepsilon_0 r^2}\mathrm{d}r=\frac{Q}{4\pi\varepsilon_0 r}\quad (r>a)$$

对于球内($r\leqslant a$)情况，由于球内外电场不一致，因此电势的积分要分段计算，即

$$\begin{aligned}\varphi(r)&=\int_a^\infty \boldsymbol{E}_1\cdot\mathrm{d}\boldsymbol{l}+\int_r^a \boldsymbol{E}_2\cdot\mathrm{d}\boldsymbol{l}\\&=\int_a^\infty \frac{Q\boldsymbol{e}_r}{4\pi\varepsilon_0 r^2}\cdot\mathrm{d}\boldsymbol{l}+\int_r^a \frac{Q\boldsymbol{r}}{4\pi\varepsilon_0 a^3}\cdot\mathrm{d}\boldsymbol{l}\\&=\frac{Q}{4\pi\varepsilon_0 a}+\frac{Q}{4\pi\varepsilon_0 a^3}\int_r^a r\,\mathrm{d}r=\frac{3Q}{8\pi\varepsilon_0 a}-\frac{Qr^2}{8\pi\varepsilon_0 a^3}\quad (r\leqslant a)\end{aligned}$$

例 3-3 求均匀电场 $\boldsymbol{E}$ 的电势。

解：如图 3.2 所示，建立坐标系，选 $\boldsymbol{E}=E\boldsymbol{e}_z$。由于电场是均匀的，无穷远电场也不为零，因此不必选定无穷远的电势为零点，选取坐标原点为电势零点较为方便，即 $\varphi(0)=0$。由式(3.4)得，$\boldsymbol{r}$ 处的电势为

$$\varphi(r)=\varphi(0)-\int_0^r \boldsymbol{E}\cdot\mathrm{d}\boldsymbol{l}=\varphi(0)-Ez=-\boldsymbol{E}\cdot\boldsymbol{r}$$

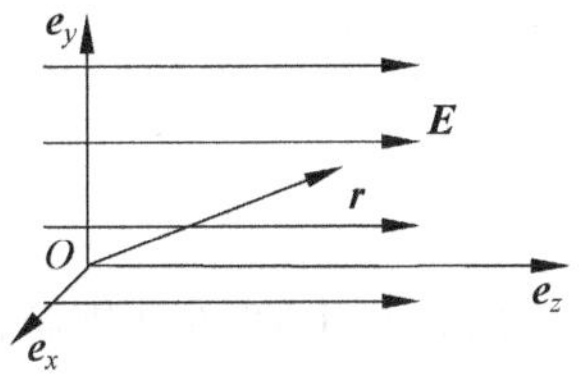

图 3.2 直角坐标框架中的均匀电场

假设在空间某个区域中存在若干个点电荷，由电场的叠加性质，多个点电荷产生的总电场等于单个点电荷的电场的矢量叠加。设第 i 个电荷的电荷量为 q_i，距离观察点的位置矢量为 $\boldsymbol{r}_i$，且 $\boldsymbol{r}_i\cdot\mathrm{d}\boldsymbol{l}=r_i\mathrm{d}r_i$，因此多个点电荷在观察点 P 贡

献的总电势为

$$\varphi=\int_P^\infty \boldsymbol{E}\cdot \mathrm{d}\boldsymbol{l}=\int_P^\infty \sum_i \frac{q_i \boldsymbol{r}_i}{4\pi\varepsilon_0 r_i^3}\cdot \mathrm{d}\boldsymbol{l}=\sum_i \int_r^\infty \frac{q_i}{4\pi\varepsilon_0 r_i^2}\mathrm{d}r_i$$

即

$$\varphi=\sum_i \frac{q_i}{4\pi\varepsilon_0 r_i} \tag{3.8}$$

可见，多个点电荷体系的电势等于各个点电荷电势贡献的代数叠加。要指出的是，总电场等于单个点电荷的电场的矢量叠加，而总电势则为单个点电荷电势的代数和（不需要考虑场方向的问题），显然电势的处理比电场容易多了。

考虑电磁学中的一个重要模型——电偶极子。通常这样理解，相距为 l 的两个等量异号的点电荷 q 和 $-q$ 就构成了一个电偶极子，定义其电偶极矩为

$$\boldsymbol{p}=\sum_{i=1}^{2} q_i \boldsymbol{x}_i' \tag{3.9}$$

其中 $\boldsymbol{x}_i'$ 是第 i 个电荷 q_i 的位置矢量。记 $\boldsymbol{l}=\boldsymbol{x}_+'-\boldsymbol{x}_-'$ 是两电荷的相对位置矢量，进一步有

$$\boldsymbol{p}=\sum_i q_i \boldsymbol{x}_i'=q\boldsymbol{x}_+'+(-q)\boldsymbol{x}_-'=q(\boldsymbol{x}_+'-\boldsymbol{x}_-')=q\boldsymbol{l}$$

可见电偶极矩 $\boldsymbol{p}$ 只跟电荷的相对位置有关，与坐标原点的选择无关。

例 3-4 求电偶极子在远处的电势。

解：根据式(3.8)，电偶极子在场点 P 处产生的电势为

$$\varphi=\frac{q}{4\pi\varepsilon_0}\frac{1}{r_+}+\frac{-q}{4\pi\varepsilon_0}\frac{1}{r_-}=\frac{q}{4\pi\varepsilon_0}\left(\frac{1}{r_+}-\frac{1}{r_-}\right)$$

当场点距离源点（电偶极子）很远时，可近似有

$$\frac{1}{r_+}-\frac{1}{r_-}=\frac{r_- - r_+}{r_+ r_-}\approx \frac{r_- - r_+}{R^2}$$

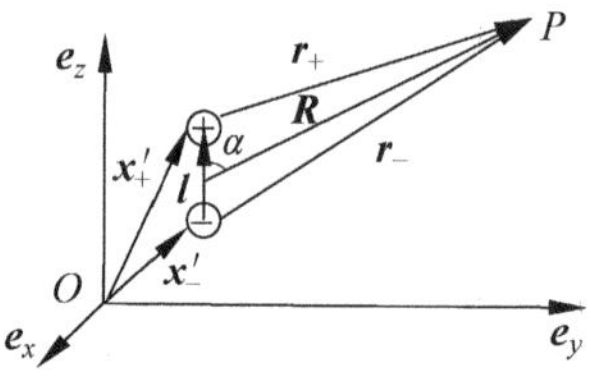

图 3.3 电偶极子在远处的电势

其中 $\boldsymbol{R}$ 是电偶极子的中心到观察点的位置矢量。由几何关系可知，$r_- - r_+\approx l\cos\alpha$，$\alpha$ 是 $\boldsymbol{R}$ 与 $\boldsymbol{l}$ 的夹角，因此在远场近似下，电偶极子的电势为

$$\varphi=\frac{q}{4\pi\varepsilon_0}\frac{l\cos\alpha}{R^2}=\frac{1}{4\pi\varepsilon_0}\frac{pR\cos\alpha}{R^3}=\frac{1}{4\pi\varepsilon_0}\frac{\boldsymbol{p}\cdot\boldsymbol{R}}{R^3} \tag{3.10}$$

3. 任意形状带电体系的电势

对于由很多电荷组成的系统，电荷分布很稠密，计算出每个电荷的电势后再进行叠加，既不必要也不现实，此时可把系统看成是连续电荷分布系统，只需要把式(3.8)中的求和变换为积分 $\left(\sum \rightarrow \int\right)$，体积元上的电荷元写成 $\mathrm{d}q=\rho\mathrm{d}V$，电势

表达式则为

$$\varphi=\int\frac{\rho(\boldsymbol{x}')}{4\pi\varepsilon_0 r}\mathrm{d}V' \tag{3.11}$$

由此我们可以总结出，对于无界空间，Poisson 方程式(3.7)的解就是式(3.11)，需要强调的是，它仅在无限大空间的情况下成立。

当带电体系的电荷分布在一有限尺度内，一般情况下，系统的形状不一定具有对称性，对式(3.11)求积分实际上是很困难的，因此近似处理是有必要的和现实的。

我们知道，对点电荷而言，其电势为 $\varphi=\dfrac{1}{4\pi\varepsilon_0}\dfrac{Q}{r}$，其中 r 为电荷到观察点 P 之间的距离，如图 3.4 所示，对任意形状的带电体，最简单粗糙的近似是零级近似，即是把全部的电荷都看成集中在物体的一点 A 上，忽略所有的分布细节，看成是点电荷。此时其电势为

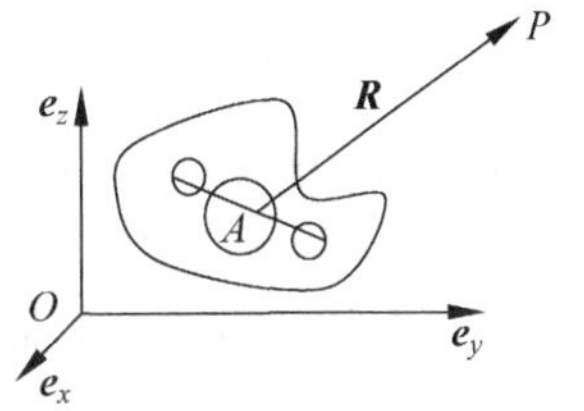

图 3.4 任意形状带电体系的电势

$$\varphi^{(0)}=\frac{1}{4\pi\varepsilon_0}\frac{Q}{R}$$

其中 $Q=\sum_i q_i$ 是带电体系的总电荷，在电荷连续分布情况下，$Q=\int\rho(\boldsymbol{x}')\,\mathrm{d}V'$，$\boldsymbol{R}$ 是物体电荷集中在 A 点到观察点 P 的位置矢量。这种近似方法如同我们观察来自银河系外遥远恒星的星光，虽然恒星的尺寸比太阳大很多，但仍然可以把它看成是一个点光源来处理。

欲提高精度，就要加上一系列的修正项，进一步考虑带电体电荷分布的细节。最基本的修正就是把带电体看成是一个电偶极子。对于多电荷带电系统，将原来定义电偶极矩的式(3.9)推广为

$$\boldsymbol{p}=\sum_{i=1}^{n}q_i\boldsymbol{x}'_i \tag{3.12a}$$

对于连续电荷分布系统，则上式变为

$$\boldsymbol{p}=\int\rho(\boldsymbol{x}')\boldsymbol{x}'\mathrm{d}V' \tag{3.12b}$$

当然，如果电荷只分布在某一曲面上，则上式又变为

$$\boldsymbol{p}=\int\sigma(\boldsymbol{x}')\boldsymbol{x}'\mathrm{d}\Sigma' \tag{3.12c}$$

可见，如果在某个方向上，系统电荷分布的正负电荷中心不是重合，而是互相错开一定距离，则系统的电偶极矩 $\boldsymbol{p}$ 不为零。也就是说，$\boldsymbol{p}$ 是衡量系统电荷偏离中心对称分布的一个基本物理量。

从式(3.12)可看到，对于具有球对称的带电系统，电偶极矩 $\boldsymbol{p}$ 为零。(思考：均匀电荷分布的椭球的电偶极矩是多少？)

于是，其电势的一级修正为

$$\varphi^{(1)}=\frac{1}{4\pi\varepsilon_0}\frac{\boldsymbol{p}\cdot\boldsymbol{R}}{R^3}$$

若进一步要求更高的精度，则需要更高一级的近似。考虑带电体电荷分布与电偶极子的偏离程度，把带电体系统看成电四极矩，求得其二级修正 $\varphi^{(2)}$。电四极矩是衡量系统电荷偏离球对称分布的一个物理量。综上所述，把各种贡献都考虑进来，电势式(3.11)近似展开为①

$$\varphi=\varphi^{(0)}+\varphi^{(1)}+\varphi^{(2)}+\cdots \tag{3.13}$$

由展开式可见，$\varphi^{(0)}$ 按 $\frac{1}{R}$ 衰减，$\varphi^{(1)}$ 按 $\frac{1}{R^2}$ 衰减，$\varphi^{(2)}$ 约按 $\frac{1}{R^3}$ 衰减。通常式(3.13)取前两项近似已经相当精确了。

例 3-5　求水分子在远处的电势。

解：水分子是由一个氧原子和两个氢原子组成，每个氢原子与氧原子通过共享一对电子形成共价键而结合，键长 l，但由于共享的程度不均衡，因此共价键氢原子一侧带正电($+e$)，氧原子一侧带负电($-2e$)，并且三个原子并不落在一直线上，而是成 $\alpha\approx106°$，因此水分子的电荷分布不对称，属于有极分子。

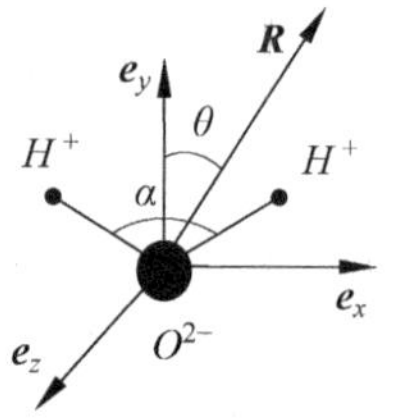

图 3.5　水分子示意图

如图 3.5 所示，建立坐标系，取水分子所在平面为 x-y 面，对称轴为 y 轴。水分子的总电荷量为 $Q=-2e+2\times e=0$。

电势的零级近似

$$\varphi^{(0)}=\frac{1}{4\pi\varepsilon_0}\frac{Q}{R}=0$$

水分子形成的电偶极矩

$$\boldsymbol{p}=\sum_i q_i\boldsymbol{r}'_i=-2e\times0+e\boldsymbol{r}_1+e\boldsymbol{r}_2=e(\boldsymbol{r}_1+\boldsymbol{r}_2)=2el\cdot\cos\frac{\alpha}{2}\cdot\boldsymbol{e}_y$$

水分子在远处的电势约为其电偶极矩产生的电势

$$\varphi\approx\varphi^{(1)}=\frac{1}{4\pi\varepsilon_0}\frac{\boldsymbol{P}\cdot\boldsymbol{R}}{R^3}=\frac{el\cos\dfrac{\alpha}{2}\cos\theta}{2\pi\varepsilon_0R^2}$$

其中 θ 为 $\boldsymbol{R}$ 与 y 轴的夹角。虽然水分子是已知的简单结构，但其电磁性质仍还没有得到彻底解决。

---

① 事实上，式(3.11)可根据 Taylor 展开(仅取前两项)为

$$\varphi=\int\frac{\rho(\boldsymbol{x}')}{4\pi\varepsilon_0}\left[\frac{1}{R}-\boldsymbol{x}'\,\nabla\frac{1}{R}\right]\mathrm{d}V'=\frac{\int\rho\,\mathrm{d}V'}{4\pi\varepsilon_0R}-\frac{\int\boldsymbol{x}'\rho\,\mathrm{d}V'}{4\pi\varepsilon_0}\cdot\nabla\frac{1}{R}=\varphi^{(0)}+\varphi^{(1)}$$

4. 带电体系的力矩与电能

在外电场 $\boldsymbol{E}_{\mathrm{e}}$ 作用下，电偶极子的两个异号电荷所受的力一般不落在同一直线上，使得电偶极子受到一个力矩作用，产生转动的趋势。其力矩为

$$\begin{aligned}\boldsymbol{M} &= \sum_i \boldsymbol{x}'_i \times \boldsymbol{F}_i = \sum_i \boldsymbol{x}'_i \times q_i \boldsymbol{E}_{\mathrm{e}} = q\boldsymbol{x}'_+ \times \boldsymbol{E}_{\mathrm{e}} + (-q)\boldsymbol{x}'_- \times \boldsymbol{E}_{\mathrm{e}} \\ &= q(\boldsymbol{x}'_+ - \boldsymbol{x}'_-) \times \boldsymbol{E}_{\mathrm{e}} = \boldsymbol{p} \times \boldsymbol{E}_{\mathrm{e}}\end{aligned} \tag{3.14}$$

由式(3.5)，在电势场 φ 中，电偶极子中两个相距为 l 的异号电荷所获得的电势能为

$$U = \sum_{i=1}^{2} q_i \varphi_i = q\varphi_+ - q\varphi_- = q(\varphi_+ - \varphi_-) \approx q\boldsymbol{E}_{\mathrm{e}} \cdot (-\boldsymbol{l})$$

即在外电场 $\boldsymbol{E}_{\mathrm{e}}$ 下，电偶极子获得的电势能为

$$U = -\boldsymbol{p} \cdot \boldsymbol{E}_{\mathrm{e}} \tag{3.15}$$

因此在外电场中电偶极子所受的力可表示为

$$\boldsymbol{F} = -\nabla U = \nabla(\boldsymbol{p} \cdot \boldsymbol{E}_{\mathrm{e}}) \tag{3.16}$$

另一方面，带电体系本身蕴含的静电能量以场的形式存在，场弥散在全空间，并且由式(1.48)，总能量为

$$W = \int_{\infty} w\,\mathrm{d}V' = \int_{\infty} \frac{\varepsilon_0}{2} E^2 \,\mathrm{d}V'$$

而

$$\varepsilon_0 E^2 = -\varepsilon_0 \boldsymbol{E} \cdot \nabla\varphi = -\varepsilon_0 \nabla\cdot(\varphi\boldsymbol{E}) + \varepsilon_0 \varphi(\nabla\cdot \boldsymbol{E})$$

因此

$$W = \frac{1}{2}\int_{\infty} [-\varepsilon_0 \nabla\cdot(\varphi\boldsymbol{E}) + \varepsilon_0\varphi(\nabla\cdot\boldsymbol{E})]\mathrm{d}V = \frac{1}{2}\int_V \varphi\rho\,\mathrm{d}V \tag{3.17}$$

其中积分的第一项为零，$\int_{\infty} \nabla\cdot(\varphi\boldsymbol{E})\mathrm{d}V = \int_{\infty} \varphi\boldsymbol{E}\cdot\mathrm{d}\boldsymbol{\Sigma} = 0$；简单地说，系统在无穷远，$\varphi \propto r^{-1}$，$E \propto r^{-2}$，$\Sigma \propto r^2$，因此积分反比于 r，当 $r \to \infty$ 时积分趋于零。可见，虽然静电场的能量弥散在全空间里，但在计算中，仅需要对电荷密度不为零的区域的 $\varphi\rho$ 函数进行体积分就可方便地求得。但仍然要强调，能量是以场的形式散布在全空间中，而不是仅仅在电荷体系中，式(3.17)只是为了计算的方便而已。

3.2 磁场与矢势，磁偶极矩

与上节静电场的处理相类似，在处理磁场问题时，我们也引进一个势场来讨论，不过这个势不是大家所熟悉的那一类标量势（如重力势、电势），而是一种与方向有关的矢量势。

1. 磁矢势的引入

我们知道，世上存在正、负基本电荷单元，但迄今为止，世上没有发现仅带有北极或南极这种单一磁极的磁荷——磁单极(单极子)，因此 Maxwell 方程组的式(M0)表示为

$$\nabla\cdot \boldsymbol{B}=0$$

它表明，磁场线永远都是闭合的，没有起点也没有终点，在任何地方进出的磁感应线相抵。另一方面，由数学上，对任意的矢量 $\boldsymbol{A}$，其旋度的散度恒为零，即

$$\nabla\cdot(\nabla\times \boldsymbol{A})=0$$

对比上两式，自然地很容易联想到，可引入一个矢量 $\boldsymbol{A}$，使得

$$\boldsymbol{B}=\nabla\times \boldsymbol{A} \tag{3.18}$$

$\boldsymbol{A}$ 称为矢量势，它实际上也是一种势，不过这种势是矢量而已。进一步，根据数学上的 Stokes 积分变换公式，有

$$\oint \boldsymbol{A}\cdot \mathrm{d}\boldsymbol{l}=\iint(\nabla\times \boldsymbol{A})\cdot \mathrm{d}\boldsymbol{\Sigma}=\iint \boldsymbol{B}\cdot \mathrm{d}\boldsymbol{\Sigma} \tag{3.19}$$

上式说明，$\boldsymbol{A}$ 沿任意闭合回路的环路积分等于通过该环路磁通量，它是一个实在的可观测的物理量，并且它跟电磁场的动量有联系(见第5章)。

在直角坐标系下，矢量 $\boldsymbol{A}$ 和 $\boldsymbol{B}$ 可分别分解为

$$\boldsymbol{A}=A_x\boldsymbol{e}_x+A_y\boldsymbol{e}_y+A_z\boldsymbol{e}_z,\quad \boldsymbol{B}=B_x\boldsymbol{e}_x+B_y\boldsymbol{e}_y+B_z\boldsymbol{e}_z$$

由式(3.18)，两者关系为

$$\boldsymbol{B}=B_x\boldsymbol{e}_x+B_y\boldsymbol{e}_y+B_z\boldsymbol{e}_z=\begin{vmatrix}\boldsymbol{e}_x & \boldsymbol{e}_y & \boldsymbol{e}_z\\ \dfrac{\partial}{\partial x} & \dfrac{\partial}{\partial y} & \dfrac{\partial}{\partial z}\\ A_x & A_y & A_z\end{vmatrix}$$

对比各分量，得到在直角坐标系下磁场与磁矢势的关系如下：

$$B_x=\frac{\partial A_z}{\partial y}-\frac{\partial A_y}{\partial z},\quad B_y=\frac{\partial A_x}{\partial z}-\frac{\partial A_z}{\partial x},\quad B_z=\frac{\partial A_y}{\partial x}-\frac{\partial A_x}{\partial y}$$

例 3-6 求均匀恒定磁场 $\boldsymbol{B}=B\boldsymbol{e}_z$ 对应的矢势 $\boldsymbol{A}$。

解：根据上式，有

$$B_x=\frac{\partial A_z}{\partial y}-\frac{\partial A_y}{\partial z}=0,\quad B_y=\frac{\partial A_x}{\partial z}-\frac{\partial A_z}{\partial x}=0,\quad B_z=\frac{\partial A_y}{\partial x}-\frac{\partial A_x}{\partial y}=B,$$

矢势 $\boldsymbol{A}$ 有三个变量(A_x,A_y,A_z)，可是变量的解并不唯一，例如：

(1) 若选择 $A_y=0,A_z=0$，可解出 $\boldsymbol{A}=\boldsymbol{A}_x=-By\boldsymbol{e}_x$；

(2) 若选择 $A_x=0,A_z=0$，可解出 $\boldsymbol{A}=\boldsymbol{A}_y=Bx\boldsymbol{e}_y$；

(3) 若选择 $A_z=0$，可解出 $\boldsymbol{A}=\boldsymbol{A}_x+\boldsymbol{A}_y=-\dfrac{yB}{2}\boldsymbol{e}_x+\dfrac{xB}{2}\boldsymbol{e}_y=\dfrac{B\boldsymbol{e}_z}{2}\times(x\boldsymbol{e}_x+$

$ye_y)=\frac{\boldsymbol{B}}{2}\times\boldsymbol{r}$;

(4) 若选择 $A_y=0$,c 为任意常数,可解出 $\boldsymbol{A}=\boldsymbol{A}_x+\boldsymbol{A}_z=-By\boldsymbol{e}_x+cz\boldsymbol{e}_z$。

还可以有其他的选择等。可见,对于确定的磁场 $\boldsymbol{B}$,矢势 $\boldsymbol{A}$ 的选择并不唯一,而是有无数种选择。矢势 $\boldsymbol{A}$ 和电势 φ 一样,具有多值性,这时候仅讨论矢势 $\boldsymbol{A}$ 是没有物理意义的,就像讨论重力势能时,如果没有约定某处作为重力势能零点基准的话,重力势能也是不确定的。而讨论电势的时候,我们都常常选定某个地方的电势为零,以此限制电势的多值性,因此,通常还要对矢势 $\boldsymbol{A}$ 作一定的约束限制,称为选择某种规范(见下节)。

2. 矢势 A 微分方程

对稳恒电流磁场,$\frac{\partial \boldsymbol{E}}{\partial t}=0$,由 Maxwell 方程组的式(MA),结合数学恒等式,有

$$\nabla\times\boldsymbol{B}=\nabla\times(\nabla\times\boldsymbol{A})=\nabla(\nabla\cdot\boldsymbol{A})-\nabla^2\boldsymbol{A}=\mu_0\boldsymbol{J}$$

选择一种规范:$\nabla\cdot\boldsymbol{A}=0$,在此条件下,矢势 $\boldsymbol{A}$ 满足的微分方程是

$$\nabla^2\boldsymbol{A}=-\mu_0\boldsymbol{J} \tag{3.20}$$

对照式(3.7)可看出,两式的形式是一样的,参照无界空间 Poisson 方程的解式(3.11),很容易联想到,对于无穷大空间,式(3.20)的解就是

$$\boldsymbol{A}=\int\frac{\mu_0\boldsymbol{J}(\boldsymbol{x}')}{4\pi r}\mathrm{d}V' \tag{3.21}$$

从 Biot-Savart 定律式(1.25)可知,$\boldsymbol{B}$ 与 $\boldsymbol{J}$ 的方向并不一致,从式(1.25)计算磁场特别不容易,除非电流系统有很好的对称性,而根据式(3.21)可知,$\boldsymbol{A}$ 与 $\boldsymbol{J}$ 的方向是一致的,因此与电势的情况一样,计算矢势 $\boldsymbol{A}$ 要比直接计算磁场 $\boldsymbol{B}$ 容易得多,之后再求 $\boldsymbol{A}$ 的旋度 $\nabla\times\boldsymbol{A}$ 就可以确定磁场 $\boldsymbol{B}$ 了。

例 3-7 无穷长直导线流过电流 I,计算距离为 R 处所产生的矢势 $\boldsymbol{A}$。

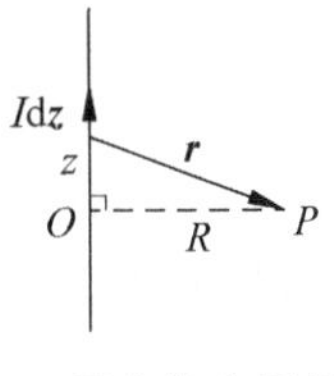

图 3.6 无穷长直导线电流

解:如图 3.6 所示,设电流流动方向为 $\boldsymbol{e}_z$,在 z 处的电流元为 $\boldsymbol{J}\mathrm{d}V'=I\mathrm{d}z\boldsymbol{e}_z$,它相对场点 P 的距离为 $r=\sqrt{z^2+R^2}$,根据式(3.21),有

$$\boldsymbol{A}=\int\frac{\mu_0\boldsymbol{J}}{4\pi r}\mathrm{d}V'=\frac{\mu_0 I}{4\pi}\int\frac{1}{r}\mathrm{d}z\boldsymbol{e}_z=\frac{\mu_0 I}{4\pi}\boldsymbol{e}_z\int_{-\infty}^{\infty}\frac{1}{\sqrt{R^2+z^2}}\mathrm{d}z$$

$$=\frac{\mu_0 I}{4\pi}\boldsymbol{e}_z\ln\left(z+\sqrt{z^2+R^2}\right)\Big|_{z\to-\infty}^{z\to\infty}$$

这个积分是发散的,原因是涉及了无穷大的流源。一种解决的方法是,选定某处作为 $\boldsymbol{A}$ 的基准,把到导线的垂直距离为 a 处的矢势取为零,$\boldsymbol{A}(a)=\boldsymbol{0}$,则

$$\boldsymbol{A}(R)-\boldsymbol{A}(a)=\frac{\mu_0 I}{4\pi}\boldsymbol{e}_z\left[\ln\left(z+\sqrt{z^2+R^2}\right)\Big|_{z\to-\infty}^{z\to\infty}-\ln\left(z+\sqrt{z^2+a^2}\right)\Big|_{z\to-\infty}^{z\to\infty}\right]$$

$$=\frac{\mu_0 I}{4\pi}\boldsymbol{e}_z\ln\left[\lim_{z\to\infty}\frac{(z+\sqrt{z^2+R^2})}{(z+\sqrt{z^2+a^2})}\frac{(-z+\sqrt{z^2+a^2})}{(-z+\sqrt{z^2+R^2})}\right]=\frac{\mu_0 I}{4\pi}\boldsymbol{e}_z\ln\left(\frac{a}{R}\right)^2$$

即

$$\boldsymbol{A}(R)=\frac{\mu_0 I}{2\pi}\ln\left(\frac{a}{R}\right)\boldsymbol{e}_z$$

可以验证一下，$\boldsymbol{A}(R)$的旋度$\nabla\times\boldsymbol{A}$ 是否就是我们熟知的例 1-2 中无限长直导线磁场公式。从中，我们还一并得到某些启发，即对某些积分发散的函数，它们之间的差可以是一个不发散的有限值。

3. 磁偶极子

一个任意形状的闭合电流环，就构成了一个磁偶极子。最简单的磁偶极子莫过于电流圆环，若圆环的电流为 I，圆环面积为 $\boldsymbol{s}$（方向由电流的右手定则决定），则定义磁偶极矩为

$$\boldsymbol{m}=I\int \mathrm{d}\boldsymbol{s}=I\cdot\boldsymbol{s} \tag{3.22}$$

它产生的矢势 $\boldsymbol{A}$ 满足：

$$\boldsymbol{A}=\frac{\mu_0\boldsymbol{m}\times\boldsymbol{e}_r}{4\pi r^2} \tag{3.23}$$

与电偶极子模型一样，磁偶极子也是一个重要的模型，在科学实践中应用也相当广泛。

另外，在外磁场 $\boldsymbol{B}_{\mathrm{e}}$ 下，磁偶极子获得的势能为

$$U=-\boldsymbol{m}\cdot\boldsymbol{B}_{\mathrm{e}} \tag{3.24}$$

在外磁场中所受的力矩为

$$\boldsymbol{L}=\boldsymbol{m}\times\boldsymbol{B}_{\mathrm{e}} \tag{3.25}$$

所受的力可表示为

$$\boldsymbol{F}=-\nabla U=\nabla(\boldsymbol{m}\cdot\boldsymbol{B}_{\mathrm{e}}) \tag{3.26}$$

进一步，设 $\boldsymbol{m}$ 的大小不变（即$\nabla\times\boldsymbol{m}=0$，$\nabla\boldsymbol{m}=0$，注意，矢量也有梯度），且 $\boldsymbol{m}$ 处无电流，则上式可简化为 $\boldsymbol{F}=\boldsymbol{m}\cdot\nabla\boldsymbol{B}_{\mathrm{e}}$；若磁场在某个方向上不均匀，也即存在梯度，设外磁场 $\boldsymbol{B}_{\mathrm{e}}$ 在 $\boldsymbol{e}_z$ 方向梯度不为零，$\frac{\partial B_{\mathrm{e}}}{\partial z}\neq 0$，于是 $\boldsymbol{F}=\boldsymbol{F}_z=m_z\frac{\partial B_{\mathrm{e}}}{\partial z}\boldsymbol{e}_z$，也就是说磁偶极子在该方向上受到一个正比于磁矩在该方向分量的力。1922 年，Stern-Gerlach（斯特恩-盖拉赫）实验据此发现了原子磁矩的分立不连续性，从而发现了电子的自旋。

例 3-8　计算半径为 a 的电流圆环形成的磁偶极子在沿对称轴 $\boldsymbol{e}_z$ 上产生的磁场。

解：有两种办法可以计算磁偶极子在对称轴 $\boldsymbol{e}_z$ 上产生的磁场。一种是根据

式(3.23)求其旋度而得。令 R 为磁偶极子到场点的距离，根据数学公式得

$$\nabla\times\left(\frac{\boldsymbol{m}\times\boldsymbol{e}_R}{R^2}\right)=\left(\nabla\cdot\frac{\boldsymbol{R}}{R^3}\right)\boldsymbol{m}-(\boldsymbol{m}\cdot\nabla)\frac{\boldsymbol{R}}{R^3}=-(\boldsymbol{m}\cdot\nabla)\frac{\boldsymbol{R}}{R^3}$$

其中$\nabla\cdot\dfrac{\boldsymbol{R}}{R^3}=0$，$\boldsymbol{R}\neq\boldsymbol{0}$，于是

$$\boldsymbol{B}=-\frac{\mu_0}{4\pi}(\boldsymbol{m}\cdot\nabla)\frac{\boldsymbol{R}}{R^3}=-\frac{\mu_0 m}{4\pi}\frac{\partial}{\partial z}\frac{\boldsymbol{R}}{R^3}=-\frac{\mu_0 m}{4\pi}\left(\frac{\boldsymbol{e}_z}{R^3}-\frac{3z\boldsymbol{R}}{R^5}\right)$$

在对称轴 $\boldsymbol{e}_z$ 方向上，$\boldsymbol{R}=z\boldsymbol{e}_z$，因此有

$$\boldsymbol{B}=\frac{\mu_0\boldsymbol{m}}{2\pi R^3}$$

另一种是用 Biot-Savart 定律式(1.25)再加上对称性要求而求得。具体如图 3.7 所示，电流元在对称轴上产生的磁场为

$$\mathrm{d}\boldsymbol{B}=\frac{\mu_0}{4\pi}\frac{I\mathrm{d}\boldsymbol{l}\times\boldsymbol{e}_r}{r^2}=\frac{\mu_0}{4\pi}\frac{I\mathrm{d}l}{r^2}\cdot\boldsymbol{e}_\varphi$$

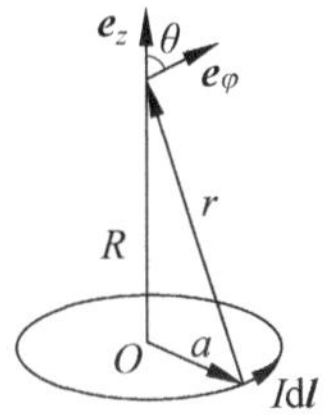

图 3.7　磁偶极子在对称轴上产生的磁场

由对称性知，各电流元产生的磁场的径向方向必定互相抵消，因此总的磁偶极子产生的磁场只剩下沿轴向方向。即

$$\boldsymbol{B}=\int\mathrm{d}\boldsymbol{B}=\oint\frac{\mu_0}{4\pi}\frac{I\mathrm{d}l}{r^2}\cos\theta\cdot\boldsymbol{e}_z=\int_0^{2\pi}\frac{\mu_0}{4\pi}\frac{Ia}{r^2}\cdot\frac{a}{r}\mathrm{d}\varphi\cdot\boldsymbol{e}_z$$

$$=\frac{\mu_0}{2}\frac{Ia^2}{r^3}\cdot\boldsymbol{e}_z=\frac{\mu_0}{2\pi}\frac{\boldsymbol{m}}{r^3}\approx\frac{\mu_0}{2\pi}\frac{\boldsymbol{m}}{R^3}$$

事实上，当 R 足够远时，任意形状的闭合电流环都可看成是圆环，它产生的磁场也可看成是圆环电流形成的磁偶极子磁场。

3.3　电磁规范场，规范变换与规范不变性，d'Alembert 方程

前面所讨论的是特殊情况下(静电场和稳恒磁场)标量势和矢量势的问题，现在进一步讨论在普适情况下电磁场的势的问题。

1. 电磁规范场

一般地，对于与时间有关的非稳恒的电磁场，由 Maxwell 方程组式(MF)，有

$$\nabla\times\boldsymbol{E}=-\frac{\partial\boldsymbol{B}}{\partial t}\neq 0$$

电场的旋度不再为零，上述的关于静电势的公式 $\boldsymbol{E}=-\nabla\varphi$ 不再成立了，随之

而来的关于电势的讨论也不再正确了，似乎电磁理论走不下去了，到了“山穷水尽”的地步，但考虑到公式$\nabla\cdot\boldsymbol{B}=0$仍成立，与此对应的公式$\boldsymbol{B}=\nabla\times\boldsymbol{A}$仍成立。

于是重新考查式(MF)，将它改写为

$$\nabla\times\boldsymbol{E}+\frac{\partial\boldsymbol{B}}{\partial t}=0$$

即

$$\nabla\times\boldsymbol{E}+\frac{\partial\,\nabla\times\boldsymbol{A}}{\partial t}=\nabla\times\boldsymbol{E}+\nabla\times\frac{\partial\boldsymbol{A}}{\partial t}=\nabla\times\left(\boldsymbol{E}+\frac{\partial\boldsymbol{A}}{\partial t}\right)=0$$

也就是说，在普适的情况下，虽然$\boldsymbol{E}$不再无旋，但$\boldsymbol{E}+\dfrac{\partial\boldsymbol{A}}{\partial t}$仍然是无旋的，于是重新引入标量势$\varphi$，有

$$\boldsymbol{E}+\frac{\partial\boldsymbol{A}}{\partial t}=-\nabla\varphi$$

即

$$\boldsymbol{E}=-\nabla\varphi-\frac{\partial\boldsymbol{A}}{\partial t}\tag{3.27}$$

以及

$$\boldsymbol{B}=\nabla\times\boldsymbol{A}$$

电磁场$\boldsymbol{E}$和$\boldsymbol{B}$可以用标量势φ和矢势$\boldsymbol{A}$的偏导数来表示，$(\boldsymbol{A},\varphi)$称为电磁规范场。对于一个电磁系统，如果知道了φ和$\boldsymbol{A}$，即可知道$\boldsymbol{E}$和$\boldsymbol{B}$，而求φ和$\boldsymbol{A}$也是相对容易的。

2. 规范变换

给定了电磁场$(\boldsymbol{E},\boldsymbol{B})$，则与之对应的$(\boldsymbol{A},\varphi)$也有无数种选择，其原因很简单，$(\boldsymbol{A},\varphi)$本质上类似一种势，单谈论势的绝对值是没有意义的。与重力势一样，只有选好了势的零点，研究势才有意义。同样地，只有对$(\boldsymbol{A},\varphi)$作出了某种约定限制，即对$(\boldsymbol{A},\varphi)$作出了某种选择，称为选择某种规范，才可完全确定规范场$(\boldsymbol{A},\varphi)$。最常见的选择有

(1) 可令

$$\nabla\cdot\boldsymbol{A}=0,\tag{3.28a}$$

称为Coulomb规范。

(2) 或令

$$\nabla\cdot\boldsymbol{A}+\mu_0\varepsilon_0\frac{\partial\varphi}{\partial t}=0,\tag{3.28b}$$

称为Lorenz(洛伦兹)规范。

(3) 对于平面电磁波，可取$\varphi=0$，则

$$\boldsymbol{A}=\boldsymbol{A}(\omega\tau)=\boldsymbol{A}(\omega t-\boldsymbol{k}\cdot\boldsymbol{r})\tag{3.28c}$$

其中 $\omega\tau$ 是电磁波相位(详见第 5 章)。

设一组($\boldsymbol{A}$,φ)按式(3.27)和式(3.18)的规律描述电磁场($\boldsymbol{E}$,$\boldsymbol{B}$),另外有一组($\boldsymbol{A}'$,φ'),如果两组电磁规范场的关系为

$$\boldsymbol{A}' = \boldsymbol{A} + \nabla\Psi \tag{3.29a}$$

$$\varphi' = \varphi - \frac{\partial\Psi}{\partial t} \tag{3.29b}$$

其中 Ψ 是任意标量场,则式(3.29a)和式(3.29b)称为电磁规范变换。

3. 规范不变性

在这一组新的($\boldsymbol{A}'$,φ')下,对应的电磁场为

$$-\nabla\varphi' - \frac{\partial\boldsymbol{A}'}{\partial t} = -\nabla\left(\varphi - \frac{\partial\Psi}{\partial t}\right) - \frac{\partial(\boldsymbol{A} + \nabla\Psi)}{\partial t} = -\nabla\varphi - \frac{\partial\boldsymbol{A}}{\partial t} = \boldsymbol{E} \tag{3.30a}$$

$$\nabla\times\boldsymbol{A}' = \nabla\times(\boldsymbol{A} + \nabla\Psi) = \nabla\times\boldsymbol{A} + \nabla\times\nabla\Psi = \nabla\times\boldsymbol{A} = \boldsymbol{B} \tag{3.30b}$$

即满足规范变换的两组电磁规范场($\boldsymbol{A}$,φ)和($\boldsymbol{A}'$,φ')描述同一电磁场($\boldsymbol{E}$,$\boldsymbol{B}$),式(3.30a)和式(3.30b)显示在规范变换下电磁场不变,或者说电磁场具有规范不变性。选择不同的规范,就像在计算重力势能时,选择不同的势能零点一样,其结果对重力的计算结果不会有丝毫的影响。进一步,电磁规律(Maxwell 方程组和 Lorentz 力公式)在规范变换下也不变,或者说电磁规律具有规范不变性。

规范变换和规范不变性的意义在于,物理上的客观规律和可观察量的测量不依赖于势的规范(基准)选择,当势作规范变换时,所有的物理规律和物理量都保持不变。现在,这一思想已从电磁相互作用领域推广到其他基本相互作用领域,上升为物理学的一个基本原理。

4. d'Alembert(达朗贝尔)方程

既然电磁场($\boldsymbol{E}$,$\boldsymbol{B}$)可以用电磁规范场($\boldsymbol{A}$,φ)来表示,自然很容易想到,Maxwell 方程组中的两个含有电荷、电流源的方程式(MG)和式(MA),也同样可以用电磁规范场($\boldsymbol{A}$,φ)来表示。用式(3.27)和式(3.18)代入式(MG)和式(MA),得

$$-\nabla\cdot\left(\nabla\varphi + \frac{\partial\boldsymbol{A}}{\partial t}\right) = -\nabla^2\varphi - \frac{\partial\,\nabla\cdot\boldsymbol{A}}{\partial t} = \frac{\rho}{\varepsilon_0}$$

$$\nabla\times(\nabla\times\boldsymbol{A}) = \mu_0\boldsymbol{J} - \varepsilon_0\mu_0\frac{\partial}{\partial t}\left(\nabla\varphi + \frac{\partial\boldsymbol{A}}{\partial t}\right) = \mu_0\boldsymbol{J} - \varepsilon_0\mu_0\frac{\partial^2\boldsymbol{A}}{\partial t^2} - \varepsilon_0\mu_0\nabla\frac{\partial\varphi}{\partial t}$$

利用数学上的微分算符运算 $\nabla\times(\nabla\times\boldsymbol{A}) = \nabla(\nabla\cdot\boldsymbol{A}) - \nabla^2\boldsymbol{A}$,选择 Lorenz 规范式(3.28b),得

$$\nabla^2\varphi - \mu_0\varepsilon_0\frac{\partial^2\varphi}{\partial t^2} = -\frac{\rho}{\varepsilon_0} \tag{3.31a}$$

$$\nabla^2\boldsymbol{A} - \mu_0\varepsilon_0\frac{\partial^2\boldsymbol{A}}{\partial t^2} = -\mu_0\boldsymbol{J} \tag{3.31b}$$

上式称为 d'Alembert 方程，它是非齐次（有源）的波动方程，标量势的波动行为由电荷源的分布所决定，而矢量势的波动行为由电流源的分布所决定。在静态情况下，式(3.31a)回到了式(3.7)，而式(3.31b)则回到了式(3.20)。

d'Alembert 方程表明，在 Lorenz 规范下，标量势和矢量势方程从形式上完全对称，为矢量势和标量势($\boldsymbol{A}$，φ)在相对论四维时空中的统一，提供了很大的方便。

3.4 A-B(Aharonov-Bohm)效应与 A-C(Aharonov-Casher)效应

在电磁理论中，以前一般认为，描述场的两个基本量是电场强度 $\boldsymbol{E}$ 和磁感应强度 $\boldsymbol{B}$，它们能够直接测量。电磁标势 φ 是在电场 $\boldsymbol{E}$ 基础上，利用环路积分引入的，它具有明确的物理意义，虽然数值不唯一，但其差值却是可用实验测量的。电磁矢势 $\boldsymbol{A}$ 却不同，虽然它也是在磁场的基础上引入的，却不具有明确的物理意义，数值不唯一，也不能实验观测。因此，在以前的经典电磁理论中，常把 $\boldsymbol{B}$ 作为描述磁场的基本量，而 $\boldsymbol{A}$ 是纯属于为数学上的计算方便而引入的过渡量或辅助量，本身并没有物理意义。

但是在微观世界里，$\boldsymbol{A}$ 和 $\boldsymbol{B}$ 的地位却截然不同，从描述微观运动的量子力学基本方程——Schrödinger（薛定谔）方程可知，出现在方程中的是矢量势 $\boldsymbol{A}$ 和标量势 φ 而不是电场 $\boldsymbol{E}$ 和磁场 $\boldsymbol{B}$，$\boldsymbol{A}$ 和 φ 是无法从方程中消去的①。基于这种想法，1959年，Aharonov（阿哈罗诺夫）和 Bohm（波姆）预言，如果电子在一个无电磁场而有电磁势 $\boldsymbol{A}$ 的区域中运动，电子并没有受到 Lorentz 力的作用，但电子波函数中的相位会受到影响，因此若有两束电子束在屏幕上相遇而产生干涉，改变电磁势 $\boldsymbol{A}$，就会改变电子波函数中的相位，使得干涉条纹发生移动，从而证明了电磁规范势是有物理意义的。第二年，这个建议就在电子双缝干涉实验中得到了初步验证，到1986年，得到了令人信服的结果，这个想法称为 A-B 效应。

我们知道，在电子双缝干涉实验中，屏上的干涉条纹是由于穿过双缝的两束电子波到达屏幕上的波函数相位差引起的，就像光学中的杨氏干涉一样。在双缝后加上一无限长的通电螺线管，如图3.8所示，由于磁力线被完全限制在无限长螺线管内，管外区域仍有 $\boldsymbol{B}=\mathbf{0}$，但此时管外电磁势 $\boldsymbol{A}\neq\mathbf{0}$，要强调的是，电子通道上自始至终没有磁场，也即没有磁力作用在电子上，但实验观测到干涉条纹有移动，说明两束电子波的相位差有所变化，这个额外的相位变化是由通电螺线管外矢量势 $\boldsymbol{A}$ 变化引起的，也就是说，电子感受到了与磁场相联系的矢量势 $\boldsymbol{A}$ 的存在。进一步确切地说，应是相位 $\frac{e}{\hbar}\oint\boldsymbol{A}\cdot\mathrm{d}\boldsymbol{l}$ 变化影响电子干涉条纹的移动，其中积分路径是由

---

① 带电粒子在电磁场中运动的薛定谔方程为 $\mathrm{i}\hbar\frac{\partial\psi}{\partial t}=\left[\frac{1}{2m}(-\mathrm{i}\hbar\nabla-q\boldsymbol{A})^2+q\varphi\right]\psi$

穿过双缝的两束电子束构成的环路，其实$\oint \boldsymbol{A}\cdot \mathrm{d}\boldsymbol{l}$ 也就是螺线管内的磁通量。A-B 效应的验证对物理学的影响是深远的，表明在某些电磁过程中，仅是电磁场 $\boldsymbol{E}$ 和 $\boldsymbol{B}$ 已不能有效地描述带电粒子的量子行为，矢量势 $\boldsymbol{A}$ 具有直接的可观测的物理效应。

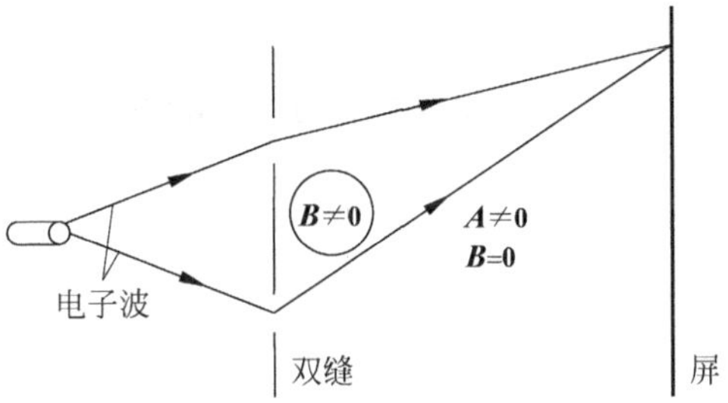

图 3.8 A-B 效应的螺线管调制干涉条纹

A-B 效应的独特之处在于电子所经过的地方电磁场都为零，只有电磁势 $\boldsymbol{A}$ 势不为零，正是 $\boldsymbol{A}$ 的作用改变了电子的运动状态，并且重要的是，这种作用是非定域的，即改变电子运动状态的根源不是电子所处位置的 $\boldsymbol{A}$，而是 $\boldsymbol{A}$ 在某一闭合路径上的累加效应，也就是线积分了，这与过去我们理解的定域作用有着本质不同，它体现了电磁场的整体效应。

Maxwell 方程的建立，结束了物理作用是超距作用还是定域接触作用的争论。定域作用是指粒子只受它所在位置的场强作用。一直以来，我们都认为，描述系统的动力学规律是微分方程，物理系统的行为由微分方程和边界条件、初始条件所决定，这种完备的定域描述是百年来物理学的普遍共识。因此 A-B 效应丰富了我们对自然的认识，明白到只有定域描述还是不够的。

综上所述，我们可以得到这样的结论：$\boldsymbol{A}$ 具有可观测的物理效应，是物理的实在，它影响电子束的相位。电磁规范场($\boldsymbol{A}$，φ)比电磁场($\boldsymbol{E}$，$\boldsymbol{B}$)更基本、更深刻。A-B 效应现已成为物理学新的分支——介观物理和纳米技术的基点。

电磁场是一种最简单的规范场，观察 Maxwell 方程组就会发现，在方程中电场 $\boldsymbol{E}$ 和磁场 $\boldsymbol{B}$ 具有对称性，或者说，由电与磁的对偶性，当电与磁按一定规则互换时，很容易联想到，对应的物理规律相互对偶(见第 1 章的附录 1)，因此一定会有与 A-B 效应对偶的效应；类似地，存在有 A-C(Aharonov-Casher(卡什))效应。

如图 3.9(b)所示，在双缝干涉实验中，若把电子束换成不带电的粒子束(如中子束)，由于微观粒子的波动性，在屏幕上仍然有干涉条纹出现。若把通电螺线管换成无限长的带电荷线，中子不带电，所以电荷线不对中子直接有电场作用力，但由于带电荷线产生的电势 φ，引起中子束发生相移，导致干涉条纹移动，且相移的大小与电荷线的带电密度成正比，因此改变荷电线的带电密度，就能改变干涉条纹移动程度。实验结果证实了 A-C 效应的存在。

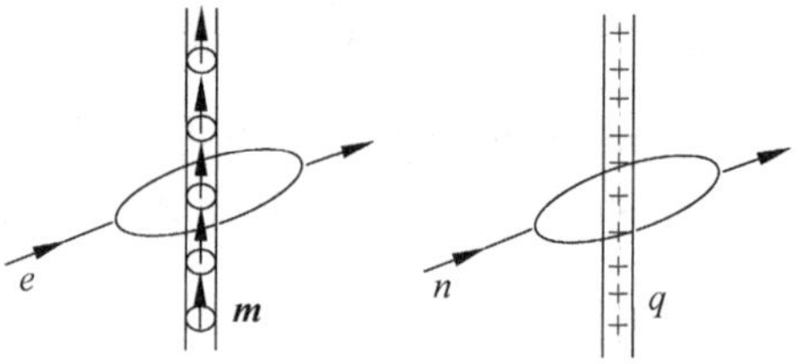

(a) (b)

图 3.9 A-B 效应(a)与 A-C 效应(b)

习题 3

3-1 产生球对称电势 $\varphi(r)=\dfrac{q}{4\pi\varepsilon_0}\dfrac{e^{-r/\lambda}}{r}$ 的电荷是如何分布的?(其中 $r\neq0$)。

3-2 求习题 1-2 中(1)、(2)的电势和(3)、(4)的矢势。

3-3 求习题 1-3 中两球合体形成的电偶极矩,并求该合体球内外的电势。

3-4 如图所示,边长为 a 的正方形四个顶角 $ABCD$ 分别放置电荷,求下列情况下远处的电势:

(1) 这些电荷的电荷量分别为 $2q$、$-q$、0、q;

(2) 这些电荷的电荷量分别为 $-q$、$+q$、$-q$、$+q$。

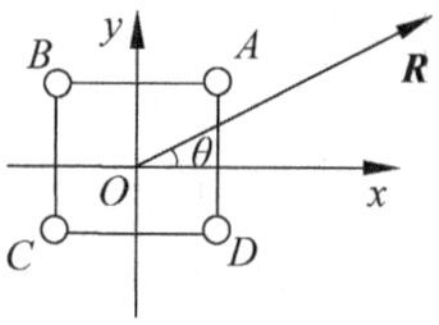

习题 3-4 图

3-5 边长为 a 的等边三角形的三个顶点分别放置等量电荷 q,求下列情况下远处的电势:

(1) 三个都是正电荷;

(2) 两个正电荷和一个负电荷。

3-6 求磁感应强度 $\boldsymbol{B}=k(y\boldsymbol{e}_x+x\boldsymbol{e}_y)$ 所对应的矢势。

3-7 求稳定渐变磁感应强度 $\boldsymbol{B}=(B_0+kx)\boldsymbol{e}_z$ 所对应的矢势。

3-8 用柱坐标求半径为 a 的无限长通电螺线管内外的矢势,设管内磁场强度均匀,管外磁场为零。

3-9 在例 3-7 中,已知无限长直导线流过电流 I 所产生的磁场,用柱坐标计算对应的矢势 $\mathbf{A}$,取矢势为 $\mathbf{A}=A_r(r,z)\boldsymbol{e}_r$。

3-10 有一个以 O 为中心、半径为 a 的带电环。环上带有线密度 $\lambda>0$ 的均匀电荷,有一个电偶极子 $\boldsymbol{p}=p\boldsymbol{e}_z$ 在环的对称轴 $\boldsymbol{e}_z$ 内自由移动,如图所示。

(1) 推导出圆环与电偶极子的相互作用势能,并建立电偶极子受力的表达式;

(2) 确定此电偶极子的平衡位置,讨论它的稳定性;

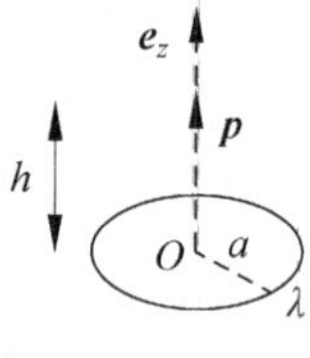

习题 3-10 图

(3) 若再考虑电偶极子有质量为 m,忽略重力的影响,假定 h 是电偶极子的稳定平衡位置，证明存在一个围绕稳定平衡位置的简谐振动，并写出当振幅很小时此谐振子的频率表达式。

3-11 两个同等的半径为 R 的电流圆环，平行且同轴放置，两者相距 L，如图所示。

(1) 若两者载电流方向相同，且 $L=R$，称为 Helmhotz(亥姆霍兹)线圈，计算在轴线上中点 O 处的磁场强度。

(2) 若两者载电流方向相反，称为 Maxwell 对梯度线圈，计算在轴线中点 O 附近的磁场变化梯度。可利用 Taylor(泰勒)展开式变换：

$$\frac{1}{[R^2+(z+a)^2]^{3/2}} \approx \frac{1}{[R^2+a^2]^{3/2}} - \frac{3az}{[R^2+a^2]^{5/2}}$$

3-12 沿 $\boldsymbol{e}_z$ 轴方向有两条无限长导线，它们距离 $2a$，分别有强度为 $+I$ 和 $-I$ 的电流流过，如图所示。

(1) 给出距离这两条电线 r_1 和 r_2 处的空间一点的矢势 $\mathbf{A}(r_1, r_2)$ 的表达式，选定两导线的中间处为零点，这两条电线不是无限靠近($2a$ 和 r_1、r_2 具有相同的量级)。

(2) 这两条电线靠得很近，计算 $r \gg a$ 处一点的矢势 $\mathbf{A}(r,\theta)$，并将它展开，保留到 a/r 项，利用 Taylor 展开式 $\ln\frac{1+x}{1-x}\approx 2x$ 进行变换。

(3) 给出磁感应强度 $\boldsymbol{B}$ 的表示式，并画出磁力线示意图。

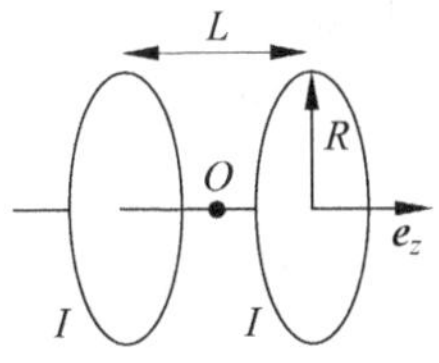

习题 3-11 图

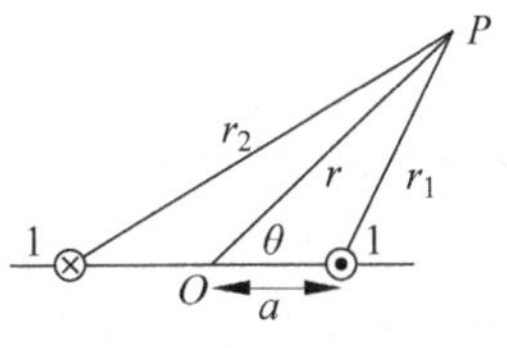

习题 3-12 图

3-13 假若光子的静止质量不为零，Maxwell 方程组需要修正，其中一种方案是式(MG)和式(MA)修正为

$$\nabla\cdot \boldsymbol{E} = \frac{\rho}{\varepsilon_0} - \mu_r^2\varphi, \quad \nabla\times\boldsymbol{B} = \mu_0\boldsymbol{J} + \varepsilon_0\mu_0\frac{\partial \boldsymbol{E}}{\partial t} - \mu_r^2\mathbf{A}$$

其中 $\mu_r = \frac{m_r c}{\hbar}$，$m_r$ 为光子静止质量。

(1) 证明：在规范变换下，电磁场的规范不变性仍保持不变，但方程的规范不变性被破坏；

(2) 在 Lorenz 规范下，证明电磁规范场满足 Proca(普洛卡)方程：

$$\nabla^2\varphi - \mu_0\varepsilon_0\frac{\partial^2\varphi}{\partial t^2} - \mu_r^2\varphi = -\frac{\rho}{\varepsilon_0}$$

$$\nabla^2\mathbf{A} - \mu_0\varepsilon_0\frac{\partial^2\mathbf{A}}{\partial t^2} - \mu_r^2\mathbf{A} = -\mu_0\boldsymbol{J}$$

第4章 平面电磁波的传播

本章先从波的本质共性出发，讨论电磁规律对空间时间的制约，相对论的基本理念就隐含其中。相对论并不是爱因斯坦一时冲动产生于头脑中的智力玩具，而是植根于自然的朴素产物，它是电磁理论对时空的一种要求和规范，只不过由于旧的绝对时空观理念（以Galileo（伽利略）变换为特征）一直以来在人们头脑里已经根深蒂固，习以为常，使得我们认为时间、空间分离是理所当然，而（以Lorentz变换为特征的）新的时空观则颠覆了传统的习以为常的观念，认为时间与空间不能截然分开，并且时间、空间的测量与观测者自身的运动状态有关，由此引起了一系列广泛而深刻的物理变革。

我们从Maxwell方程组出发，基于物理学上的两个基本原理：相对性原理和相位差不变性，由此演绎出狭义相对论，而光速不变原理作为一个推论而自然得到。接下来研究时变电磁场的情况，即变化的电场、磁场互相激发，并以波的形式传播，主要讨论电磁波的波动方程和最简单的解——平面波的特性，以及电磁波在几种典型的不同介质中的传播行为。

4.1 平面波，相位差不变性，时空与测量

波一般是指物理系统的一种运动形态，系统中的每一部分在其平衡位置附近来回运动，平均而言，没有位移。这种来回的扰动效应（振动状态）没有物质迁移，而是随着时间的变化把能量传播到其他空间位置，在t时刻、空间位置$\boldsymbol{r}$处的系统状态，会在$t+\mathrm{d}t$时刻传递到空间位置$\boldsymbol{r}+\mathrm{d}\boldsymbol{r}$处。

系统的扰动传播形成波，波的重要特征是具有时间周期性和空间周期性，同一地点的物理量在经过一个时间周期后会完全恢复原来的值，另外，系统的状态沿着波传播方向变化，经过某一个空间长度后会出现原来的状态，因此受扰动的物理量既与空间位置$\boldsymbol{r}$有关，也和时间t有关，其解一般都是$\Psi(\varphi)$的形式，其中

$$\varphi=\omega t-\boldsymbol{k}\cdot\boldsymbol{r} \tag{4.1}$$

称为波的相位。所谓相位,其实就是波动状态的描述。它是时间 t 和空间位置 $\boldsymbol{r}$ 的线性函数,时间 t 的系数 ω 是振动角频率(每秒振动次数乘上 2π,$\omega=2\pi\nu$,ν 为频率);若不特别说明,后面把角频率 ω 也称为频率,计算时需加以区分。空间位置 $\boldsymbol{r}$ 的系数 $\boldsymbol{k}=\frac{2\pi}{\lambda}\boldsymbol{n}$ 称为波矢,是刻画单位长度下波所经历的相位,或者说,是相位随位置的改变率;$\boldsymbol{n}$ 是沿着波传播方向的单位矢量;λ 是波长,表示振动一次物理效果传递的空间距离。

在波的传播过程中,所有相位相同的点的集合组成一曲面,称为波面,也称为等相面,而波传播的方向(波矢 $\boldsymbol{k}$ 的方向)就是波面移动传播的方向。最简单的波就是平面波,在垂直于传播方向的平面上的任一点,都有相同的相位、相同的振幅,这个平面就是波面,见图 4.1 所示。

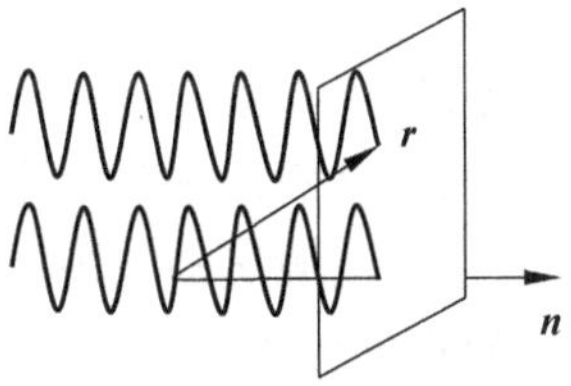

图 4.1 平面波的等相面垂直于传播方向

设波沿着 z 轴方向传播,在 t_1 时间 z_1 处的相位是 ϕ,而在 t_2 时间,相同相位的点已经移到 z_2 处,因此

$$u=\frac{z_2-z_1}{t_2-t_1}=\frac{\omega}{k} \tag{4.2}$$

是同相位点移动的速度,称为波的相速度。于是有

$$\omega=ku \tag{4.3}$$

上式是关于频率与波矢的依赖关系式,称为色散关系。波的传播可用函数 Ψ 描述,Ψ 可以是系统的物理量,例如电场、磁场、密度、弦振幅等,也可以是非物理量,如微观粒子的概率幅。最简单的波是在一维情况下的单色(频率单一)平面简谐波

$$\Psi=A\cos(\omega t-kz) \tag{4.4}$$

它是时间、空间的函数,且频率与波矢之比(相速度)是一个常量。

描述系统动力学行为的方程通常是微分方程,要找出满足这种波动运动的微分方程,分别对式(4.4)求 z 和 t 的二阶导数,有

$$\frac{\partial^2\Psi}{\partial z^2}=-k^2\Psi,\quad \frac{\partial^2\Psi}{\partial t^2}=-\omega^2\Psi$$

结合式(4.2),因此有

$$\frac{\partial^2\Psi}{\partial z^2}-\frac{1}{u^2}\frac{\partial^2\Psi}{\partial t^2}=0$$

推广到三维情况,在直角坐标系中引入 Laplace 算符 $\nabla^2=\frac{\partial^2}{\partial x^2}+\frac{\partial^2}{\partial y^2}+\frac{\partial^2}{\partial z^2}$,有

$$\nabla^2\Psi-\frac{1}{u^2}\frac{\partial^2\Psi}{\partial t^2}=0 \tag{4.5}$$

这就是描述波动现象的偏微分方程，称为波动方程，它给出了波函数随空间、时间的变化关系，而平面简谐波式(4.4)是它的最简单的解，当然，方程还有其他形式的解。

值得指出的是，函数 $\Psi=A\cos(\omega t)$ 只有时间变量而没有空间变量，因此它并不描述一个行波，而只是描述一个振动，或者是一个驻波。要描述一个行波，时间和空间的变量是必不可少的，此时行波的相位与 $\boldsymbol{r}$ 和 t 有线性关系，可简单地用式(4.1)表示。

考虑一列有物理量对应的行波，当一列波的相位变化了 2π，相当于波完成一个循环振动，通俗来说就是波经历了一次大起大落，因此相位变化代表的是波动周期的计数，是客观反映波动状态循环的一个数，不管观察者是面对静止波源来观察，还是迎向波源运动来观察，只要他接收到波的一次"潮起潮落"，他就可以说，观察到波的相位变化了 2π，即不同的惯性系上的观察者都应该观测到这列波相同的相位变化；相位变化不应该随观测者所处参照系的不同而不同。推而广之，一个人如果感受到了波的若干次"潮起潮落"，观测到相位变化了 $\Delta\phi$，另一个不同的观测者最终也应该观测到相位同样变化了 $\Delta\phi$，波的相位变化纯粹是波峰个数的计数，不应该随不同观察者所处不同的时空坐标而异；当波的传播经历若干个周期后，不同的参照系理应观测到相同的相位变化①，这就是相位差不变性，它是一种物理对称性的体现，是物理学上的一个基本的理念。

数学上，相位差不变性可表述为

$$\Delta\phi=\omega\Delta t-k\Delta z=\omega'\Delta t'-k'\Delta z'=\Delta\phi'$$

如果约定相位的变化在时间零点、坐标原点处开始计算，则上式简化为

$$\phi=\omega t-kz=\omega' t'-k' z'=\phi' \tag{4.6}$$

称为相位不变性。进一步，设波沿 z 方向传播，令

$$\tau=t-\frac{k}{\omega}z=t-\frac{z}{u} \tag{4.7}$$

称为推迟时(retarded time)，于是相位可表示为

$$\phi=\omega t-kz=\omega\tau \tag{4.8}$$

即在 t 时刻 z 处的波的状态(相位)，等同于在这之前的 τ 时刻($\tau<t$)，在坐标原点 $z=0$ 处的波的状态(相位)。

于是，我们对时间可以有另外一种理解，时间是什么？当一个观察者观察或参与某个物理过程时，取一束光作为参照标准，当光经历一个周期时，相位变化 $\Delta\phi=2\pi$，其振动经历了一个循环。如果以光波经历的一个振动循环作为某个物理过程的延续性的量度，则时间不是别的，正是光经历的振动循环个数。例如以黄绿色光

---

① 对于没有物理量对应的波，例如量子力学中的波函数，情况不尽相同，见曾谨言《量子力学导论》(第二版)，北京大学出版社，第 163 页。

(波长 $\lambda=500\text{nm}$)为基准参考光,则 1s 的时间,换一种说法是,黄绿色光振动 6×10^{14} 个周期所延续耗费的过程。现在世界上定义 1s 的时间是铯—133 原子基态的两个超精细能级之间跃迁所对应辐射的 9192631770 个周期的持续时间(1967 年第十三届国际计量大会制定,精度达到了 10^{-15} 的量级,2005 年度的诺贝尔物理学奖授予的光学频率梳技术,有望将这一精度提高到 10^{-18})。

同样的思路,我们也可以对长度有另外一种理解。如果以光波经历的一个振动循环后波面所移动的位置距离作为某个物理系统的广延性的量度,则长度可以理解为光波振动若干周期后波面所移动的距离。例如 1m 的长度,我们可以换一种说法是,黄绿色光振动 2×10^{6} 个周期后波面所移动的距离。(1983 年第十七届国际计量大会通过:1m 是光在真空中在 1/299792458s 的时间间隔内所传播的路径长度。长度的单位实质上不再是独立的基本单位,而是由时间或频率通过光速来导出的单位。)

如果接受了这样的理念,则理解狭义相对论中有关时间和空间的相对性就变得顺理成章了。只要我们更新一下观念,不再用原始的、根深蒂固的计时方式(例如日出日落、沙漏钟摆),而是以光传播作为一种时间、空间量度的标准,这样的话,时空测量就有了物质基础。当我们测量到黄绿光的振幅变化了 6×10^{14} 个周期,那我们说时间过了 1s,当我们测量到黄绿光的振幅变化了 2×10^{6} 个周期,那我们说波面移动的空间距离是 1m。

进一步,既然时间和空间的量度是与光波的传播联系在一起的,对同一束光,如果观察者相对于光源的运动状态不同,其测量的结果是不同的;简单来说,光是一种波,而波具有的一个重要特性是存在 Doppler(多普勒)效应(见 4.3 节)。不同运动状态的人看到的同一束光的颜色(频率)不同,在不同的惯性系中,对同一物理过程的时空测量有着不同的结果。例如,若观察者相对于参考光源不动,他能测量感受到的光振幅的变化(频率)与相对于参考光源运动的观察者感受到的这个光振幅变化的快慢程度不一样,确切地说,若观察者随光波波面一起同步运动(以光速相对于光源作背离运动),他就感受不到光振幅的变化了,也就是说,对他而言时间流动停滞了。

也就是说,时间和空间的量度不是绝对的,而是依赖于测量者(观察者)的状态的,这就是狭义相对论的精髓。

Michelson-Morley(迈克耳孙-莫雷)实验否定了存在一个地位优越的惯性系(见本章附录 1),1905 年,Einstein(爱因斯坦)提出的狭义相对论,就是基于以下两个假设或原理之上的:

(1) 相对性原理:所有的物理定律(包括力学的、电磁学的、热学的……)在一切惯性系中都具有相同的形式;因此,没有任何实验能够在不同的惯性系之间作出本质的区分,这是强加于物理定律之上的约束,源自于高于物理定律的对称性要求。

(2) 光速不变原理:真空中的光速在任意惯性系中都是一样的,与惯性系的速度无关。

这里我们将通过另一种途径，基于物理学上的两个对称性的基本要求：相对性原理和相位差不变性，从 Maxwell 方程组出发，演绎出狭义相对论新的时空变换——Lorentz 变换，而光速不变原理则作为一个推论而自然得到。

4.2 电磁规律对时空的制约，Lorentz 变换

既然时间和空间的量度不再是绝对的（是相对的），那么自然地我们就从一些更高的绝对不变的原则下推导出不同惯性系下关于时间、空间量度的相互变换的理论（狭义相对论）。其实，我们不仅要关注时空的相对性，更要关注更高层次上的绝对原则（绝对论）。

1. Galileo(伽利略)变换及其局限性

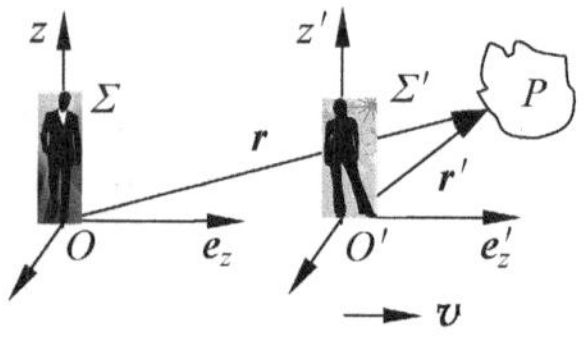

图 4.2 不同惯性系中的观察者测量同一研究对象 P

分别在两个惯性系 Σ 和 Σ' 建立直角坐标系，两套坐标系相应的轴彼此平行。设 Σ 和 Σ' 以速度 $\boldsymbol{v}$ 相对运动，相对运动在 z 轴和 z' 轴方向上，如图 4.2 所示。物理事件总是发生在一定的时间和空间中，时空构成了物理现象的背景和舞台，在两个惯性系中的观测者看来，同一物理研究对象（物理事件或物理系统 P）的空间、时间坐标描述分别记为 (x, y, z, t) 和 (x', y', z', t')，牛顿力学认为，这些空间、时间的变换遵从 Galileo 变换：

$$\begin{cases} x = x' \\ y = y' \\ z = z' + vt' \\ t = t' \end{cases} \tag{4.9}$$

对式(4.9)的空间变量取时间微分，得

$$\boldsymbol{u} = \boldsymbol{u}' + \boldsymbol{v} \tag{4.10}$$

其中 $\boldsymbol{u}$ 和 $\boldsymbol{u}'$ 是研究对象在两个惯性系 Σ 和 Σ' 中的运动速度，式(4.10)称为经典速度合成公式。再对式(4.10)取时间微分，得

$$\boldsymbol{a} = \boldsymbol{a}' \tag{4.11}$$

$\boldsymbol{a}$ 和 $\boldsymbol{a}'$ 是研究对象在 Σ 和 Σ' 中的加速度。Galileo 变换式(4.9)表明，时间、空间是绝对的（即与观察者运动状态无关）、彼此独立的，并且时间均匀流逝，空间均匀分布且各向同性。

进一步，牛顿力学认为，无论两个惯性系的相对速度 $\boldsymbol{v}$ 如何，不同惯性系中的观察者测量到的物理系统的质量是一样的 $(m = m')$，结合式(4.11)，因此经典力学的基本定律——牛顿第二定律

$$\boldsymbol{F}=m\boldsymbol{a}$$

对任意惯性系都有相同的形式——牛顿定律在 Galileo 变换下具有协变性。协变性(covariance)是指物理定律的数学形式保持不变。

从上述这些讨论中可总结并引申出两个重要的结论，称为力学相对性原理。

(1) 一切力学规律对一切惯性系都是等价的，不存在一个优越的绝对惯性系。

(2) 力学规律在所有作相互匀速运动的惯性系都具有相同形式。

在我们生活的低速力学世界中，Galileo 变换式(4.9)及其推论——经典速度合成公式(4.10)与我们的日常经验规律吻合得天衣无缝，堪称完美，我们不能从中察觉到一丝一毫的差错，但它们在电磁领域中却露出了“马脚”。也就是说，在 Galileo 变换下，(以牛顿定律为代表的)力学规律的形式不变，但是这个结论不能推广到电磁领域中，电磁规律在 Galileo 变换下不具有协变性。

以平面电磁波为例，设一列沿 $\boldsymbol{e}_z$ 方向、传播速度为 c 的平面简谐波满足以下关系：

$$\boldsymbol{E}=\boldsymbol{E}_0\cos(\omega\tau) \tag{4.12}$$

其中 $\tau=t-\dfrac{z}{c}$ 为推迟时，$\phi=\omega\tau=\omega t-kz$ 为波的相位，且有色散关系 $\omega=kc$，由 Galileo 变换，相位从一个惯性系变换到另一个惯性系，有

$$\phi=\omega t-kz=\omega t'-k(z'+vt')=(\omega-kv)t'-kz'$$

假设相位不变性仍成立，根据式(4.6)，则有

$$\phi=\phi'=\omega' t'-k'z'$$

对比两式，记 $\omega'=\omega-kv$，$k'=k$，于是，有

$$\omega'=k'(c-v)\neq k'c$$

也就是说，在另一个惯性系，频率与波矢之比不是一个常量，而与惯性系的相对速度有关，违反了色散关系式(4.3)，即不同惯性系中波的规律不一样，也违反了相对性原理。总而言之，Galileo 变换不能同时满足相位不变性和色散关系。

另外，Maxwell 方程组在真空中的一个直接推论就是电磁波动方程(见 4.4 节)：

$$\nabla^2\boldsymbol{E}-\frac{1}{c^2}\frac{\partial^2\boldsymbol{E}}{\partial t^2}=0 \tag{4.13a}$$

$$\nabla^2\boldsymbol{B}-\frac{1}{c^2}\frac{\partial^2\boldsymbol{B}}{\partial t^2}=0 \tag{4.13b}$$

其中常量 $c=\dfrac{1}{\sqrt{\mu_0\varepsilon_0}}$ 是真空中电磁波传播的速度(光速)。它是一组二阶偏微分方程，在任何惯性系看来，方程的形式都是一样的，也即波的传播速度都恒为常量 c，这与经典速度合成公式(4.10)矛盾，因此，Galileo 变换与电磁规律对时空的制约不相容，不能正确反映时间空间的变换关系。

2. Lorentz 变换，相对论速度变换公式

既然旧的时空变换(Galileo 变换)不能反映正确的时空变换，我们从相对性原

理和相位不变性这两个对称性理念出发，寻找出一个新的时空变换来取而代之，它一定要与电磁规律对时空的制约相容，而电磁规律对时空的制约体现在时间、空间的变化一定不能有悖于 Maxwell 方程组及其推论——电磁波动方程。

如图 4.3 所示，设两个惯性系 Σ 和 Σ' 的相对运动方向沿 z 轴（当然也沿 z' 轴）。一个物理事件的描述，离不开空间坐标和时间。对于同一事件，不同惯性系的观察者有不同的时空坐标来描述，在 Σ 系用 (x,y,z,t) 来标记一事件，而在 Σ' 系则用 (x',y',z',t') 来标记同一事件。

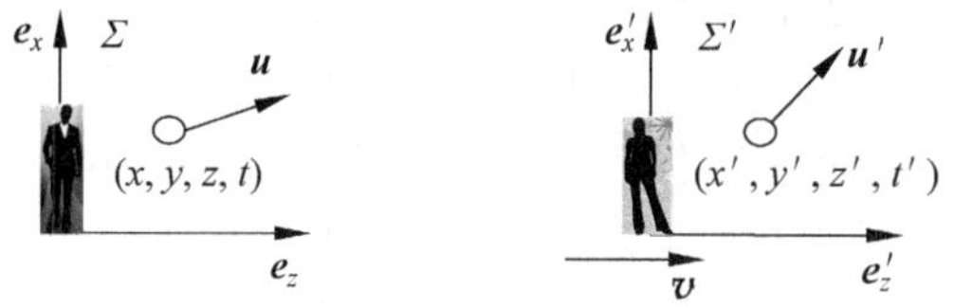

图 4.3 两个惯性系 Σ 和 Σ' 下同一事件的描述

由相对性原理，所有的物理定律在一切的惯性系中都具有相同的形式，因此要求在两个惯性系 Σ 和 Σ' 之间的时间和空间变换是线性的，这是惯性系的概念需要，所有的惯性系都是等价的，变换应该保证每一个惯性系中时空的均匀性，即在一个惯性系是匀速运动可以保证在另一个惯性系也是匀速运动。由线性变换，新旧两组时空变量 (x,y,z,t) 和 (x',y',z',t') 的变换关系可写为

$$\begin{cases} x = x' \\ y = y' \\ z = a_{11}z' + a_{12}t' \\ t = a_{21}z' + a_{22}t' \end{cases} \tag{4.14}$$

其中 a_{11}、a_{12}、a_{21} 和 a_{22} 是 4 个待定的常数，在垂直于相对运动的方向上，空间变换是平庸的（长度没有变化）。

考虑一列沿 $\boldsymbol{k}$ 方向传播的平面电磁波，波矢可分解为 $\boldsymbol{k}=\boldsymbol{k}_x+\boldsymbol{k}_y+\boldsymbol{k}_z$。注意，我们生活的空间是三维的，因此波矢有三个分量，不是一个。波的相位为

$$\phi = \omega\tau = \omega t - \boldsymbol{k}\cdot\boldsymbol{r} = \omega t - k_x x - k_y y - k_z z$$

利用式(4.14)把上式变换到另一惯性系：

$$\begin{aligned} \phi &= \omega(a_{21}z' + a_{22}t') - k_x x' - k_y y' - k_z(a_{11}z' + a_{12}t') \\ &= (\omega a_{22} - k_z a_{12})t' - k_x x' - k_y y' - (k_z a_{11} - \omega a_{21})z' \end{aligned}$$

由相位不变性，可得到在两套惯性系 Σ 和 Σ' 下频率和波矢的变换关系：

$$\begin{cases} k'_x = k_x \\ k'_y = k_y \\ k'_z = k_z a_{11} - \omega a_{21} \\ \omega' = \omega a_{22} - k_z a_{12} \end{cases} \tag{4.15}$$

由电场波动方程式(4.13a)，结合平面波的解式(4.12)，有

$$\nabla^2 \boldsymbol{E}-\frac{1}{c^2}\frac{\partial^2 \boldsymbol{E}}{\partial t^2}=\boldsymbol{E}_0\ \nabla^2\cos(\omega\tau)-\frac{1}{c^2}\boldsymbol{E}_0\ \frac{\partial^2\cos(\omega\tau)}{\partial t^2}$$

$$=-k^2\boldsymbol{E}_0\cos(\omega\tau)+\frac{1}{c^2}\omega^2\boldsymbol{E}_0\cos(\omega\tau)=-k^2\boldsymbol{E}+\frac{1}{c^2}\omega^2\boldsymbol{E}=0$$

即要求 $k^2-\frac{\omega^2}{c^2}=k_x^2+k_y^2+k_z^2-\frac{\omega^2}{c^2}=0$，或者

$$\omega=kc=c\sqrt{k_x^2+k_y^2+k_z^2}$$

这就是我们熟悉的真空中平面电磁波的色散关系。

根据相对性原理，所有的物理定律在一切的惯性系中都具有相同的形式，即真空中的波动方程对任意惯性系中都具有相同的形式，因此在 Σ' 惯性系也有

$$\nabla'^2\boldsymbol{E}'-\frac{1}{c^2}\frac{\partial^2\boldsymbol{E}'}{\partial t'^2}=0 \tag{4.16}$$

同样地有

$$\omega'=k'c=c\sqrt{k_x'^2+k_y'^2+k_z'^2}$$

结合式(4.15)，从两个色散关系中消去 k 的 x，y 分量变量，得

$$\frac{\omega^2}{c^2}-k_z^2=\frac{\omega'^2}{c^2}-k_z'^2 \tag{4.17}$$

说明电磁规律(Maxwell 方程组、电磁波动方程)对于三维空间和时间的制约，具体体现在要求 k，ω 的变换式是二次项。将 k，ω 的变换式(4.15)代入式(4.17)，比较一下各项系数，得

$$\begin{cases} a_{11}^2-\dfrac{a_{12}^2}{c^2}=1 \\ a_{22}^2-c^2a_{21}^2=1 \\ \dfrac{1}{c^2}a_{12}a_{22}-a_{11}a_{21}=0 \end{cases} \tag{4.18}$$

4 个待定常数满足 3 个方程，从中解得

$$a_{12}=\pm c^2 a_{21}$$

$$a_{11}=\pm a_{22}$$

考虑相对速度为 v 的两个惯性系，对在其中的观察者而言，对于同一事件，用不同的时空坐标来描述。对惯性系 Σ' 的观察者来说，取事件的发生地在坐标原点($z'\equiv 0$)，应用式(4.14)，得

$$z=a_{12}t',\quad t=a_{22}t',$$

而对另一惯性系 Σ 的观察者看来，该事件的时空坐标关系为 $z=vt$，则

$$a_{12}=va_{22} \tag{4.19}$$

式(4.18)和式(4.19)一共 4 个方程，刚好确定 4 个待定未知常数，于是

$$a_{11}^2=1+\frac{a_{12}^2}{c^2}=1+\frac{v^2}{c^2}a_{22}^2=1+\frac{v^2}{c^2}a_{11}^2$$

定义 $\gamma=\frac{1}{\sqrt{1-v^2/c^2}}=\frac{1}{\sqrt{1-\beta^2}}$为相对论因子,其中 $\beta=\frac{v}{c}$,考虑到 z 轴和 z'轴的正向相同,时间轴 t 和 t'的正向也相同,因此取

$$a_{11}=\gamma,\quad a_{12}=\gamma v,\quad a_{21}=\gamma\frac{v}{c^2},\quad a_{22}=\gamma$$

总结一下,新的时空变换为

$$\begin{cases}x=x'\\y=y'\\z=\gamma z'+\gamma vt'\\t=\gamma\dfrac{v}{c^2}z'+\gamma t'\end{cases}\tag{4.20}$$

式(4.20)称为 Lorentz 变换,而建立在该变换基础上的新的时空理论就称为狭义相对论。

从式(4.20)中可看出,时间的变换除了理所当然与时间有关之外,还与空间坐标以及参考系的相对速度有关,并且空间坐标的变换也与参考系的速度有关,即"时间是相对的,长度是相对的"。在 Galileo 变换旧的时空(分离)观念中,时间是绝对的,它与参考系的运动无关;相比之下,建立在 Lorentz 变换基础上的相对论时空观,将时间和空间联系在一起,融为一体,这是时空统一性的鲜明表现,狭义相对论的时空理念向前进了一步。

在我们日常生活的低速世界里,也即惯性系之间的相对速度很小(与光速相比),$v\ll c$,则$\frac{v}{c^2}\to 0$,$\gamma\to 1$,此时 Lorentz 变换式(4.20)近似为式(4.9),又回到了我们熟知的 Galileo 变换。

进一步,我们可以得到在新的时空变换下,两个惯性系之间的速度变换。如图 4.3 所示,同一个物理对象(系统)在两个惯性系下的观测者观察到的速度分量分别为

$$\Sigma\text{ 系}:\boldsymbol{u}=(u_x,u_y,u_z),\quad \text{其中 } u_x=\frac{\mathrm{d}x}{\mathrm{d}t},\quad u_y=\frac{\mathrm{d}y}{\mathrm{d}t},\quad u_z=\frac{\mathrm{d}z}{\mathrm{d}t},$$

$$\Sigma'\text{ 系}:\boldsymbol{u}'=(u'_x,u'_y,u'_z),\quad \text{其中 } u'_x=\frac{\mathrm{d}x'}{\mathrm{d}t'},\quad u'_y=\frac{\mathrm{d}y'}{\mathrm{d}t'},\quad u'_z=\frac{\mathrm{d}z'}{\mathrm{d}t'}$$

对 Lorentz 变换式(4.20)求微分,有

$$\begin{cases}\mathrm{d}x=\mathrm{d}x'\\\mathrm{d}y=\mathrm{d}y'\\\mathrm{d}z=\gamma\mathrm{d}z'+\gamma v\mathrm{d}t'=\gamma\mathrm{d}t'\left(\dfrac{\mathrm{d}z'}{\mathrm{d}t'}+v\right)\\\mathrm{d}t=\gamma\dfrac{v}{c^2}\mathrm{d}z'+\gamma\mathrm{d}t'=\gamma\mathrm{d}t'\left(1+\dfrac{v}{c^2}\dfrac{\mathrm{d}z'}{\mathrm{d}t'}\right)\end{cases}\tag{4.21}$$

于是有

$$u_x=\frac{\mathrm{d}x}{\mathrm{d}t}=\frac{\mathrm{d}x'}{\gamma\mathrm{d}t'\left(1+\frac{v}{c^2}\frac{\mathrm{d}z'}{\mathrm{d}t'}\right)}=\frac{u'_x}{\gamma\left(1+\frac{v}{c^2}u'_z\right)} \tag{4.22a}$$

同理

$$u_y=\frac{\mathrm{d}y}{\mathrm{d}t}=\frac{\mathrm{d}y'}{\gamma\mathrm{d}t'\left(1+\frac{v}{c^2}\frac{\mathrm{d}z'}{\mathrm{d}t'}\right)}=\frac{u'_y}{\gamma\left(1+\frac{v}{c^2}u'_z\right)} \tag{4.22b}$$

$$u_z=\frac{\mathrm{d}z}{\mathrm{d}t}=\frac{\gamma\mathrm{d}t'\left(\frac{\mathrm{d}z'}{\mathrm{d}t'}+v\right)}{\gamma\mathrm{d}t'\left(1+\frac{v}{c^2}\frac{\mathrm{d}z'}{\mathrm{d}t'}\right)}=\frac{u'_z+v}{1+\frac{v}{c^2}u'_z} \tag{4.22c}$$

速度变换式(4.22)与经典速度合成公式(4.10)相去甚远,远离我们的经验直觉①,且存在一个极限速度 c,即任何物体的运动速度不可能超过光速,否则将违背因果律(见本章附录 2),而因果律是凌驾于物理学定律之上的核心物理价值观。

很容易验证(见习题 4-2),如果在一个惯性系中测量到系统的运动速度为光速,即

$$\sqrt{u'^2_x+u'^2_y+u'^2_z}=c$$

则在另一个惯性系中测量到系统的运动速度仍然为光速,即

$$\sqrt{u_x^2+u_y^2+u_z^2}=c$$

这就是光速不变性。直接而言,光的速度与光源相对于观察者的运动无关,在任何惯性系的观察者看来,不管他相对光源是否运动,运动速度是多少,测量到的同一光束的速度都一样。光速不变性是 Lorentz 变换的一个自然的推论。$\Big($光速不变性其实就是 Maxwell 方程组的相对性原理的直接体现,在任意惯性系中,真空电磁波动方程式(4.13)和式(4.16)的相速度 c 都是常量,$c=\frac{1}{\sqrt{\mu_0\varepsilon_0}}\Big)$。

当速度 $v\ll c$ 时,即在低速情况下,$\gamma\to1$,$\frac{v}{c^2}\to0$,于是式(4.22)变为

$$\begin{cases}u_x=u'_x,\\u_y=u'_y,\\u_z=u'_z+v\end{cases}$$

又回到了我们熟知的经典速度合成公式(4.10)了。

---

① 原因是速度空间不再是欧氏空间,若映射到双曲空间,令 $u_z=c\cdot\tanh y$,$u'_z=c\cdot\tanh y'$,$\bar{v}=c\cdot\tanh\bar{y}$,则 y 还是满足叠加变换 $y=y'+\bar{y}$ 的,且 y 没有极限,见习题 4-4。

4.3 间隔不变性，时空相对性，Doppler 效应

狭义相对论带来最重要的变革是时间、长度的测量相对性，它使我们意识到，时间再也不是绝对的，对同一个物理过程的持续时间，不同运动状态的观察者有着不同的结论；空间也不再是绝对的，长度的测量依赖于观察者的运动状态。原来是绝对的质量、力、加速度等都变成了相对的物理量，电场、磁场都可以互相转变（见第 6 章），于是，似乎容易产生一种印象，认为相对论就是把一切都"相对化"了，其实，它还有"绝对化"的一面，它将物理定律绝对化了，使它在所有惯性系里都具有相同的形式。物理现象是相对的，但物理规律是绝对的，表面的相对性蕴藏着内在的绝对性。时间、长度的测量是相对的，但两事件的间隔是绝对的，因果律也是绝对的；单个物理量是相对的，但一对物理量（例如波矢与频率、电场与磁场）的平方差组合又是不变的绝对量。

1. 间隔不变性

事件 P 可以用它所发生的时间和空间坐标标记为 (t,x,y,z)，其中 t 为观测者所用的时间，称为观察时，它与观测者所处在的参考系有关。

两个事件 P_1 和 P_2，对两个不同惯性系中的观察者而言，事件的时空坐标是不同的。为方便起见，取两事件都发生在相对运动的 z 方向上，设第一事件发生时，两个惯性系的时间和空间的坐标轴恰好都重合，因此在两个惯性系中看来，它的时空坐标都是 $(0,0,0,0)$；而另一事件的时空坐标分别为 $(t,0,0,z)$ 和 $(t',0,0,z')$。在惯性系 Σ 看来，两事件的时间差为 $\Delta t=t-0=t$，空间距离差为 $\Delta z=z-0=z$；而在惯性系 Σ' 看来，这两事件的时间差则为 $\Delta t'=t'-0=t'$，空间距离差则为 $\Delta z'=z'-0=z'$。一般地，$\Delta t\neq\Delta t'$，$\Delta z\neq\Delta z'$。

定义这两事件的间隔 s^2，使得

$$s^2=c^2\Delta t^2-\Delta x^2-\Delta y^2-\Delta z^2=c^2t^2-z^2 \tag{4.23}$$

进一步，由新的时空变换（Lorentz 变换）可以得到

$$\begin{aligned}c^2t^2-z^2&=c^2\gamma^2\left(\frac{v}{c^2}z'+t'\right)^2-\gamma^2(z'+vt')^2\\&=\gamma^2\left[(c^2-v^2)t'^2-\left(1-\frac{v^2}{c^2}\right)z'^2\right]\\&=c^2t'^2-z'^2\end{aligned}$$

也就是说，在不同的惯性系中，虽然不同的观察者对两事件测量到的时间差、空间位置差是不一样的，但这两事件的间隔 s^2 却是一个与惯性系无关的不变量，即

$$s^2=c^2t^2-x^2-y^2-z^2=c^2t'^2-x'^2-y'^2-z'^2 \tag{4.24}$$

式(4.24)称为间隔不变性。可以说,时间、空间的测量是相对的(不再是绝对了),但是在它们之上还有间隔不变性这个更高层次上的绝对原则,或者说,狭义相对论的本质其实是间隔不变性——这个绝对原则之下的时空相对性。

间隔不变性把不同惯性系之间的时间、空间这些相对量联系起来,是相对性原理和光速不变性的数学表述,是狭义相对论的最基本的核心公式,也是广义相对论的基础和出发点。

进一步,如果两事件的间隔无限小,则式(4.24)写成微分形式:

$$ds^2=(c\mathrm{d}t)^2-(\mathrm{d}x)^2-(\mathrm{d}y)^2-(\mathrm{d}z)^2 \tag{4.25}$$

式(4.25)中的时间、空间变量平方的系数(称为度规①)都是常数±1,且不同变量之间的交叉项都为零,反映出时空是平直的。度规及其导数唯一地确定时空的几何性质(弯曲或平直);如果度规不是常数(或者经过变换后也不是常数),而是时空变量的函数,则时空是弯曲的。而引力是时空弯曲的一种表现,正是物质的分布和运动决定了时空的弯曲,而时空的弯曲反过来又制约着物质的运动,这就是广义相对论的基本思想。

2. 固有时和推迟时

既然时间再也不是绝对的,在不同的惯性系中,光速都是一样的,因此时空的测量应该以光作为标准,选用光波的相位变化来量度,于是,同一个物理过程,不同的观察者相对光源的运动状态不同,他测量到的时间快慢也是不一样的。有两个常用的时间测量值得一提。

若两事件在某惯性系 Σ' 是同一地点发生的($\Delta z'=z'-0=0$),则称在该惯性系中发生的两事件所耗的时间为固有时 ζ(proper time)。由式(4.25),两事件的间隔与固有时关系为 $\mathrm{d}s^2=c^2\mathrm{d}\zeta^2$,因此固有时微分 $\mathrm{d}\zeta$ 是一个与惯性系无关的不变量。

而在另一与之相对速度为 v 的惯性系 Σ 中观察,则有 $\Delta z=z-0=v\Delta t$,于是

$$\mathrm{d}s^2=c^2\mathrm{d}t^2-\mathrm{d}z^2=c^2\mathrm{d}t^2\left(1-\frac{v^2}{c^2}\right)=c^2\mathrm{d}t^2(1-\beta^2)$$

则两事件的固有时的微分 $\mathrm{d}\zeta=\sqrt{1-\beta^2}\,\mathrm{d}t=\dfrac{1}{\gamma}\mathrm{d}t$。可见,$\mathrm{d}\zeta<\mathrm{d}t$,也就是说,在所有的惯性系中,与事件相对静止的参考系测量到的两事件时间(固有时)最短,或者说,相对于物体运动的观察者测量到的时间要比物体上的固有时长。或者说,同样的过程,在运动物体上发生所消耗的时间比在静止物体上的要长(延慢了),这就是

---

① 在几何学中,线元 $\mathrm{d}l$ 的平方与坐标变元 $\mathrm{d}x_i$ 的关系可表示为 $\mathrm{d}l^2=g^{ij}\mathrm{d}x_i\mathrm{d}x_j$,其中系数 g^{ij} 称为度规张量,例如在三维欧氏空间,在直角坐标系下,$\mathrm{d}l^2=\mathrm{d}x^2+\mathrm{d}y^2+\mathrm{d}z^2$,有三个非零的度规元素(1,1,1);在球坐标系下,$\mathrm{d}l^2=\mathrm{d}r^2+r^2\mathrm{d}\theta^2+r^2\sin^2\theta\mathrm{d}\varphi^2$,有三个非零的度规元素$(1,r^2,r^2\sin^2\theta)$;推广到四维时空,间隔可看成是一种"线元"。

时间膨胀效应(钟慢效应)。例如,在奔驰的列车上有一盆花,列车乘客观测到的花开花落这两事件的时间差,要比地面上的人测量到的花开花落时间要短些(时钟读数少些)。

另一方面,波的相位 $\phi=\omega t-kz=\omega\tau$,其中 $\tau=t-\frac{k}{\omega}z=t-\frac{z}{u}$ 称为推迟时,相当于在 τ 时刻坐标原点 $z=0$ 处的波的状态(相位),要推迟到 t 时刻($t>\tau$)才能传播到 z 处,中间消耗掉了 $\frac{z}{u}$ 的传播时间。

时间和空间是互相关联的,既然时间是相对的,则长度就不可能是绝对的。想象一下一把飞行的尺,飞行速度为 v,尺的两端 AB 固联在惯性系 Σ' 的 z 轴方向上,在其上面的观察者测量到的静止尺的长度 l_0 为固有长度(若研究对象相对某惯性系静止,则称在该惯性系测量到的研究对象的空间长度为固有长度),考虑尺的两端 A、B 分别飞越地面惯性系 Σ 原点,这两个事件在惯性系 Σ' 的飞越时间为 $\Delta t'$;在地面惯性系 Σ 原点的观察者来看,飞尺的长度为 l,飞越时间 Δt 是固有时(观察者在同一地点测量到的时间),$\Delta t'=\gamma\Delta t$,且 $l=v\Delta t$,由间隔不变性,有

$$s^2=c^2\Delta t^2-0=c^2\Delta t'^2-l_0^2$$

可见,$l=\frac{l_0}{\gamma}<l_0$,相对尺子运动的观察者测量到的尺长比其固有长度要短,这就是运动尺缩效应。要指出的是,尺缩效应发生在相对运动方向上,在垂直于运动方向上的长度没有收缩效应。

3. Doppler(多普勒)效应

当波源与观察者有相对运动时,测量到的波的频率 ω 与相对静止时的频率 ω_0 有变化。迎着波源运动时,测到的频率变得较高,波长变得较短;反之,远离波源运动时,频率变得较低,波长变得较长,这就是 Doppler 效应,是波动现象所共有的基本效应。

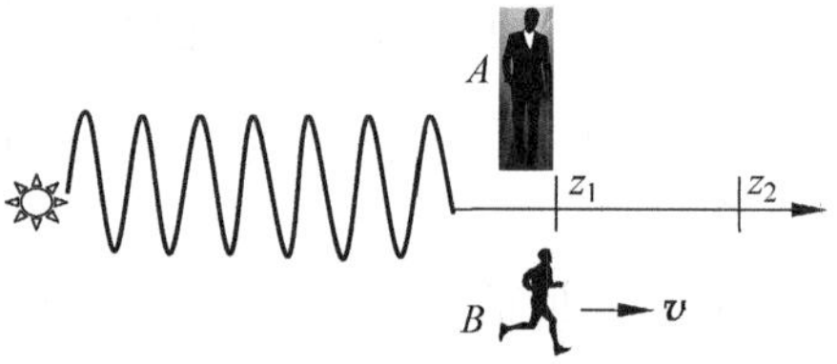

图 4.4　Doppler 效应

如图 4.4 所示,设有一波源发出沿 z 方向传播的波,观测者 A 在相对波源静止的状态下,测量到的波矢和频率为 k_0 与 $\omega_0(=k_0u)$,u 为波在介质中的波面传播速度,他测量到在 t_1 时间、z_1 位置和在 t_2 时间、z_2 位置这两点的波的相位,于是在 $\Delta t=t_2-t_1$ 时间内,在相距 $\Delta z=z_2-z_1$ 的不同地方的两点的波的相位差为

$$\Delta\phi=(\omega_0t_2-k_0z_2)-(\omega_0t_1-k_0z_1)$$

$$=\omega_0\Delta t-k_0\Delta z=\omega_0\Delta t\left(1-\frac{1}{u}\frac{\Delta z}{\Delta t}\right) \tag{4.26a}$$

一般地，我们假设两点距离不大于波在这段时间内波面所移动的距离，若相距长度恰好是波在这段时间内所传播的距离，$\Delta z=u\Delta t$，则 $\Delta\phi=0$，观察到的相位变化为零。

另一方面，若观测者 B 作远离波源的运动，速度为 $v=\dfrac{\Delta z}{\Delta t}$，因此在 Δt 时间内恰好从 z_1 位置跑到 z_2 位置，则在跑步者 B 自身看来，在 $\Delta t'$ 时间内，在相同地点（$\Delta z'=0$）测量到的波的相位变化为

$$\Delta\phi=\omega\Delta t' \tag{4.26b}$$

在低速非相对论情况下，$\Delta t=\Delta t'$，即是在不同的惯性参考系中时间流逝是绝对一样的，这也是我们原来习以为常的观念。由相位不变性，对照式(4.26a)和式(4.26b)，得到经典 Doppler 效应：

$$\omega=\omega_0\left(1-\frac{v}{u}\right) \tag{4.27}$$

可是在相对论情况下，时间的长短是用观测到的光的循环振动次数（相位变化量）来计量的，因此，时间的测量不再是绝对的，而取决于观测者的运动状态，即 $\Delta t\neq\Delta t'$，取而代之的是由 Lorentz 变换式(4.20)($\Delta z'=0$)，或者由间隔不变性式(4.23)，得到的时间膨胀效应：

$$\Delta t=\gamma\Delta\zeta=\frac{\Delta t'}{\sqrt{1-v^2/c^2}}$$

对照式(4.26a)和式(4.26b)，特别地，对于光波，有 $u=c$，得到光波的 Doppler 效应①：

$$\omega=\omega_0\sqrt{\frac{1-v/c}{1+v/c}} \tag{4.28}$$

可见，当观察者远离光源而去时，$v>0$，有 $\omega<\omega_0$，他接收到的频率小于静止时测量到的频率（称为本征频率），即接收到的波长大于其本征波长，称为红移；反之，当观察者迎向光源而来时，$v<0$，有 $\omega>\omega_0$，他接收到的频率大于其本征频率，即接收到的波长小于其本征波长，称为紫移。

Doppler 效应具有广泛的应用，例如在天文观测中发现，在银河系中的某些星团围绕共同的质心转动，因此星团中向我们飞来的星系，表现出 Doppler 效应的紫移，而远离我们而去的星系，表现出 Doppler 效应的红移，测量其红移/紫移量，就可推算出这些星系相对地球的速度。

---

① 若光传播方向与光源运动方向不落在同一直线上，设波矢与光源相对运动方向的夹角为 θ，则 $\omega=\dfrac{\omega_0}{\gamma(1-\beta\cos\theta)}$，其中 $\beta=\dfrac{v}{c}$。参见 6.3 节。

4.4 自由空间中的平面电磁波

在以上的讨论中，我们只从波的普适共性中总结出电磁规律对时空的制约规范，还没有涉及电磁波的本质特性，接下来讨论 Maxwell 方程组的一个重要的预言：存在以光速运动的电磁场(电磁波)，即变化的电场和磁场互相激发，同时以波动的形式传播。本节集中讨论的是最简单的电磁波——平面电磁波。

在自由空间(真空)区域中，由于没有源(电荷和电流)，所以 $\rho=0$，$\boldsymbol{J}=\boldsymbol{0}$，但允许有场(电场、磁场)的存在。Maxwell 方程组中的式(MA)变为

$$\nabla\times\boldsymbol{B}=\varepsilon_0\mu_0\frac{\partial\boldsymbol{E}}{\partial t} \tag{4.29}$$

上式两边取旋度，利用微分算符运算公式，注意到 $\nabla\cdot\boldsymbol{B}=0$，左边变为

$$\nabla\times(\nabla\times\boldsymbol{B})=\nabla(\nabla\cdot\boldsymbol{B})-\nabla^2\boldsymbol{B}=-\nabla^2\boldsymbol{B}$$

利用式(MF)方程，右边变为

$$\nabla\times\varepsilon_0\mu_0\frac{\partial\boldsymbol{E}}{\partial t}=\varepsilon_0\mu_0\frac{\partial\,\nabla\times\boldsymbol{E}}{\partial t}=-\varepsilon_0\mu_0\frac{\partial^2\boldsymbol{B}}{\partial t^2}$$

得到关于磁场 $\boldsymbol{B}$ 的方程：

$$\nabla^2\boldsymbol{B}-\frac{1}{c^2}\frac{\partial^2\boldsymbol{B}}{\partial t^2}=0$$

同理，对 Maxwell 方程组中的式(MF)，两边取旋度，可得关于电场 $\boldsymbol{E}$ 的方程：

$$\nabla^2\boldsymbol{E}-\frac{1}{c^2}\frac{\partial^2\boldsymbol{E}}{\partial t^2}=0$$

这就是关于 $\boldsymbol{E}$ 和 $\boldsymbol{B}$ 的电磁波动方程式(4.13)，其中 $c=\dfrac{1}{\sqrt{\mu_0\varepsilon_0}}=2.9979\times10^8\,\mathrm{m/s}$ 为真空中电磁波的波面传播速度。方程表明：变化的电场激发出变化的磁场，而变化的磁场反过来又激发出电场，如此循环往返，电场 $\boldsymbol{E}$ 和磁场 $\boldsymbol{B}$ 互相激发形成以速度 c 传播的电磁波。因此，光就是某一波段的电磁波，即 c 也就是真空中的光速。

在无界空间中，电磁波动方程式(4.13)有多种解，例如，平面波解、球面波解、Gauss 光束等，最简单直观的解是平面简谐波的解式(4.12)。在很多时候，实际的电磁波都在使用平面波这个理想化的模型来处理，例如，距离波源很远地方的球面波实际上已经接近平面波了。此外，一些复杂的波可以视为不同频率的平面波的叠加(Fourier 分解)。令电磁波电场为

$$\boldsymbol{E}=\boldsymbol{E}_0\cos(\omega\tau)=\boldsymbol{E}_0\cos(\omega t-\boldsymbol{k}\cdot\boldsymbol{r})$$

上式称为单色(单一频率)平面电磁波解，其中 $\boldsymbol{E}_0$ 是电场的振幅，频率为 ω，波矢 $\boldsymbol{k}=\dfrac{\omega}{c}\boldsymbol{n}$，$\boldsymbol{n}$ 为波的传播方向。真空中的电磁波的频率与波矢的关系(色散关

系)为

$$\omega = kc = \frac{k}{\sqrt{\varepsilon_0 \mu_0}} \tag{4.30}$$

通常,研究波动的物理现象时,把物理量取为复数形式来运算是较为方便(因为一个复数包含有两个重要的信息:振幅与相位,或者:实部与虚部)。我们约定,只有实部才具有物理意义(将最后运算结果取实部)。因此,把平面波的解式(4.12)写成复数形式:

$$\boldsymbol{E} = \boldsymbol{E}_0 \mathrm{e}^{\mathrm{i}(\omega t - \boldsymbol{k} \cdot \boldsymbol{r})} \tag{4.31a}$$

$$\boldsymbol{B} = \boldsymbol{B}_0 \mathrm{e}^{\mathrm{i}(\omega t - \boldsymbol{k} \cdot \boldsymbol{r} + \theta)} \tag{4.31b}$$

其中,$\boldsymbol{E}_0$ 和 $\boldsymbol{B}_0$ 分别是电场、磁场的振幅,θ 是磁场滞后于电场的相位。另外,由方程式(MG),电磁波的电场散度:

$$\nabla \cdot \boldsymbol{E} = \nabla \cdot \boldsymbol{E}_0 \mathrm{e}^{\mathrm{i}(\omega t - \boldsymbol{k} r)} = -\mathrm{i}\boldsymbol{k} \cdot \boldsymbol{E}_0 \mathrm{e}^{\mathrm{i}(\omega t - \boldsymbol{k} r)} = 0$$

(见本章附录 3)得

$$\boldsymbol{k} \cdot \boldsymbol{E} = 0 \tag{4.32}$$

表明电场是垂直于传播方向的。进一步,由方程式(MF),电磁波的电场旋度:

$$\nabla \times \boldsymbol{E} = -\frac{\partial \boldsymbol{B}}{\partial t} = -\mathrm{i}\omega \boldsymbol{B}$$

有

$$\boldsymbol{B} = \frac{\mathrm{i}}{\omega} \nabla \times \boldsymbol{E} = \frac{\mathrm{i}}{\omega} \nabla \times \boldsymbol{E}_0 \mathrm{e}^{\mathrm{i}(\omega t - \boldsymbol{k} \cdot \boldsymbol{r})}$$

$$= \frac{\mathrm{i}}{\omega}(-\mathrm{i}\boldsymbol{k} \times \boldsymbol{E}_0 \mathrm{e}^{\mathrm{i}(\omega t - \boldsymbol{k} \cdot \boldsymbol{r})}) = \frac{\boldsymbol{k}}{\omega} \times \boldsymbol{E} \tag{4.33}$$

可见,电场、磁场并不独立,它们之间有以下关系:

$$\boldsymbol{B} = \frac{1}{c}\boldsymbol{n} \times \boldsymbol{E} = \sqrt{\mu_0 \varepsilon_0}\, \boldsymbol{n} \times \boldsymbol{E} \tag{4.34}$$

对照式(4.31),可知 $\theta = 0$,即电场与磁场同相位,同时也有

$$\boldsymbol{E} \times \boldsymbol{B} = \boldsymbol{E} \times \left(\frac{\boldsymbol{n}}{c} \times \boldsymbol{E}\right) = \frac{E^2}{c}\boldsymbol{n} \tag{4.35}$$

由以上关系式,可以归纳出真空中的平面电磁波的以下特性,如图 4.5 所示。

(1) $\boldsymbol{B}$、$\boldsymbol{E}$、$\boldsymbol{k}$ 三者互相垂直(正交),且 $\boldsymbol{E} \times \boldsymbol{B}$ 的方向沿 $\boldsymbol{k}$ 方向,因此平面电磁波是横波(电场、磁场都垂直于传播方向),称为横电磁波(TEM)解,不存在纵向的平面电磁波解。

图 4.5 平面电磁波

(2) $\boldsymbol{B}$ 与 $\boldsymbol{E}$ 的相位相同,任何与 $\boldsymbol{k}$ 正交的平面都是平面波的波面,即在波面上的任一点,其电场和磁场的相位都是 $\phi = \omega t - \boldsymbol{k} \cdot \boldsymbol{r}$,电磁波 $\boldsymbol{E}$ 和 $\boldsymbol{B}$ 都以相同的频

率 ω 振动传播。

(3) $\boldsymbol{B}$ 与 $\boldsymbol{E}$ 的大小之比为

$$|\boldsymbol{E}|=\frac{1}{\sqrt{\mu_0\varepsilon_0}}|\boldsymbol{B}|=c|\boldsymbol{B}|,\quad 或 \quad \frac{|\boldsymbol{E}|}{|\boldsymbol{B}|}=\frac{1}{\sqrt{\mu_0\varepsilon_0}}=c$$

(4) 一般地,取电磁波的电场 $\boldsymbol{E}$ 的方向作为电磁波的极化方向,也称为偏振方向。为方便起见,设平面电磁波沿 z 轴传播,若电场 $\boldsymbol{E}$ 的方向只限于某一确定方向上(如 x 方向,$\boldsymbol{E}_0=E_0\boldsymbol{e}_x$),这种电磁波称为线极化(偏振)波;若电场 $\boldsymbol{E}$ 的矢量在垂直于 $\boldsymbol{k}$ 的平面上的轨迹为圆或椭圆,$\boldsymbol{E}_0=E_{0x}\boldsymbol{e}_x\pm E_{0y}\mathrm{e}^{\mathrm{i}\pi/2}\boldsymbol{e}_y$,这种电磁波称为圆极化(偏振)波或椭圆极化(偏振)波,如图 4.6 所示。实际上,椭圆偏振平面波可以看成是两个振幅不等、振动方向互相垂直、相位差为 $\pm\pi/2$ 的线极化(偏振)波的合成。

(5) 电磁波的能量与能流

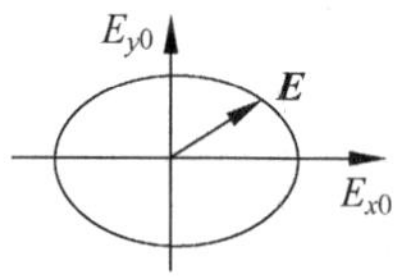

图 4.6　平面电磁波的椭圆偏振

变化的电场激发出变化的磁场,而变化的磁场反过来又激发出电场,如此循环往返,电场、磁场互相激励导致电磁场的运动而形成电磁波;与此同时,电磁场也蕴藏着能量,单位体积内蕴藏的能量称为能量密度。电磁场的运动携带着能量流动形成能流。因此,电磁波的传播伴随着能量的传输,单位时间内通过垂直于传播方向的单位面积的能量称为能流密度,能流密度是波的强弱的一种量度,能流密度越大,电磁波越强。

1. 能量密度与能流密度的瞬时值

根据式(1.48)和式(1.46),在某一瞬间,电磁波的能量密度为

$$w=\frac{1}{2}\varepsilon_0\boldsymbol{E}^2+\frac{1}{2\mu_0}\boldsymbol{B}^2$$

而根据电磁波的 $\boldsymbol{B}$ 与 $\boldsymbol{E}$ 的大小之比,有

$$\varepsilon_0E^2=\varepsilon_0c^2B^2=\frac{1}{\mu_0}B^2$$

即电磁波的电场和磁场对能量密度的贡献是相同的。于是

$$w=\frac{1}{2}\varepsilon_0\boldsymbol{E}^2+\frac{1}{2\mu_0}\boldsymbol{B}^2=\varepsilon_0\boldsymbol{E}^2=\varepsilon_0\boldsymbol{E}_0{}^2\cos^2(\omega\tau) \tag{4.36}$$

在某一瞬间,能流密度为

$$\begin{aligned}\boldsymbol{S}&=\frac{1}{\mu_0}\boldsymbol{E}\times\boldsymbol{B}\\&=\frac{1}{\mu_0c}\boldsymbol{E}\times(\boldsymbol{n}\times\boldsymbol{E})=\sqrt{\frac{\varepsilon_0}{\mu_0}}E^2\boldsymbol{n}=wc\boldsymbol{n}\end{aligned} \tag{4.37a}$$

电磁波的能流密度正比于电场 $\boldsymbol{E}$(或磁场 $\boldsymbol{B}$)的振动幅度的平方,而能流密度与能量密度之比,描述能量的传输方向与速度,称为电磁波的射线速度 $\boldsymbol{u}_{\mathrm{g}}$。对于

平面电磁波，有

$$\boldsymbol{u}_{\mathrm{g}}=\frac{\boldsymbol{S}}{w}=c\boldsymbol{n} \tag{4.37b}$$

根据波动理论，波的相速度与波的能量传播速度是两个不同的概念，尽管在真空中两者相同。

另外，电磁波的动量密度 $\boldsymbol{g}$ 与能量密度的关系为

$$\boldsymbol{g}=\frac{1}{c^2}\boldsymbol{S}=\frac{w}{c}\boldsymbol{n} \tag{4.38}$$

2. 能量密度与能流密度的平均值

到目前为止，世界上还没有仪器能有足够快的响应频率去实时测量光波的电场（或磁场）的变化。例如，可见光绿光的频率约为 10^{15} Hz。实验上，我们能够测量的并不是电磁波的瞬时效应，而是波振动的若干周期的平均效应。实际需要的是与实验挂钩的能量密度、能流密度的平均值。另外，各个周期内波的变化都是重复相同的，因此只须对一个周期内的物理量求时间平均即可。能量密度的平均值为

$$\langle w\rangle=\frac{1}{T}\int_0^T w\,\mathrm{d}t=\varepsilon_0E_0^2\,\frac{1}{T}\int_0^T\cos^2(\omega t-kz)\,\mathrm{d}t=\frac{1}{2}\varepsilon_0E_0^2 \tag{4.39a}$$

能流密度的平均值为

$$\langle\boldsymbol{S}\rangle=\frac{1}{T}\int_0^T\boldsymbol{S}\,\mathrm{d}t=\frac{1}{T}\int_0^T\sqrt{\frac{\varepsilon_0}{\mu_0}}E_0^2\cos^2(\omega t-kz)\,\boldsymbol{n}\,\mathrm{d}t=\frac{1}{2}\sqrt{\frac{\varepsilon_0}{\mu_0}}E_0^2\boldsymbol{n} \tag{4.40a}$$

从上面可看出，能量密度与能流密度的平均值恰好是能量密度与能流密度的最大值的一半。

另一方面，两个相同频率的复数，例如 $f(t)=f_0\mathrm{e}^{\mathrm{i}\omega t}$ 和 $g(t)=g_0\mathrm{e}^{\mathrm{i}(\omega t-\theta)}$，其中 θ 是两复数的相位差，对一个周期 $T=\dfrac{2\pi}{\omega}$ 而言，两复数相应的实部乘积的周期平均值为

$$\begin{aligned}\langle f(t)g(t)\rangle&=\frac{1}{T}\int_0^T f(t)g(t)\,\mathrm{d}t=\frac{1}{T}\int_0^T f_0\cos\omega t\cdot g_0\cos(\omega t-\theta)\,\mathrm{d}t\\&=\frac{1}{2}f_0g_0\cos\theta=\frac{1}{2}\mathrm{Re}(f^*g)\end{aligned}$$

其中 * 表示取复共轭，Re 是取其实部的意思。因此，能量密度和能流密度平均值的更普适的表示式可写为

$$\begin{aligned}\langle w\rangle&=\frac{1}{T}\int_0^T\left(\frac{1}{2}\varepsilon_0\boldsymbol{E}^2+\frac{1}{2\mu_0}\boldsymbol{B}^2\right)\mathrm{d}t\\&=\frac{\varepsilon_0}{4}\mathrm{Re}(\boldsymbol{E}^*\cdot\boldsymbol{E})+\frac{1}{4\mu_0}\mathrm{Re}(\boldsymbol{B}^*\cdot\boldsymbol{B})\end{aligned} \tag{4.39b}$$

$$\langle \boldsymbol{S} \rangle = \frac{1}{T}\int_0^T \frac{1}{\mu_0}(\boldsymbol{E}\times\boldsymbol{B})\,dt$$

$$= \frac{1}{2\mu_0}\mathrm{Re}(\boldsymbol{E}^* \times \boldsymbol{B}) = \frac{1}{2}\sqrt{\frac{\varepsilon_0}{\mu_0}}\mathrm{Re}|\boldsymbol{E}|^2\boldsymbol{n} \tag{4.40b}$$

最后举例说明电磁波能量的储存交换。两列频率、强度、偏振都一样的平面电磁波相向而行，彼此的电场、磁场、能流密度的分布方向如图 4.7(a)所示，总的电磁波能量密度为

$$w = 2\left(\frac{1}{2}\varepsilon_0\boldsymbol{E}^2 + \frac{1}{2\mu_0}\boldsymbol{B}^2\right) = 2\varepsilon_0\boldsymbol{E}^2 = 2\varepsilon_0\boldsymbol{E}_0^2\cos^2(\omega\tau)$$

当它们相遇时，在彼此的波峰和波谷重叠的一刹那(图 4.7(b))，电场方向相反而相互抵消，磁场方向相同而相互叠加，电场能全部转化为磁能，总能量为 $w=\frac{(2\boldsymbol{B})^2}{2\mu_0}=2\varepsilon_0\boldsymbol{E}_0^2\cos^2(\omega\tau)$，总能量守恒。而在彼此的波峰与波峰重叠的一刹那(图 4.7(c))，磁场方向相反而相互抵消，电场方向相同而相互叠加，磁场能全部转化为电场能，总能量为 $w=\frac{1}{2}\varepsilon_0(2\boldsymbol{E})^2=2\varepsilon_0\boldsymbol{E}_0^2\cos^2(\omega\tau)$，总能量守恒。

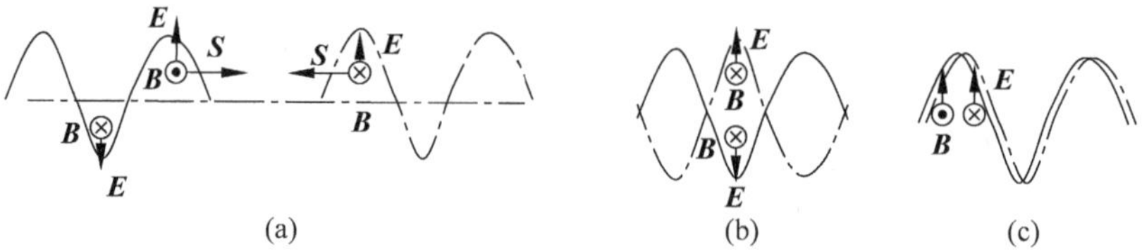

图 4.7　两相向而行的电磁波的电磁场

4.5　介质中的平面电磁波

由第 2 章可知，空间存在介质的情况下，Maxwell 方程组仍然能正确描述物质电磁规律，特别地，对于各向同性的理想介质，介质材料满足本构方程式(2.8a)和式(2.8b)，只需要将方程中的 ε_0 和 μ_0 分别用 ε 和 μ 替代，就能完全继承下来；当然，对于各向异性的非线性介质，介质的 ε 和 μ 需要用到二阶张量来描述，情况则另当别论。电磁波在不同的材料或物质形态中穿行，其传播行为是不一样的。

1. 静止绝缘体介质中的平面电磁波

对于各向同性的理想绝缘介质，电导率 σ 很小，可以忽略介质中的传导电流，同时也没有自由电荷，即仍然有 $\boldsymbol{J}=\boldsymbol{0}$，$\rho=0$，因此在静止的绝缘体介质中的电磁理论计算与在真空中的情况一样，上述在真空中所导出的所有公式(包括波动方程、$\boldsymbol{B}$ 与 $\boldsymbol{E}$ 的大小之比、能流密度和能量密度)中，只需把 ε_0 换成 ε，把 μ_0 换成 μ，仍可

继续沿用。例如,各向同性理想绝缘介质中的电磁波动方程变换为

$$\nabla^2 \boldsymbol{E} - \mu\varepsilon \frac{\partial^2 \boldsymbol{E}}{\partial t^2} = 0 \tag{4.41a}$$

$$\nabla^2 \boldsymbol{B} - \mu\varepsilon \frac{\partial^2 \boldsymbol{B}}{\partial t^2} = 0 \tag{4.41b}$$

同样存在相同形式的平面电磁波解式(4.12)。参照真空中的平面电磁波的处理方法,由 Maxwell 方程组,重复式(4.32)~式(4.35)的运算,电磁场量 $\boldsymbol{E}$、$\boldsymbol{D}$、$\boldsymbol{B}$、$\boldsymbol{H}$ 和波矢 $\boldsymbol{k}$ 仍满足:

$$\boldsymbol{k} \cdot \boldsymbol{D} = 0 \tag{4.42a}$$

$$\boldsymbol{B} = \frac{\boldsymbol{k}}{\omega} \times \boldsymbol{E} \tag{4.42b}$$

$$\boldsymbol{k} \cdot \boldsymbol{B} = 0 \tag{4.42c}$$

$$\boldsymbol{D} = -\frac{\boldsymbol{k}}{\omega} \times \boldsymbol{H} \tag{4.42d}$$

因此电场、磁场并不独立,$\boldsymbol{E} \perp \boldsymbol{B}$、$\boldsymbol{D} \perp \boldsymbol{H}$、$\boldsymbol{k} \perp \boldsymbol{D}$、$\boldsymbol{k} \perp \boldsymbol{B}$,并且 $\boldsymbol{E}$ 和 $\boldsymbol{D}$、$\boldsymbol{B}$ 和 $\boldsymbol{H}$ 方向相同。进一步,能流密度和能量密度为

$$\boldsymbol{S} = \boldsymbol{E} \times \boldsymbol{H} = \frac{\omega}{k}\varepsilon E^2 \boldsymbol{n} \tag{4.43a}$$

$$w = \frac{1}{2}\varepsilon \boldsymbol{E}^2 + \frac{1}{2\mu}\boldsymbol{B}^2 = \varepsilon \boldsymbol{E}^2 \tag{4.43b}$$

即 $\boldsymbol{D} \times \boldsymbol{B}$ 的方向是 $\boldsymbol{k} = k\boldsymbol{n}$ 的方向,$\boldsymbol{E} \times \boldsymbol{H}$ 的方向也是 $\boldsymbol{k} = k\boldsymbol{n}$ 的方向,另外,电磁波能量传输速度(射线速度)为

$$\boldsymbol{u}_{\mathrm{g}} = \frac{\boldsymbol{S}}{w} = \frac{\omega}{k}\boldsymbol{n} = \boldsymbol{u} \tag{4.43c}$$

即在静止介质中,电磁波的射线速度和相速度是相等的。

进一步,令 $\varepsilon = \varepsilon_0 \varepsilon_{\mathrm{r}}$,$\mu = \mu_0 \mu_{\mathrm{r}}$,分别称为介电常量(电容率)和磁导率,其中 ε_{r} 和 μ_{r} 是无量纲的,分别称为介质的相对介电常数(电容率)和相对磁导率。定义介质的折射率为

$$n = \sqrt{\varepsilon_{\mathrm{r}} \mu_{\mathrm{r}}} \tag{4.44a}$$

$$\varepsilon\mu = \varepsilon_0 \mu_0 \varepsilon_{\mathrm{r}} \mu_{\mathrm{r}} = \frac{n^2}{c^2} = \frac{1}{v^2} \tag{4.44b}$$

其中 $v = \dfrac{c}{n}$ 是电磁波在介质中的波面传播速度。需要指出的是,介质的相对介电常数 ε_{r} 和相对磁导率 μ_{r} 是与电磁波的频率 ω 有关的,$\varepsilon_{\mathrm{r}} = \varepsilon_{\mathrm{r}}(\omega)$,$\mu_{\mathrm{r}} = \mu_{\mathrm{r}}(\omega)$,不同频率 ω 的光响应的介质折射率是不同的,即 $n = n(\omega)$,因而传播速度 v 也不同,这种现象称为介质的色散现象。色散关系为

$$\omega = kv = \frac{kc}{n(\omega)} \tag{4.44c}$$

只需把式(4.30)中的 c 换成 v 即可。

2. 导体中的平面电磁波

原则上,对于材料而言,绝缘体和导体之间没有绝对的泾渭分明、不可逾越的鸿沟;当电导率 σ 很大时,材料可视为导体($\sigma\to\infty$,称为理想导体),而当 σ 很小时,则视为绝缘体。或者换种说法,若材料中存在着可以自由移动的带电粒子,如电子或载流子,并且它的运动对电磁场的贡献不可忽略,则这种材料视为导体。或者不严谨地说,方程式(MA)中的传导电流项不能忽略的材料就可看成为导体,而传导电流项可以忽略的材料就可看成为绝缘体。至于如何定量地判断导体的导电性能的优劣,我们可以比较一下方程式(MA)中的传导电流项与位移电流项相对大小。相比于绝缘体,导体需要考虑传导电流的作用,而传导电流密度满足欧姆定律 $\boldsymbol{J}=\sigma\boldsymbol{E}$。方程式(MA)可写为

$$\nabla\times\boldsymbol{B} = \mu\boldsymbol{J} + \varepsilon\mu\frac{\partial\boldsymbol{E}}{\partial t} = \mu\sigma\boldsymbol{E} + \varepsilon\mu\frac{\partial\boldsymbol{E}}{\partial t}$$

假设导体中仍然有平面电磁波传播,对于平面波的解,电场 $\boldsymbol{E}$ 和磁场 $\boldsymbol{B}$ 可写成复数形式,即

$$\boldsymbol{E} = \boldsymbol{E}_0 \mathrm{e}^{\mathrm{i}\omega\tau} = \boldsymbol{E}_0 \mathrm{e}^{\mathrm{i}(\omega t - kz)}$$

因此$\dfrac{\partial\boldsymbol{E}}{\partial t} = \mathrm{i}\omega\boldsymbol{E}$,方程式(MA)变为

$$\nabla\times\boldsymbol{B} = \mu(\sigma + \mathrm{i}\omega\varepsilon)\boldsymbol{E} = \mu\left(\varepsilon - \mathrm{i}\frac{\sigma}{\omega}\right)\frac{\partial\boldsymbol{E}}{\partial t} \tag{4.45}$$

式(4.45)右边的两项,若只从大小上作比较,当传导电流项(第一项)的贡献远大于位移电流项(第二项)时,称为良导体。有

$$\mu\sigma\boldsymbol{E} \gg \left|\varepsilon\mu\frac{\partial\boldsymbol{E}}{\partial t}\right| = \omega\mu\varepsilon\boldsymbol{E}$$

即

$$\frac{\sigma}{\varepsilon\omega} \gg 1 \tag{4.46}$$

式(4.46)称为良导体条件。

例如,对于金属铜,$\sigma = 6.3\times10^7\,(\Omega\cdot\mathrm{m})^{-1}$,$\varepsilon=\varepsilon_0$,当 $\omega \ll 10^{17}\,\mathrm{Hz}$ 时,有$\dfrac{\sigma}{\varepsilon\omega} \gg 1$,可认为金属铜是良导体。

对比式(4.29)和式(4.45)可知,与绝缘介质相比,导体中传导电流的存在,相当于使得介电常量变成了复数:

$$\varepsilon' = \varepsilon - \mathrm{i}\frac{\sigma}{\omega} \tag{4.47}$$

相应地，波矢的量值为

$$k=\omega\sqrt{\mu\varepsilon'}=\omega\sqrt{\mu\left(\varepsilon-\mathrm{i}\frac{\sigma}{\omega}\right)} \tag{4.48}$$

相当于波矢 $\boldsymbol{k}$ 变为一个复数矢量，可将它分解成实数部分 $\boldsymbol{\beta}$ 和虚数部分 $\boldsymbol{\alpha}$，令

$$\boldsymbol{k}=\boldsymbol{\beta}-\mathrm{i}\boldsymbol{\alpha} \tag{4.49}$$

其中 $\boldsymbol{\alpha}$ 和 $\boldsymbol{\beta}$ 为实矢量，于是有

$$\boldsymbol{E}=\boldsymbol{E}_0\mathrm{e}^{\mathrm{i}(\omega t-\boldsymbol{k}\cdot\boldsymbol{r})}=\boldsymbol{E}_0\mathrm{e}^{-\boldsymbol{\alpha}\cdot\boldsymbol{r}}\mathrm{e}^{\mathrm{i}(\omega t-\boldsymbol{\beta}\cdot\boldsymbol{r})} \tag{4.50}$$

这表明，随着电磁波透入导体内部深度的增加，电磁波的振幅 $\boldsymbol{E}_0\mathrm{e}^{-\boldsymbol{\alpha}\cdot\boldsymbol{r}}$ 按指数形式迅速衰减；换句话说，当电磁波进入导体内部距离为 $\frac{1}{\alpha}$ 的时候，电磁波已经强烈地衰减到原来的 $\frac{1}{\mathrm{e}}$，也就是说，在金属中电磁波不能传播，α 称为衰减常数，通常也把 $\delta=\frac{1}{\alpha}$ 定义为电磁波在导体中的穿透深度，或称为趋肤深度。而 $\boldsymbol{\beta}$ 仍是描述单位长度下波所经历的相位变化的量，称为相位常数，仍相当于波矢。$\boldsymbol{\beta}$ 的方向是波的波面传播的方向，而 $\boldsymbol{\alpha}$ 的方向是能量衰减的方向，一般而言，$\boldsymbol{\beta}$ 的方向是不同于 $\boldsymbol{\alpha}$ 的，如图 4.8 所示。

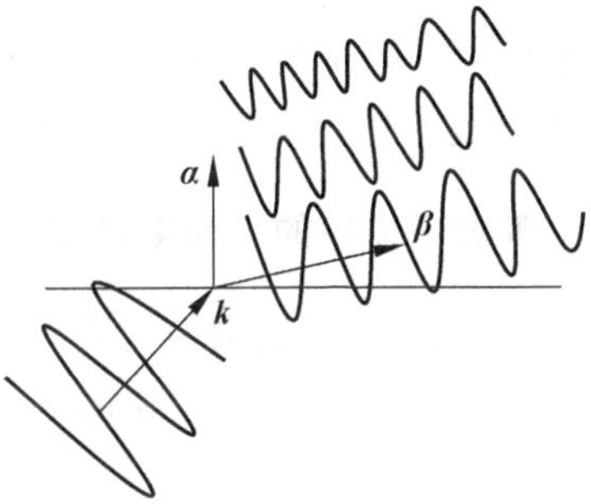

图 4.8 平面电磁波的等相面传播的方向不同于能量衰减的方向

结合式(4.48)和式(4.49)，对复数波矢量 $\boldsymbol{k}$ 取平方得

$$\begin{aligned}\boldsymbol{k}^2&=\omega^2\varepsilon'\mu=\omega^2\mu\left(\varepsilon-\mathrm{i}\frac{\sigma}{\omega}\right)=(\boldsymbol{\beta}-\mathrm{i}\boldsymbol{\alpha})^2\\&=\beta^2-\alpha^2-2(\boldsymbol{\alpha}\cdot\boldsymbol{\beta})\mathrm{i}\end{aligned} \tag{4.51}$$

为简单起见，设电磁波在垂直入射到导体表面，此时 $\boldsymbol{\alpha}$ 和 $\boldsymbol{\beta}$ 同向，上式可简化为

$$\omega^2\mu\varepsilon=\beta^2-\alpha^2$$
$$\omega\mu\sigma=2\alpha\beta$$

解得

$$\alpha=\omega\sqrt{\mu\varepsilon}\left[\frac{1}{2}\left(\sqrt{1+\frac{\sigma^2}{\omega^2\varepsilon^2}}-1\right)\right]^{1/2},$$

$$\beta=\omega\sqrt{\mu\varepsilon}\left[\frac{1}{2}\left(\sqrt{1+\frac{\sigma^2}{\omega^2\varepsilon^2}}+1\right)\right]^{1/2}$$

对于良导体，满足式(4.46)，$\sqrt{1+\frac{\sigma^2}{\omega^2\varepsilon^2}}\pm1\approx\frac{\sigma}{\varepsilon\omega}$，可近似解得

$$\alpha \approx \beta \approx \sqrt{\frac{\omega\mu\sigma}{2}}$$

此时 $\delta=\frac{1}{\alpha}=\sqrt{\frac{2}{\omega\mu\sigma}}$。若导体的电导率 σ 越大，或电磁波的角频率 ω 越大，则 δ 越小，对于理想导体，$\sigma\to\infty$，则 $\delta\to 0$，表明电磁波不能在其中传播。

由式(4.34)，得平面电磁波的磁场：

$$\boldsymbol{B}=\sqrt{\mu\varepsilon'}\cdot\boldsymbol{n}\times\boldsymbol{E}=\sqrt{\mu\varepsilon\left(1-\mathrm{i}\,\frac{\sigma}{\omega\varepsilon}\right)}\,\boldsymbol{n}\times\boldsymbol{E}$$

$$\approx\sqrt{\mu\varepsilon}\sqrt{-\mathrm{i}\,\frac{\sigma}{\omega\varepsilon}}\boldsymbol{n}\times\boldsymbol{E}=\mathrm{e}^{-\mathrm{i}\frac{\pi}{4}}\sqrt{\frac{\sigma\mu}{\omega}}\boldsymbol{n}\times\boldsymbol{E}$$

可见，良导体的 $\boldsymbol{B}$ 与 $\boldsymbol{E}$ 并不同相，磁场比电场的相位要落后 $\pi/4$，意味着电磁能流不是一直往前深入进去，而是作前后振荡，变成焦耳热损耗掉，其相速度远小于 c，电磁波的磁场能量占支配地位(见习题 4-13)。

3. 等离子体中的平面电磁波

众所周知，我们周围的物质常见有三种形态——固态、液态和气态，此外自然界还有另一种形态，组成物质的原子或分子被分解成电子与正离子，形成由自由电子和正离子混合组成的物质状态，可以把它想象成是电离了的“气体”，宏观上它是电中性或准电中性的，并且由于电磁相互作用而呈现出协同效应，这种物体状态称为等离子体，又称为物质的第四种形态。

其实，等离子体对我们并不陌生，闪电和电弧焊接可能是我们最常见的等离子体，另外一个常见例子是照明的荧光管中的稀薄气体。然而，放眼宇宙，等离子体态是普遍的，从广袤无垠的星际尘埃到恒星内部炽热的熔浆，等离子体比比皆是。

等离子体可分为两类：高温和低温等离子体。当物质的温度上升到 10^5K 时，所有的物质都呈现等离子态。

一般而言，等离子体的电磁性质方程是比较复杂的，涉及的因素众多，这里不作一般的讨论，只突出主要因素，对问题建立简化模型去处理。对电子和离子组成的等离子体，采用自由电子模型，假设离子不动，只有电子运动(电子质量比离子的要轻几个数量级)。由于在电离的同时，电子也存在与离子复合的过程，为了宏观上能保持有一定密度的电子、离子体系，就要求电子有足够大的平均动能 E_k，能够克服离子的静电吸引势能 E_p，从而不被离子俘获。在热力学平衡的状态下，$E_k=\frac{3}{2}kT$，其中 T 为温度，k 为 Boltzmann(玻尔兹曼)常量，而 $E_p=\sum_i\frac{e^2}{4\pi\varepsilon_0 r_i}$，$r_i$ 是电子与离子的距离。

当 $E_k\gg E_p$ 时，是典型的等离子体；当 $E_k\ll E_p$ 时，是中性粒子组成的固液气系统；于是可以引入一个特征长度 λ，使得 $E_k\approx E_p$，即 $\frac{3}{2}kT\approx\frac{e^2}{4\pi\varepsilon_0}\frac{N}{\lambda}$，其中 $N=$

$nV=n_e\frac{4}{3}\pi\lambda^3$，为特征长度内的离子数目，$n_e$ 为电子的密度(也是离子电荷数密度)。取

$$\lambda=\sqrt{\frac{\varepsilon_0 kT}{n_e e^2}} \tag{4.52}$$

称为 Debye(德拜)长度。等离子体内放一个电荷 Q 时，其电场会吸引周围附近的异性电荷，同时排斥同性电荷，所产生的电势为 $\varphi=\frac{Q}{4\pi\varepsilon_0 r}e^{-r/\lambda}$，称为屏蔽库仑势。当 $r\to 0$ 时，$e^{-r/\lambda}\to 1$，$\varphi\approx\frac{Q}{4\pi\varepsilon_0 r}$，与库仑势相同。另一方面，当 $r\gg\lambda$ 时，$e^{-r/\lambda}\to 0$，$\varphi\to 0$，因此在 $r>\lambda$ 的尺度内，可看成是电中性，可粗略认为带电粒子只与距离在 λ 之内的粒子发生相互作用。

在均匀无磁场的等离子体中，若等离子体受到干扰，电子相对离子本底发生位移，使某一区域偏离电中性，则在等离子体中建立起扰动电场，它会产生强烈的电恢复力，把这些电子拉回平衡位置，由于电子的惯性，这些电子以某个速度冲过平衡位置后，又会建立反方向的扰动电场，使电子减速回到平衡位置，如此循环往返，使得电荷分布产生振荡，导致等离子体密度也作振荡。

设 $n'=n_e-n_0$ 为电子密度偏离，n_0 为平衡时电子的密度，根据方程式(MG)、流体力学的连续性方程(质量守恒定律)以及电子的受力运动方程(Lorentz 力方程)，并进行线性简化处理，得

$$\nabla\cdot\boldsymbol{E}=\frac{(n_e-n_0)e}{\varepsilon_0}=\frac{n'e}{\varepsilon_0} \tag{4.53a}$$

$$\frac{\partial n_e}{\partial t}+\nabla\cdot(n_e\boldsymbol{v})\approx\frac{\partial n'}{\partial t}+n_0\nabla\cdot\boldsymbol{v}=0 \tag{4.53b}$$

$$m\frac{d\boldsymbol{v}}{dt}\approx m\frac{\partial\boldsymbol{v}}{\partial t}\approx e\boldsymbol{E} \tag{4.53c}$$

联立三个方程，可得

$$\frac{\partial^2 n'}{\partial t^2}+\frac{e^2 n_0}{m\varepsilon_0}n'=0 \tag{4.54}$$

由方程式(4.54)，可解得 $n'(t)=n'(0)e^{i\omega_p t}$，表明等离子体以 ω_p 频率作振荡。而

$$\omega_p=\sqrt{\frac{e^2 n_0}{m\varepsilon_0}} \tag{4.55}$$

称为等离子体的振荡频率。引入特征时间 $\tau_p\sim 1/\omega_p$，它可理解为等离子体的响应时间，反映了等离子体对电中性破坏的反应快慢，或者说，在时间尺度 $\tau\gg\tau_p$ 内，任何扰动引起的电中性的破坏都将被抹平。

这种由于正负电荷分离而产生的等离子体静电振荡是局域的，如果考虑电子的热运动形成的热压强作用，电子的受力运动方程式(4.53c)增加一压力项，就能描述这种静电振荡传播出去形成的等离子体波。Debye 长度和振荡频率是等离子体的两个主要特征量。

考虑没有外加磁场的等离子体，对于在当中穿行的频率为 ω 的平面电磁波，相当于等离子体在静电振荡的基础上叠加上电磁波的电场与磁场。设传播的电磁波电场仍为式(4.31a)，对于高频电磁波，离子的运动可以忽略，它只作为均匀正电荷背景，因此只需要研究电子的运动。在不存在外磁场的情况下，忽略电磁波的磁场力的作用$\left(\text{速度不大时，电磁波的磁场对电子作用力为} |e\boldsymbol{v}\times\boldsymbol{B}| = \left|e\boldsymbol{v}\times\frac{\boldsymbol{n}\times\boldsymbol{E}}{c}\right| \ll eE\right)$，在电场的驱动下，电子的运动方程式(4.53c)可写为

$$m\frac{\mathrm{d}^2\boldsymbol{r}}{\mathrm{d}t^2} = e\boldsymbol{E} = e\boldsymbol{E}_0\mathrm{e}^{\mathrm{i}(\omega t-\boldsymbol{k}\cdot\boldsymbol{r})} \tag{4.56}$$

由此可近似解出电子在 $\boldsymbol{r}$ 处的运动速度为

$$\boldsymbol{v} = \frac{\mathrm{d}\boldsymbol{r}}{\mathrm{d}t} = -\mathrm{i}\frac{e\boldsymbol{E}_0}{m\omega}\mathrm{e}^{\mathrm{i}(\omega t-\boldsymbol{k}\cdot\boldsymbol{r})} = -\mathrm{i}\frac{e\boldsymbol{E}}{m\omega}$$

因此电流密度为

$$\boldsymbol{J} = \rho\boldsymbol{v} = n_0 e\boldsymbol{v} = -\mathrm{i}\frac{e^2 n_0}{m\omega}\boldsymbol{E} \tag{4.57}$$

对比欧姆定律 $\boldsymbol{J}=\sigma\boldsymbol{E}$，可理解为等离子体的电导率是①

$$\sigma = -\mathrm{i}\left(\frac{e^2 n_0}{m\omega}\right) \tag{4.58}$$

σ 为虚数，即 $\boldsymbol{J}$ 与 $\boldsymbol{E}$ 相位相差了 $\frac{\pi}{2}$，也就是说，当电场达到最大时，电子的速度为零，而当电场为零时，电子的速度达到最大值。另一方面，由方程式(MA)

$$\begin{aligned}\nabla\times\boldsymbol{B} &= \mu\boldsymbol{J} + \mu\varepsilon\frac{\partial\boldsymbol{E}}{\partial t} \\ &= -\mathrm{i}\frac{\mu\sigma}{\omega}\frac{\partial\boldsymbol{E}}{\partial t} + \mu\varepsilon\frac{\partial\boldsymbol{E}}{\partial t} = \mu\left(\varepsilon - \frac{e^2 n_0}{m\omega^2}\right)\frac{\partial\boldsymbol{E}}{\partial t}\end{aligned} \tag{4.59}$$

与式(4.45)相比，相当于介电常量变为

$$\varepsilon' = \varepsilon - \frac{e^2 n_0}{m\omega^2}, \tag{4.60}$$

对于等离子体，极化或磁化已不重要，因此 ε、μ 分别用 ε_0、μ_0 替换，电磁波的相应的波矢由式(4.48)变为

① 当有外磁场的时候，等离子体的电导率为一个张量。

$$k=\omega\sqrt{\mu_0\left(\varepsilon_0-\frac{e^2n_0}{m\omega^2}\right)}=\frac{\omega}{c}\sqrt{\left(1-\frac{\omega_p^2}{\omega^2}\right)} \tag{4.61}$$

上式表明,只有当 $\omega>\omega_p$ 时,k 才为实数,电磁波才能在等离子体中传播;而当 $\omega<\omega_p$ 时,k 为虚数,进入等离子体的电磁波以指数的形式衰减,此时电磁波不能在等离子体中传播,或者说,电磁波被等离子体反射回去,因此 ω_p 也称为截止频率。

式(4.61)是电磁波在等离子体传播的色散关系,由此可得等离子体的折射率为

$$n=\sqrt{1-\frac{\omega_p^2}{\omega^2}} \tag{4.62}$$

相当于 $n<1$,而电磁波在等离子体传播的相速度为

$$u=\frac{\omega}{k}=\frac{c}{\sqrt{1-\omega_p^2/\omega^2}}, \tag{4.63}$$

由式(4.63)可见,$u>c$,即相速度超过光速。注意,相速度只是描述波面移动的速度,狭义相对论不允许超光速,是针对物体的运动速度和信号传播速度而言的。如果物体或信号的速度超过光速,将会使得因果关系倒置,所以狭义相对论严格禁止超光速运动(见本章附录 2)。不过对于不属于物体真实运动的表观速度,以及不能传递信号的速度(如波的相速度)等,并不受此限制。

电磁波在等离子体的传播特性可用于无线电空间通信,例如,地球表面上方约 50～500km 的大气电离层可看成是稀薄的等离子体,密度大约为 $10^{10}\sim10^{12}/\text{m}^3$,由此可推算出 $\omega_p\approx1\sim10\text{MHz}$。由于受地面地形的影响以及地球表面曲率的限制,地球表面的无线电传播的距离很有限,广播频段中的短波通信可利用大气电离层的等离子体的反射特性,将电波传输到很远的地方;而电视广播的频段大于截止频率,因此可穿过大气电离层并通过卫星来传播,如图 4.9 所示。

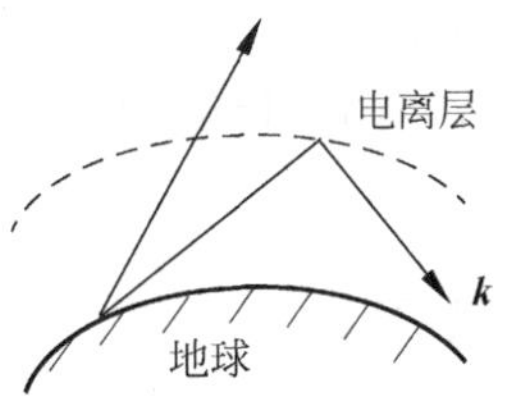

图 4.9 电离层对无线电波的反射

又例如,航天飞机等航空器的返回舱从太空高速进入大气层时,与大气剧烈摩擦在其表面产生高温区,高温区内的材料分子被分解电离,形成一个微型等离子层,它包裹着返回舱,屏蔽了电磁波,这种现象称为“黑障”(ionization blackout),此时的通信会暂时中断 12～13min。另外,利用电磁波传播的截止特性也可以测定等离子体的电子密度,用一定频率的电磁波射向等离子体,穿过后由检测器接收,不断减小电磁波的频率,直到检测器测量不到电磁波信号,此时的电磁波频率就对应等离子体的截止频率 ω_p,由式(4.55)就可以估算出等离子体的电子密度。

4.6 谐振腔、波导中的电磁波

在通信中，低频电磁信号通常用导线来传输（如50Hz的交流电），高频电磁信号则通过电磁波来传递（如电视广播），然而，对于微波段或者厘米波段的电磁信号，又是如何传输的呢？这就涉及电磁场在有限空间中的存在和传播的问题了，此时，电磁波并不弥散在整个无限大空间，且电场、磁场并不同时垂直于传播方向，因此平面波的横电磁波（TEM）解已经不合适了。

电磁波主要在空间或绝缘介质中传播，在有导体存在时，只有很小一部分电磁波能渗透进入导体的浅表层，故导体表面自然就构成了电磁波存在区域的边界，因此可以利用良导体来围蔽电磁波，采取不同形状的导体面便可以约束、限制、引导电磁波在特定区域内传播。

这里主要从原理上讨论两个器件：谐振腔和波导。谐振腔是一类中空的金属腔，波导是无穷长的金属管或箱，它们用来储存或传输电磁波。在这里，金属可看成是理想导体，电磁波不能透入金属内部，而只能存在于由金属管或箱所形成的腔中，因此在金属壁（也就是边界上），电势处处相等，电场只有垂直的法向分量，切向分量为零，即 $\boldsymbol{E}_{\mathrm{t}}=0$。

在有限空间中描述电磁场运动的基本方程仍是波动方程：

$$\nabla^2\boldsymbol{E}-\frac{1}{c^2}\frac{\partial^2\boldsymbol{E}}{\partial t^2}=0 \tag{4.64a}$$

同时加上约束条件：

$$\nabla\cdot\boldsymbol{E}=0 \tag{4.64b}$$

以及边界条件：

$$\boldsymbol{E}_{\mathrm{t}}=0 \tag{4.64c}$$

从数学上可知，偏微分方程加上不同的边界条件，其解是截然不同的，正是因为在有界空间中传播的电磁波受边界条件的制约，其解将不同于无界空间中的电磁波解。

1. 谐振腔

研究最简单理想的情况，考虑长、宽、高分别为 L_1、L_2 和 L_3 的长方形金属盒子，如图4.10所示，讨论在金属盒子中传播的电磁波。在直角坐标系下把电场分解为

$$\boldsymbol{E}=E_x\boldsymbol{e}_x+E_y\boldsymbol{e}_y+E_z\boldsymbol{e}_z$$

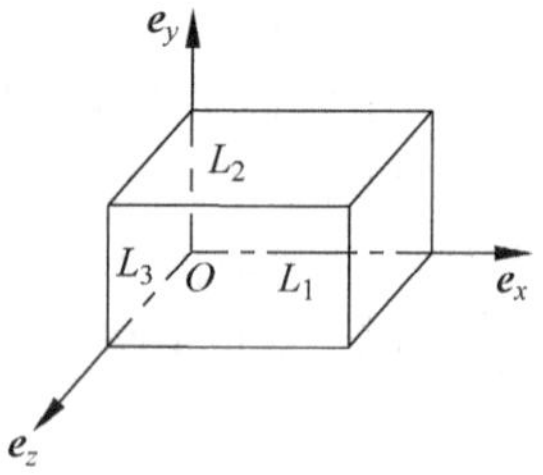

图4.10 矩形谐振腔

令 $u=E_i$ 为电场 $\boldsymbol{E}$ 的三分量中的任一分量（$i=x,y,z$），则 $\boldsymbol{E}$ 的每一个分量都要满足波动方程式(4.64a)，即

$$\nabla^2 u - \frac{1}{c^2}\frac{\partial^2 u}{\partial t^2} = 0 \tag{4.65}$$

电场的任一分量都会随时间振荡，令

$$u = u(x, y, z)\mathrm{e}^{\mathrm{i}\omega t}$$

其中频率 $\omega = kc$，代入波动方程式(4.65)，得

$$\nabla^2 u(x, y, z) + k^2 u(x, y, z) = 0 \tag{4.66}$$

式(4.66)称为 Helmholtz(亥姆霍兹)方程，再应用简单的数学物理方法知识求解该方程。由分离变量法，把方程的解写成几个只包含一个自变量的函数的乘积，令 $u(x, y, z) = X(x)Y(y)Z(z)$，同时也把波矢分解为 $\boldsymbol{k} = k_x\boldsymbol{e}_x + k_y\boldsymbol{e}_y + k_z\boldsymbol{e}_z$，也即满足 $k^2 = k_x^2 + k_y^2 + k_z^2$，代入式(4.66)，将原方程拆分成三个只含一个自变量的常微分方程，得到

$$\frac{\mathrm{d}^2 X}{\mathrm{d}x^2} + k_x^2 X = 0 \tag{4.67a}$$

$$\frac{\mathrm{d}^2 Y}{\mathrm{d}y^2} + k_y^2 Y = 0 \tag{4.67b}$$

$$\frac{\mathrm{d}^2 Z}{\mathrm{d}z^2} + k_z^2 Z = 0 \tag{4.67c}$$

以上 3 个方程均有形似驻波的解：

$$C_i \cos k_i x_i + D_i \sin k_i x_i$$

因此，式(4.66)的解为

$$u(x, y, z) = (C_1\cos k_x x + D_1 \sin k_x x)(C_2 \cos k_y y + D_2 \sin k_y y)(C_3 \cos k_z z + D_3 \sin k_z z) \tag{4.68}$$

其中的 6 个常数 C_i 和 D_i 由约束条件和边界条件决定。

以 $u = E_x$ 为例，由切向边界条件 $\boldsymbol{E}_\mathrm{t} = \boldsymbol{0}$，相当于在 $y=0, z=0, y=L_2, z=L_3$ 的四个面上，都要求满足 $E_x = 0$，如图 4.10 所示，也即

$$E_x(y=0, z=0) = 0$$

$$E_x(y=L_2, z=L_3) = 0$$

由前一个条件，可得 $C_2 = 0, C_3 = 0$，即

$$E_x = (C_1 \cos k_x x + D_1 \sin k_x x)\sin k_y y \sin k_z z \cdot \mathrm{e}^{\mathrm{i}\omega t}$$

而由后一个条件，得

$$\sin k_y L_2 = 0$$

以及

$$\sin k_z L_3 = 0$$

由此可得，$k_y L_2$ 和 $k_z L_3$ 必须是 π 的整数倍，即

$$k_y L_2 = n\pi, \quad k_z L_3 = p\pi$$

n, p 为整数。

另一方面，由约束条件式(4.64b)：

$$\nabla\cdot\boldsymbol{E}=\frac{\partial E_x}{\partial x}+\frac{\partial E_y}{\partial y}+\frac{\partial E_z}{\partial z}=0$$

在 $x=0$ 和 $x=L_1$ 面上，已经有 $E_y=0, E_z=0$，相当于

$$\left.\frac{\partial E_x}{\partial x}\right|_{x=0}=0,\quad \left.\frac{\partial E_x}{\partial x}\right|_{x=L_1}=0$$

由前一个条件，可得 $D_1=0$；而由后一个条件，得

$$\sin k_x L_1=0$$

由此可得到

$$k_x L_1=m\pi$$

矩形谐振腔中电场的解总结如下：

$$E_x=A_1\cos k_x x\sin k_y y\sin k_z z\cdot e^{i\omega t} \tag{4.69a}$$

同理可得

$$E_y=A_2\sin k_x x\cos k_y y\sin k_z z\cdot e^{i\omega t} \tag{4.69b}$$

$$E_z=A_3\sin k_x x\sin k_y y\cos k_z z\cdot e^{i\omega t} \tag{4.69c}$$

同时，波矢的三个分量要满足

$$k_x=\frac{m\pi}{L_1},\quad k_y=\frac{n\pi}{L_2},\quad k_z=\frac{p\pi}{L_3} \tag{4.70}$$

m,n,p 为整数，且 $m,n,p=0,\pm1,\pm2,\cdots$。选定了某一组(m,n,p)，也就确定了电磁场的一种形态，称为选定了一种电磁场的振荡模式。

谐振腔中电磁波相应的角频率

$$\begin{aligned}\omega_{m,n,p}&=kc=c\sqrt{k_x^2+k_y^2+k_z^2}\\&=c\sqrt{\left(\frac{m\pi}{L_1}\right)^2+\left(\frac{n\pi}{L_2}\right)^2+\left(\frac{p\pi}{L_3}\right)^2}\end{aligned} \tag{4.71}$$

称为谐振腔中本征振荡角频率，它取决于谐振腔中的尺寸。可见，能够在谐振腔中生存的电磁波是驻波，并且其振荡的频率不是任意的，而是需满足谐振腔的选频要求，一旦谐振腔的尺度 L_1、L_2、L_3 确定了，则谐振腔中的电磁波的角频率 $\omega_{m,n,p}$ 就只能选某些特定的值了，其取值由3个整数 m,n,p 来决定。

进一步，(m,n,p)不能有两个同时为零(否则会导致三个同时为零)，因此谐振腔中的电磁波的最低频率所相对的波形只能是 m,n,p 中的一个为零，其余均为1，例如假设 $L_1>L_2>L_3$，则最低频率为

$$\omega_{1,1,0}=c\sqrt{\left(\frac{\pi}{L_1}\right)^2+\left(\frac{\pi}{L_2}\right)^2}$$

另外，由约束条件式(4.64b)，得

$$A_1k_x+A_2k_y+A_3k_z=0$$

即电场三分量的振幅 A_1、A_2、A_3 当中只有两个是独立的。

我们已经知道，变化的电场、磁场互相激发，若谐振腔的电场确定了，由 Maxwell 方程组中的式(MF)，则磁场也随之确定了。即

$$\boldsymbol{B}=\frac{\mathrm{i}}{\omega}\nabla\times\boldsymbol{E} \tag{4.72}$$

矩形谐振腔中的磁场分量为

$$B_x=\frac{\mathrm{i}}{\omega}\left(\frac{\partial E_z}{\partial y}-\frac{\partial E_y}{\partial z}\right)=\frac{\mathrm{i}}{\omega}(A_3k_y-A_2k_z)\sin k_xx\cos k_yy\cos k_zz\cdot \mathrm{e}^{\mathrm{i}\omega t} \tag{4.73a}$$

同理可得

$$B_y=\frac{\mathrm{i}}{\omega}\left(\frac{\partial E_x}{\partial z}-\frac{\partial E_z}{\partial x}\right)$$

$$=\frac{\mathrm{i}}{\omega}(A_1k_z-A_3k_x)\cos k_xx\sin k_yy\cos k_zz\cdot \mathrm{e}^{\mathrm{i}\omega t} \tag{4.73b}$$

$$B_z=\frac{\mathrm{i}}{\omega}\left(\frac{\partial E_y}{\partial x}-\frac{\partial E_x}{\partial y}\right)$$

$$=\frac{\mathrm{i}}{\omega}(A_2k_x-A_1k_y)\cos k_xx\cos k_yy\sin k_zz\cdot \mathrm{e}^{\mathrm{i}\omega t} \tag{4.73c}$$

进一步，知道了矩形谐振腔内的电磁场分布，就可以知道了腔内的电磁场能量密度平均值。由式(4.39b)，可知电场能量密度平均值为

$$\langle w_{\mathrm{e}}\rangle=\frac{\varepsilon_0}{4}\mathrm{Re}(|\boldsymbol{E}_x|^2+|\boldsymbol{E}_y|^2+|\boldsymbol{E}_z|^2)$$

$$=\frac{\varepsilon_0}{4}(A_1^2\cos^2k_xx\sin^2k_yy\sin^2k_zz+A_2^2\sin^2k_xx\cos^2k_yy\sin^2k_zz+$$

$$A_3^2\sin^2k_xx\sin^2k_yy\cos^2k_zz)$$

同理，也可求出磁场能量密度平均值(见习题4-15)。显而易见，电场能量密度平均值和磁场能量密度平均值的分布是不同的，但对整个矩形谐振腔而言，总的电场能量平均值和磁场能量平均值是相等的。

2. 波导

如果把谐振腔中的其中两块相对的金属隔板去掉，变成一条金属导管，电磁波可以在其中穿行而过，这样就形成了波导。与谐振腔的情况相比，微分方程和约束条件不变，相差的只是边界条件稍有不同，可是这样一来，方程的解的意义就有很大的区别了。

考虑由长、宽分别为 a 和 b 的矩形金属管子形成的波导管，如图4.11所示。与谐振腔的处理类似，令 $u(t,x,y,z)=E_i(i=x,y,z)$ 为电场 $\boldsymbol{E}$ 的三分量中的任意一个分量，它都要满足波动方程式(4.65)，即

$$\nabla^2u-\frac{1}{c^2}\frac{\partial^2u}{\partial t^2}=0$$

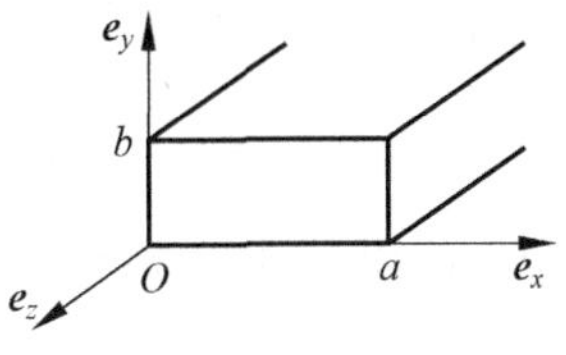

图 4.11 矩形波导管

同时，波矢分解为 $\boldsymbol{k}=k_x\boldsymbol{e}_x+k_y\boldsymbol{e}_y+k_z\boldsymbol{e}_z$，其

中 $k_x^2+k_y^2+k_z^2=k^2$，且有 $k=\frac{\omega}{c}$。考虑沿 $\boldsymbol{e}_z$ 方向传播的电磁波，则令

$$u(t,x,y,z)=u(x,y)\mathrm{e}^{\mathrm{i}(\omega t-k_z z)},$$

代入波动方程式(4.65)，得

$$\frac{\partial^2 u(x,y)}{\partial x^2}+\frac{\partial^2 u(x,y)}{\partial y^2}-k_z^2 u(x,y)+\frac{\omega^2}{c^2}u(x,y)=0$$

由分离变量法，令 $u(x,y)=X(x)Y(y)$，则方程可分解为

$$\frac{\mathrm{d}^2 X}{\mathrm{d}x^2}+k_x^2 X=0$$

$$\frac{\mathrm{d}^2 Y}{\mathrm{d}y^2}+k_y^2 Y=0$$

其解为

$$u(t,x,y,z)=(C_1\cos k_x x+D_1\sin k_x x)(C_2\cos k_y y+D_2\sin k_y y)\mathrm{e}^{\mathrm{i}(\omega t-k_z z)} \tag{4.74}$$

其中的 4 个常数 C_i 和 D_i 由约束条件和边界条件决定。

由切向边界条件 $\boldsymbol{E}_{\mathrm{t}}=\boldsymbol{0}$ 和约束条件 $\nabla\cdot\boldsymbol{E}=\frac{\partial E_x}{\partial x}+\frac{\partial E_y}{\partial y}+\frac{\partial E_z}{\partial z}=0$，相当于在 $x=0$ 面，有 $E_y=E_z=0$，$\frac{\partial E_x}{\partial x}=0$；在 $y=0$ 面，有 $E_x=E_z=0$，$\frac{\partial E_y}{\partial y}=0$，于是可得矩形波导中电场的解为

$$E_x=A_1\cos k_x x\sin k_y y\cdot\mathrm{e}^{\mathrm{i}(\omega t-k_z z)} \tag{4.75a}$$

$$E_y=A_2\sin k_x x\cos k_y y\cdot\mathrm{e}^{\mathrm{i}(\omega t-k_z z)} \tag{4.75b}$$

$$E_z=A_3\sin k_x x\sin k_y y\cdot\mathrm{e}^{\mathrm{i}(\omega t-k_z z)} \tag{4.75c}$$

其中 A_1、A_2、A_3 为待定常数。

从电场的解可知，电场在沿着波传播的 $\boldsymbol{e}_z$ 方向上的分量 E_z 并不一定为零，并且若 $E_z=0$，则其磁场分量 $B_z\neq 0$，可见在波导中传播的电磁波不再是横波了。另外，由约束条件 $\nabla\cdot\boldsymbol{E}=0$，意味着

$$A_1k_x+A_2k_y+\mathrm{i}A_3k_z=0$$

即电场 3 个分量的振幅 A_1、A_2、A_3 当中只有两个是独立的。

再考虑到在 $x=a$ 面及 $y=b$ 面，应用切向边界条件 $\boldsymbol{E}_{\mathrm{t}}=\boldsymbol{0}$ 或约束条件 $\nabla\cdot\boldsymbol{E}=0$，则波矢的两个分量要满足

$$k_x=\frac{m\pi}{a},\quad k_y=\frac{n\pi}{b}$$

其中 $m,n=0,\pm1,\pm2,\cdots$，另一个变量 k_z 可连续变化，于是

$$k^2=k_x^2+k_y^2+k_z^2=\left(\frac{m\pi}{a}\right)^2+\left(\frac{n\pi}{b}\right)^2+k_z^2$$

可知，选定了某一组(m,n)，称为选定了一种电磁场的振荡模式，且(m,n)不能同时为零。进一步，若m、n取某些值，使得

$$k^2<k_x^2+k_y^2=\left(\frac{m\pi}{a}\right)^2+\left(\frac{n\pi}{b}\right)^2$$

则有$k_z^2<0$，k_z变为虚数，传播因子$\mathrm{e}^{\mathrm{i}(\omega t-k_z z)}$变为衰减因子$\mathrm{e}^{-k_z z}\mathrm{e}^{\mathrm{i}\omega t}$，即波导内的电磁波沿$e_z$方向衰减而不能传播，因此对一个给定的振荡模式$(m,n)$，若使电磁波能在波导中正常传播，就需满足：

$$\frac{\omega}{c}=k\geqslant\sqrt{k_x^2+k_y^2}=\sqrt{\left(\frac{m\pi}{a}\right)^2+\left(\frac{n\pi}{b}\right)^2}$$

也就是说存在着一个最低频率，称为截止频率。即

$$\omega_{c,m,n}=c\sqrt{\left(\frac{m\pi}{a}\right)^2+\left(\frac{n\pi}{b}\right)^2} \tag{4.76}$$

只有频率大于截止频率的电磁波才能在波导内通行。由于波导的尺寸不能太大，通常不大于厘米量级，因此波导用来传输厘米波或微波段的电磁波。

附录1 Michelson-Morley 实验

基于绝对时空观基础上建立的牛顿定律在力学领域里取得巨大成功，而Galileo变换是绝对时空观的具体体现，但电磁现象与Galileo变换及其推论（经典速度合成公式）不相容，分析起来，不外乎有三种出路（解决途径）方案供选择：

(1) Galileo变换是对的，Maxwell方程组是错的，真正的电磁学理论在Galileo变换下是不变的；

(2) Galileo变换是对的，Maxwell方程组也是对的，但电磁学只适用于某个特殊参照系（称为以太参考系），亦即Maxwell方程组并不反映电磁现象的普遍规律；

(3) Maxwell方程组是对的，反映了电磁现象的普遍规律，Galileo变换是错的，存在着一种既适用于经典力学又适用于电磁学的相对性原理。

第(1)种方案当然是错的，因为Maxwell方程组是从无数电磁实验中归纳、总结、升华而成的严谨精密的理论方程，它有着坚实的实验基础，没法子否定其正确性；第(3)种方案也过于超前，因为当时基于Galileo变换下的牛顿力学取得巨大成就，Galileo变换及其推论在低速力学领域里没有发现一丝一毫的破绽，它在人们头脑里根深蒂固，并以为是理所当然，因此人们很自然会选择第(2)种方案，即茫茫宇宙中存在着一个绝对参考系，地球相对这个绝对参考系有一个漂移速度，于是寻找这个绝对参考系是一个顺理成章的事情，Michelson-Morley实验的目标就是要尝试找出这个漂移速度，他们为此设计了一种实验装置——Michelson干涉仪。

设地球相对以太系（绝对参考系）的速度为v，而光在以太系的速度为c，根据Galileo变换，当光传播方向与地球速度方向平行时，光相对地球的速度为$c_1=c\pm$

v，当两者的方向垂直时，在地球上的光速是 $c_2=\sqrt{c^2+v^2}$，如果测出这两者的差值，就能求得地球相对以太系的漂移速度 v。

实验的装置如图 4.12 所示，有两块互相垂直的反射镜 M_1 和 M_2，它们与半透明板 M 距离分别为 l_1 和 l_2，光源 S 发出的一束光射到半透明板 M 上分裂为互相垂直的两束光，一束被反射到 M_1 再被反射回来，部分穿过 M 后到达目镜 T；另一束透过 M 射到 M_2 被反射回 M，部分又再被反射后到达目镜 T，假设地球相对于以太系的速度 v 垂直于 M_2 面，因此这两路光的速度 c_1 和 c_2 不一样，即传播时间不同，时间差为 $\Delta t=\dfrac{l_1}{c+v}+\dfrac{l_1}{c-v}-\dfrac{2l_2}{\sqrt{c^2+v^2}}$，两路光的叠加会产生光程差，于是在目镜中会观察到干涉条纹。

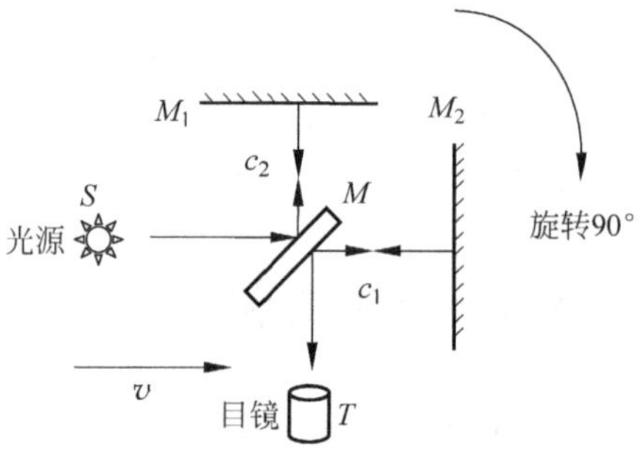

图 4.12 Michelson-Morley 实验装置示意图

把整个装置旋转 90°，使两束光的地位互换，c_1 和 c_2 的值互换，两路光的光程差发生了改变，因此应该观察到干涉条纹有移动，从条纹移动的变化大小可以反推出地球相对以太系的漂移速度 v，但实验结果却是干涉条纹没有移动。这个"零结果"实验否定了地球相对以太系的运动，即否定了存在一个地位优越的惯性系，最终，Einstein 抛弃了以太观念，选择第三种方案，从而建立了狭义相对论。

附录 2 因果律与相互作用的最大传播速度

设有两事件，它们具有因果关系，事件 1 为原因，事件 2 为结果，逻辑上我们接受两事件发生的时间顺序是原因在前、结果在后。在两个惯性系分别被标记为

Σ 系：事件 $1(0,0,z_1,t_1)$，事件 $2(0,0,z_2,t_2)$，必有 $t_1<t_2$

Σ' 系：事件 $1(0,0,z_1',t_1')$，事件 $2(0,0,z_2',t_2')$，也必有 $t_1'<t_2'$

根据 Lorentz 变换式(4.20)，不同惯性系的时间变换为

$$t_2'-t_1'=\gamma\left[t_2-t_1-\frac{v}{c^2}(z_2-z_1)\right],$$

其中相对论因子 $\gamma=\dfrac{1}{\sqrt{1-(v/c)^2}}$ 是实数，因此 $v\leqslant c$。

两事件具有因果关系，则必有某种相互作用从 1 传递至 2，其传播速度为

$$u=\left|\frac{z_2-z_1}{t_2-t_1}\right|$$

要维持因果关系的绝对性，即在任何惯性系都应该是结果的时刻大于原因的时刻(过去是绝对的过去，将来是绝对的将来)，在 Σ' 系中必须有 $t'_2-t'_1>0$，即 $t_2-t_1-\dfrac{v}{c^2}(z_2-z_1)>0$，因此有 $c^2>uv$。

要使上式恒成立，则必须有 $u\leqslant c$，否则，总可找到某 Σ'，使得上式不成立，例如假设在 Σ 系有 $u=1.2c$，则总可找到某 Σ'，其相对 Σ 系的速度为 $v=0.9c$，导致 $c^2<uv$，破坏了 $t'_2-t'_1>0$ 的要求，从而破坏了因果律的绝对性。

所以只要满足 $u\leqslant c$，即相互作用的最大传播速度不超过光速，则有因果关系的两事件在任何惯性系都能保证结果的时刻一定晚于原因的时刻，事件的因果关系就有绝对的意义。

附录 3　数学公式 $\nabla\cdot\boldsymbol{E}=-\mathrm{i}\boldsymbol{k}\cdot\boldsymbol{E}$，$\nabla\times\boldsymbol{E}=-\mathrm{i}\boldsymbol{k}\times\boldsymbol{E}$ 的证明

数学上，对于任意标量函数 φ 和矢量函数 $\boldsymbol{A}$，有

$$\nabla\cdot(\varphi\boldsymbol{A})=\varphi\,\nabla\cdot\boldsymbol{A}+(\nabla\varphi)\cdot\boldsymbol{A},\quad \nabla\times(\varphi\boldsymbol{A})=(\nabla\varphi)\times\boldsymbol{A}+\varphi\,\nabla\times\boldsymbol{A}$$

且 $\nabla\varphi(f(x))=\dfrac{\mathrm{d}\varphi}{\mathrm{d}f}\nabla f(x)$，于是

$$\nabla\cdot\boldsymbol{E}=\nabla\cdot\boldsymbol{E}_0\mathrm{e}^{\mathrm{i}(\omega t-\boldsymbol{k}\cdot\boldsymbol{r})}=\mathrm{e}^{\mathrm{i}(\omega t-\boldsymbol{k}\cdot\boldsymbol{r})}(\nabla\cdot\boldsymbol{E}_0)+\boldsymbol{E}_0\cdot(\nabla\mathrm{e}^{\mathrm{i}(\omega t-\boldsymbol{k}\cdot\boldsymbol{r})})$$

$$\nabla\times\boldsymbol{E}=\nabla\times\boldsymbol{E}_0\mathrm{e}^{\mathrm{i}(\omega t-\boldsymbol{k}\cdot\boldsymbol{r})}=(\nabla\mathrm{e}^{\mathrm{i}(\omega t-\boldsymbol{k}\cdot\boldsymbol{r})})\times\boldsymbol{E}_0+\mathrm{e}^{\mathrm{i}(\omega t-\boldsymbol{k}\cdot\boldsymbol{r})}(\nabla\times\boldsymbol{E}_0)$$

振幅是复数常矢量，因此 $\nabla\cdot\boldsymbol{E}_0=0$，$\nabla\times\boldsymbol{E}_0=0$，且 $\nabla(\boldsymbol{k}\cdot\boldsymbol{r})=\boldsymbol{k}$，

$$\nabla\mathrm{e}^{\mathrm{i}(\omega t-\boldsymbol{k}\cdot\boldsymbol{r})}=\mathrm{e}^{\mathrm{i}(\omega t-\boldsymbol{k}\cdot\boldsymbol{r})}\nabla(\mathrm{i}\omega t-\mathrm{i}\boldsymbol{k}\cdot\boldsymbol{r})=-\mathrm{e}^{\mathrm{i}(\omega t-\boldsymbol{k}\cdot\boldsymbol{r})}\nabla(\mathrm{i}\boldsymbol{k}\cdot\boldsymbol{r})=-\mathrm{i}\boldsymbol{k}\mathrm{e}^{\mathrm{i}(\omega t-\boldsymbol{k}\cdot\boldsymbol{r})}$$

于是有

$$\nabla\cdot\boldsymbol{E}=-\mathrm{i}\boldsymbol{k}\cdot\boldsymbol{E},\quad \nabla\times\boldsymbol{E}=-\mathrm{i}\boldsymbol{k}\times\boldsymbol{E}$$

习题 4

4-1　若电磁理论对时空的制约要求 k，ω 的变换式是一次项，$\dfrac{\omega}{c}-k=\dfrac{\omega'}{c}-k'$，能不能确定时空变换公式(4.14)中的 4 个待定常数，为什么？

4-2　用相对论速度变换公式(4.22)证明光速不变性，即：如果 $\sqrt{u'^2_x+u'^2_y+u'^2_z}=$

c，则有$\sqrt{u_x^2+u_y^2+u_z^2}=c$。

4-3　若系统在两个惯性系的速度分别为 $\boldsymbol{u}$ 和 $\boldsymbol{u}'$，惯性系之间的相对速度为 $\boldsymbol{v}$，记

$$\gamma=\frac{1}{\sqrt{1-v^2/c^2}},\quad \gamma_u=\frac{1}{\sqrt{1-u^2/c^2}},\quad \gamma_{u'}=\frac{1}{\sqrt{1-u'^2/c^2}}$$

利用相对论速度变换公式证明：

(1) $\gamma_u=\gamma\gamma_{u'}\left(1+\frac{v}{c^2}u'_z\right)$；

(2) $\gamma_u u_x=\gamma_{u'}u'_x$；

(3) $\gamma_u u_z=\gamma(\gamma_{u'}u'_z+\gamma_{u'}v)$。

4-4　若令 $u_z=c\cdot\tanh y$，$u'_z=c\cdot\tanh y'$，$v=c\cdot\tanh\bar{y}$，由式(4.22c)，证明：$y=y'+\bar{y}$。

4-5　光源 S 与接收器 R 相对静止，距离为 l_0，S-R 装置浸泡在水里，已知静水的折射率为 n，水流速度为 $\boldsymbol{v}$，在流水方向平行和垂直于 S-R 连线的两种情况下，分别计算光源发出讯号到接收器收到讯号的时间。

4-6　如图所示，一平面镜以速度 v 自右向左运动，一束频率为 ω_0 的平面光波自左向右传播，被镜子迎面垂直反射，根据二次 Doppler 效应，求反射光波的频率 ω。

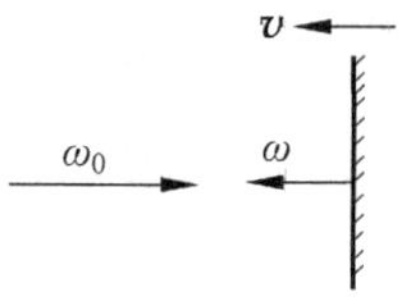

习题 4-6 图

4-7　求 proca 方程(见习题 3-13)的色散关系、平面波解特性，它是否有纵波解？

4-8　证明在以下的两种介质中电磁波不能传播：

(1) $\varepsilon>0$，但 $\mu<0$；

(2) $\varepsilon<0$，但 $\mu>0$。

4-9　证明在介电常量和磁导率均为负数的介质($\varepsilon<0$、$\mu<0$)中电磁波能传播，且计算 $\boldsymbol{E},\boldsymbol{H},\boldsymbol{S},\boldsymbol{k}$ 之间的关系。

4-10　各向异性晶体介质中，若 $\boldsymbol{D},\boldsymbol{E},\boldsymbol{H},\boldsymbol{B}$ 仍按 $e^{i(\omega t-\boldsymbol{k}\cdot\boldsymbol{r})}$ 变化，但 $\boldsymbol{D},\boldsymbol{E}$ 不再平行。

(1) 证明 $\boldsymbol{k}\cdot\boldsymbol{B}=\boldsymbol{k}\cdot\boldsymbol{D}=\boldsymbol{B}\cdot\boldsymbol{D}=\boldsymbol{B}\cdot\boldsymbol{E}=0$，但一般 $\boldsymbol{k}\cdot\boldsymbol{E}\neq0$；

(2) 证明 $\boldsymbol{D}=\frac{1}{\omega^2\mu}[k^2\boldsymbol{E}-(\boldsymbol{k}\cdot\boldsymbol{E})\boldsymbol{k}]$；

(3) 证明 $\boldsymbol{S}=\boldsymbol{E}\times\boldsymbol{H}$ 的方向不在 $\boldsymbol{k}$ 方向上(即电磁波能量传播方向与波面传播方向不相同)。

4-11　已知海水的 $\varepsilon_r\approx80$，$\mu_r=1$，$\sigma=4(\Omega\cdot\mathrm{m})^{-1}$，试计算频率为 50、$10^6$ 和 10^9 Hz 的三种电磁波在海水的导电性能；若视海水为良导体，估算一下其趋肤深度。

4-12　频率为 ω 的平面电磁波垂直入射到电导率 σ 的介质内，

(1) 证明对不良导体($\sigma \ll \omega\varepsilon$),其趋肤深度为$\frac{2}{\sigma}\sqrt{\frac{\varepsilon}{\mu}}$,与频率无关;估算水的趋肤深度;

(2) 证明对良导体($\sigma \gg \omega\varepsilon$),其趋肤深度为$\frac{\lambda}{2\pi}$,$\lambda$ 为导体中的电磁波波长,估算典型金属($\sigma \approx 10^7(\Omega\cdot\mathrm{m})^{-1}$,$\omega \approx 10^{15}\mathrm{s}^{-1}$,$\varepsilon \approx \varepsilon_0$,$\mu \approx \mu_0$)的趋肤深度。

4-13 频率为 ω 的平面电磁波垂直入射到电导率 σ 的良导体表面,在导体内,

(1) 证明电磁波的磁场能量密度平均值远大于电场能量密度平均值;

(2) 证明电磁波能量密度平均值约为$\frac{\beta^2}{2\mu\omega^2}E_0^2\mathrm{e}^{-2\alpha z}$;

(3) 求电磁波相速度,证明它远小于 c;

(4) 求电磁波能流密度瞬时值,并说明它不是一直往前流。

4-14 (1) 如图所示,球面电磁波的电场$\frac{\boldsymbol{E}_0}{r}\mathrm{e}^{\mathrm{i}(\omega t-kr)}$,磁场 $\boldsymbol{B}=\frac{1}{c}\boldsymbol{e}_r\times\boldsymbol{E}$,其中 r 为球心到观察点的径向距离,且 $\boldsymbol{k}=k\boldsymbol{e}_r$,$\boldsymbol{E}\perp\boldsymbol{e}_r$,讨论 $\boldsymbol{E}$、$\boldsymbol{B}$、$\boldsymbol{k}$ 三者关系,计算能流密度、能量密度,证明球面总能流与 r 无关。

(2) 对于偶极辐射,$\boldsymbol{E}_0=A\sin\theta\boldsymbol{e}_\theta$,$A$ 为常数,计算能流密度,在什么方向上辐射最强?什么方向上辐射最弱?总能流是多少?其中立体角 $\mathrm{d}\Omega$ 对应的面元为 $\mathrm{d}\sigma=r^2\mathrm{d}\Omega=r^2\sin\theta\mathrm{d}\theta\mathrm{d}\varphi$。

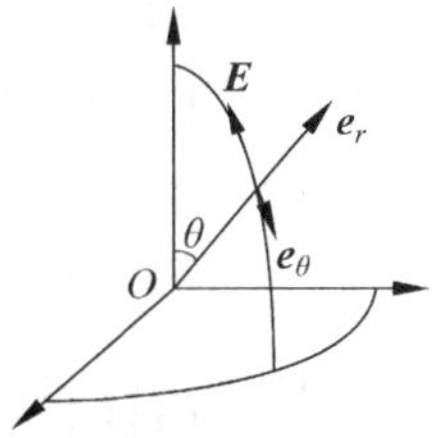

习题 4-14 图

4-15 求出矩形谐振腔的磁场能量密度平均值。

电子与电磁场的相互作用

第5章

电子是最简单的带电粒子，平面电磁波是最简洁优美的运动电磁场，两者组成一个简单的电磁物理系统。电子在电磁场中的运动是电动力学中的一个重要问题，从质谱仪、示波器，到大型的粒子加速器等，都与它有密切关系，带电粒子与平面电磁波相互作用的运动学问题、动力学问题可以完全精确求解。

本章首先讨论平面电磁波规范势，运用简单的办法而非传统的四维变换的方式猜度出在相对论情况下粒子的能量、动量的表达式，然后讨论电子在电磁场中的运动，重点讨论电子在电磁波中的运动学和动力学问题，得到的电磁波散射波长与量子力学的Compton(康普顿)波长公式一致，并且其微分散射截面的散射角分布在行为趋势上与量子场论的结论非常相似。

5.1 平面电磁波的规范势，粒子的动量、能量关系

我们已经知道，对一个电磁系统而言，用电磁规范场$(\varphi,\boldsymbol{A})$来表示电磁场更加方便和深刻，因此可把平面电磁波中的电场、磁场统一用一个规范势场来描述。另外，粒子的质量、动量、能量等牛顿力学中的基本物理量，它们的内涵和关系，应该在相对论的框架下重新审视，使它们能够融入新时空观下的理论体系。

1. 平面电磁波的规范势

一频率为ω的平面电磁波沿$\boldsymbol{n}$方向传播，波矢$\boldsymbol{k}=\frac{\omega}{c}\boldsymbol{n}$，极化(偏振)方向为$\boldsymbol{m}$，即$\boldsymbol{E}=E\boldsymbol{m}$；平面电磁波是横波，有$\boldsymbol{m}\cdot\boldsymbol{n}=0$，即$\boldsymbol{k}\cdot\boldsymbol{E}=0$，且$\boldsymbol{k}\cdot\boldsymbol{B}=0$。

记$\phi=\omega t-\boldsymbol{k}\cdot\boldsymbol{r}+\vartheta=\omega\tau+\vartheta$为电磁波的相位，$\tau=t-\frac{\boldsymbol{k}\cdot\boldsymbol{r}}{\omega}=t-\frac{\boldsymbol{r}\cdot\boldsymbol{n}}{c}$为推迟时，$\vartheta$为初相位。电场和磁场分别为

$\boldsymbol{E}=\boldsymbol{E}_0\cos(\omega\tau+\vartheta)=E_0\boldsymbol{m}\cos(\omega t-\boldsymbol{k}\cdot\boldsymbol{r}+\vartheta)$

$\boldsymbol{B}=\dfrac{1}{c}\boldsymbol{n}\times\boldsymbol{E}$

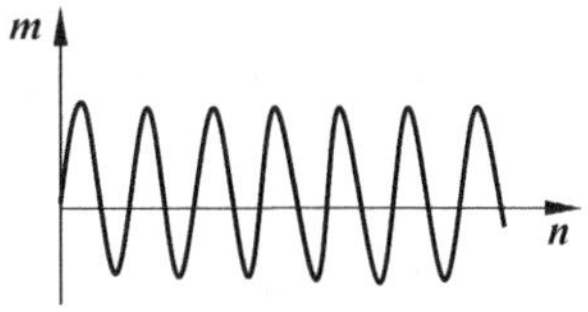

图 5.1 平面电磁波的横波特性

从第 3 章可知,用电磁规范场$(\varphi,\boldsymbol{A})$来描述电磁系统的场分布更加深刻和简洁;另一方面,一组电磁场$(\boldsymbol{E},\boldsymbol{B})$对应无数种电磁规范场$(\varphi,\boldsymbol{A})$。要做到电磁规范场与电磁场一一对应,就要选取恰当的规范,最简单的选取是令 $\varphi=0$,有

$$\boldsymbol{A}=\boldsymbol{A}(\omega\tau)=\boldsymbol{A}(\omega t-\boldsymbol{k}\cdot\boldsymbol{r}),$$

$$\boldsymbol{E}=-\nabla\varphi-\frac{\partial\boldsymbol{A}}{\partial t}=-\frac{\partial\boldsymbol{A}(\omega t-\boldsymbol{k}\cdot\boldsymbol{r})}{\partial t}$$

注意到偏导数与导数的变换,则

$$\boldsymbol{E}=-\omega\frac{\partial\boldsymbol{A}(\omega t-\boldsymbol{k}\cdot\boldsymbol{r})}{\partial(\omega t)}=-\omega\frac{\partial\boldsymbol{A}(\omega t-\boldsymbol{k}\cdot\boldsymbol{r})}{\partial(\omega t-\boldsymbol{k}\cdot\boldsymbol{r})}=-\frac{\mathrm{d}\boldsymbol{A}(\omega\tau)}{\mathrm{d}\tau}\tag{5.1}$$

即

$$\boldsymbol{A}(\tau)=-\int\boldsymbol{E}\,\mathrm{d}\tau=-\frac{\boldsymbol{E}_0}{\omega}\sin(\omega\tau+\vartheta)$$

取初相位为 $\vartheta=-\dfrac{\pi}{2}$,于是平面电磁波可以用规范势描述为

$$\boldsymbol{A}(\tau)=\boldsymbol{A}_0\cos(\omega\tau)=\boldsymbol{A}_0\cos(\omega t-\boldsymbol{k}\cdot\boldsymbol{r})\tag{5.2}$$

其中 $\boldsymbol{A}_0=\dfrac{\boldsymbol{E}_0}{\omega}$,矢量 $\boldsymbol{A}_0$ 的方向平行于 $\boldsymbol{E}_0$ 的方向(偏振方向)。确定了电磁规范势$(\varphi=0,\boldsymbol{A}=\boldsymbol{A}_0\cos(\omega t-\boldsymbol{k}\cdot\boldsymbol{r}))$,则平面电磁波的电场 $\boldsymbol{E}$ 也就随之确定了(见式(5.1)),而磁场 $\boldsymbol{B}$ 同样也就随之确定了,见习题 5-1,即

$$\boldsymbol{B}=\frac{1}{c}\frac{\mathrm{d}\boldsymbol{A}}{\mathrm{d}\tau}\times\boldsymbol{n}\tag{5.3}$$

2. 粒子的动量与能量关系

由于电磁规律(Maxwell 方程组)对时间空间的约束,使得在不同的惯性参考系的时间空间变换,不再遵从 Galileo 变换,而是由 Lorentz 变换取而代之,在新的时空变换下,速度的变换也不再遵从经典速度合成公式。另一方面,诸如动量、角动量、能量等与运动速度相关联的力学量,其惯性参考系的变换却仍未满足 Lorentz 变换的要求,因此,要想物理规律满足相对性原理,就要对这些力学量进行改造,使之符合相对论变换的要求。

能量总是和动量密切联系,在经典物理中,动能和动量分别定义为

$$\varepsilon_{\mathrm{k}}=\frac{1}{2}m_0v^2,$$

$$p=m_0v,$$

其中 m_0 是粒子质量(经典物理认为,质量是与运动无关的恒量,因此也视为静止质量)。

因此动能和动量的关系为 $p=\sqrt{2m_0\varepsilon_k}$,或 $\varepsilon_k=\dfrac{p^2}{2m_0}$。

然而在相对论情况下,情况有所变化。从第4章可知,平面电磁波的能量密度 w 和动量密度 $\boldsymbol{g}$ 有这样的关系:

$$\boldsymbol{g}=\frac{w}{c}\boldsymbol{n}$$

或者 $c^2g^2-w^2=0$,这与经典物理的结论不同。回顾一下,在不同惯性系之间的变换中,保持不变的是二项式,如 $c^2k^2-\omega^2$、$c^2t^2-z^2$,而不是 $ck-\omega$、$ct-z$。

考虑在惯性系 Σ' 中一个绕 z' 轴以速度 $u'_\perp$ 作匀速圆周运动的小球,另一惯性系 Σ 相对于 Σ' 运动,在 Σ 看来,小球作匀速螺旋运动,其横向速度为 $u_\perp$,如图5.2所示。

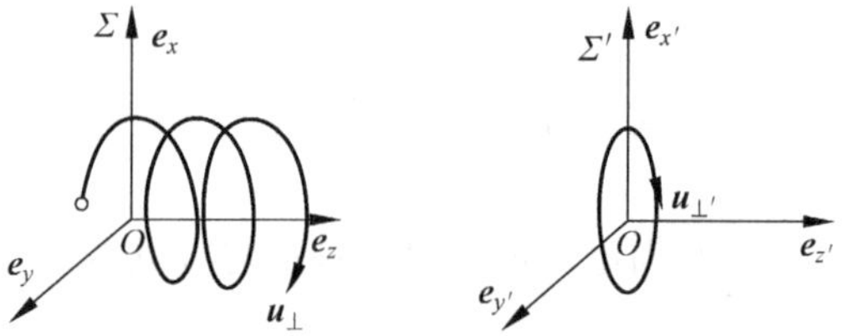

图 5.2 质点在不同惯性系的运动轨迹

与牛顿力学不同,在相对论情况下,小球的质量依赖于测量者(观察者)的状态,对不同惯性系而言,小球的运动速度不一样,因此在不同的惯性系上测量到的小球质量也是不一样的。如果存在一个惯性系,小球相对它是静止的,在此惯性系上测量到的小球的质量就称为静止质量 m_0,它纯粹是一个常数,与运动无关(与惯性系无关)。

另外,由习题4-3可知,运动学关系 $\gamma_u u_\perp=\gamma_{u'}u'_\perp$ 两边同乘以 m_0,得

$$m_0\gamma_u u_\perp=m_0\gamma_{u'}u'_\perp$$

$m_0\gamma_u u_\perp$ 的量纲是动量的量纲,代表着小球的横向动量,因此可确定出在不同的惯性系下小球的横向动量不变,写成 $p_\perp=p'_\perp$。

另外,由于没有外力矩作用,在 Σ' 中小球作匀速圆周运动,其角动量 $\boldsymbol{L}'=\boldsymbol{x}'\times\boldsymbol{p}'=x'p'_\perp\boldsymbol{e}_{z'}$,方向沿 z' 轴;在 Σ 中小球作匀速螺旋运动,其角动量在 z 轴的分量为 $\boldsymbol{L}_z=xp_\perp\boldsymbol{e}_z$,且两惯性系的垂直坐标分量没有发生收缩变化($x=x'$),因此可理解为在不同的惯性系中,小球角动量在沿相对运动方向上的投影分量不变,即 $\boldsymbol{L}_{/\!/}=\boldsymbol{L}'_{/\!/}$。

把这一结论进一步推广,在一个惯性系中运动速度为 $\boldsymbol{u}$ 的物体,其动量可表

示为

$$\boldsymbol{p}=m_0\gamma_u\boldsymbol{u}$$

于是有

$$p^2=m_0^2\gamma_u^2u^2=\frac{m_0^2u^2}{1-u^2/c^2}=m_0^2c^2\gamma_u^2-m_0^2c^2$$

定义 $\varepsilon=m_0c^2\gamma_u$，它具有能量的量纲，上式可写成

$$\varepsilon^2-c^2p^2=m_0^2c^4 \tag{5.4}$$

即 $\varepsilon^2-c^2p^2$ 是一个不随惯性系不同而变化的恒量($m_0^2c^4$)，其微分可写成

$$\varepsilon\mathrm{d}\varepsilon=c^2p\mathrm{d}p \tag{5.5a}$$

由相对性原理可知，所有的物理定律(包括力学的、电磁学的、热学的……)在一切的惯性系中都具有相同的形式。物理规律，或者物理量变化的表述，不因为惯性系的不同而改变，也就是说，力是动量的时间变化率，$\boldsymbol{F}=\dfrac{\mathrm{d}\boldsymbol{p}}{\mathrm{d}t}$，功率(动能的时间变化率)是力与速度的点积，$\dfrac{\mathrm{d}\varepsilon_\mathrm{k}}{\mathrm{d}t}=\boldsymbol{F}\cdot\boldsymbol{u}$，($\varepsilon_\mathrm{k}$ 是系统的动能)，这一点从牛顿力学到相对论并没有改变，变化拓展的是当中的物理量内涵，并且当把光速 c 当成无限大时，相对论力学又回到牛顿力学。因此

$$\frac{\mathrm{d}\varepsilon_\mathrm{k}}{\mathrm{d}t}=\boldsymbol{F}\cdot\boldsymbol{u}=\frac{\mathrm{d}\boldsymbol{p}}{\mathrm{d}t}\cdot\frac{\boldsymbol{p}}{m_0\gamma_u}=\frac{1}{2m_0\gamma_u}\cdot\frac{\mathrm{d}p^2}{\mathrm{d}t}$$

即

$$2\varepsilon\mathrm{d}\varepsilon_\mathrm{k}=c^2\mathrm{d}p^2 \tag{5.5b}$$

比较式(5.5a)和式(5.5b)，得 $\mathrm{d}\varepsilon=\mathrm{d}\varepsilon_\mathrm{k}$，显然 ε 与 ε_k 只差一个常数，表示为 $\varepsilon=\varepsilon_\mathrm{k}+\varepsilon_0$，$\varepsilon_0$ 为常数。

在非相对论情况下，与能量有关的公式应该回到我们熟悉的经典情况，用 Taylor 公式展开式(5.4)到一级近似，假设 $pc\ll m_0c^2$，有

$$\begin{aligned}\varepsilon&=\sqrt{m_0^2c^4+p^2c^2}=m_0c^2\sqrt{1+\frac{p^2}{m_0^2c^2}}\\&\approx m_0c^2\left(1+\frac{1}{2}\cdot\frac{p^2}{m_0^2c^2}\right)=m_0c^2+\frac{p^2}{2m_0}\end{aligned}$$

后一项就是动能项 $\varepsilon_\mathrm{k}=\dfrac{p^2}{2m_0}$，前一项与运动速度无关，于是理解为静止能量 $\varepsilon_0=m_0c^2$，而 $\varepsilon=\varepsilon_\mathrm{k}+\varepsilon_0$ 则顺理成章地理解为系统的总能量了。

式(5.4)称为动量能量关系式，是相对论中一条重要的公式。

总结一下，在相对论情况下，运动速度为 $\boldsymbol{v}$ 的系统的能量公式和动量公式为

$$\varepsilon=m_0\gamma c^2=\frac{m_0c^2}{\sqrt{1-v^2/c^2}} \tag{5.6a}$$

$$\boldsymbol{p} = m_0 \gamma \boldsymbol{v} = m_0 c \gamma \boldsymbol{\beta} \tag{5.7}$$

其中 $\gamma = \dfrac{1}{\sqrt{1-\beta^2}}$ 为相对论因子(γ 略去下标)，$\boldsymbol{\beta} = \dfrac{\boldsymbol{v}}{c}$ 是无量纲归一化速度，通常习惯上也称

$$m = \gamma m_0 = \frac{m_0}{\sqrt{1 - v^2/c^2}} \tag{5.8}$$

为运动质量，因此式(5.6a)也可写成质能关系的公式：

$$\varepsilon = mc^2 \tag{5.6b}$$

既然能量与质量是联系在一起的，因此物质的质量也可以用能量的单位来表示，例如电子的静止质量为 9.109×10^{-31}kg，通常也可表示为 0.511MeV/c^2。

应该指出的是，能量随速度的增加而增加的根源不是来自于物体，而是源自于时空本身的几何性质，正是由于相对论的速度变换，决定了所在的变换空间是双曲的非欧氏空间而非平直的欧氏空间，这种变换导致了能量、动量关系满足式(5.4)，也即能量随速度的增加而增加。

如果粒子从诞生的那一刻起，其运动速度就是光速 c，则根据光速不变性，粒子在任何惯性系的速度都是 c，不存在一个惯性系，粒子相对它是静止的，这种情况可理解为粒子的静止质量为零($m_0 = 0$)。也可以这样理解，当粒子速度为光速时，根据式(5.6a)和(5.7)，虽然 $\gamma \to \infty$，但 $m_0 = 0$，因此粒子能量、动量也是有限的，而 $\lim\limits_{v \to c} \dfrac{\varepsilon}{cp} = \lim\limits_{v \to c} \dfrac{c}{v} = 1$，即

$$\varepsilon = cp \tag{5.6c}$$

5.2　带电体系在电磁场中的运动

一个电磁体系通常会包含数量巨大的带电粒子和外部电磁场，由于带电粒子与电磁场以及带电粒子之间彼此的相互作用，会导致产生附加的感应电磁场，换言之，带电粒子与电磁场是互相影响耦合的，因此体系的运动方程应该是由各个粒子的运动方程与电磁场方程组成的联立方程组，虽然它们一般难以严格求解，但是如果外部电磁场很强，感应场很弱，或者如果带电粒子密度很小，各个粒子的运动独立，彼此无关，则作为近似处理，可以忽略感应场的影响，简化为研究单个带电粒子在给定的外加电磁场中的运动。

假设系统由电荷量为 q 的带电粒子、电磁场 $\boldsymbol{E}$ 和 $\boldsymbol{B}$ 组成，粒子的运动速度为 $\boldsymbol{v}$，则其动量为 $\boldsymbol{p} = m_0 c \gamma \boldsymbol{\beta}$，能量为 $\varepsilon = m_0 c^2 \gamma$，描述带电粒子与电磁场相互作用的动力学基本方程由两个方程组成，一个是 Lorentz 力公式(忽略辐射反作用力 $\boldsymbol{R}$)，另一个是电磁场对带电粒子做功的功能原理(功率方程)，即

$$\boldsymbol{F} = \frac{\mathrm{d}\boldsymbol{p}}{\mathrm{d}t} = \frac{\mathrm{d} m_0 c \gamma \boldsymbol{\beta}}{\mathrm{d}t} = q(\boldsymbol{E} + \boldsymbol{v} \times \boldsymbol{B}) \tag{5.9a}$$

$$\frac{\mathrm{d}\varepsilon}{\mathrm{d}t}=\boldsymbol{F}\cdot\boldsymbol{v}=q(\boldsymbol{E}+\boldsymbol{v}\times\boldsymbol{B})\cdot\boldsymbol{v}=q\boldsymbol{E}\cdot\boldsymbol{v} \tag{5.9b}$$

其中$(\boldsymbol{v}\times\boldsymbol{B})\cdot\boldsymbol{v}\equiv 0$。

只有电场对带电粒子做功,使粒子的运动速率改变,而磁场力永远是垂直于粒子的运动速度,只改变运动方向,不对粒子做功。

应用式(3.18)和式(3.27),Lorentz 力公式(5.9a)用电磁规范势可写为

$$\frac{\mathrm{d}\boldsymbol{p}}{\mathrm{d}t}=q\left[-\nabla\varphi-\frac{\partial\boldsymbol{A}}{\partial t}+\boldsymbol{v}\times(\nabla\times\boldsymbol{A})\right] \tag{5.10}$$

注意到数学上有恒等式$\boldsymbol{v}\times(\nabla\times\boldsymbol{A})=\nabla(\boldsymbol{v}\cdot\boldsymbol{A})-\boldsymbol{v}\cdot\nabla\boldsymbol{A}$。由于矢量势场是时间和空间的函数,$\boldsymbol{A}=\boldsymbol{A}(t,\boldsymbol{r})$,其全微分要同时考虑时间、空间变量变化的贡献,则

$$\mathrm{d}\boldsymbol{A}=\frac{\partial\boldsymbol{A}}{\partial t}\mathrm{d}t+\frac{\partial\boldsymbol{A}}{\partial x}\mathrm{d}x+\frac{\partial\boldsymbol{A}}{\partial y}\mathrm{d}y+\frac{\partial\boldsymbol{A}}{\partial z}\mathrm{d}z=\frac{\partial\boldsymbol{A}}{\partial t}\mathrm{d}t+\nabla\boldsymbol{A}\cdot\mathrm{d}\boldsymbol{r}$$

即

$$\frac{\mathrm{d}\boldsymbol{A}}{\mathrm{d}t}=\frac{\partial\boldsymbol{A}}{\partial t}+\boldsymbol{v}\cdot\nabla\boldsymbol{A} \tag{5.11}$$

把式(5.11)代入式(5.10),可得

$$\frac{\mathrm{d}}{\mathrm{d}t}(\boldsymbol{p}+q\boldsymbol{A})=-q\,\nabla(\varphi-\boldsymbol{v}\cdot\boldsymbol{A}) \tag{5.12}$$

其中等式左边中 $\boldsymbol{p}=m\boldsymbol{v}$,是带电粒子的机械动量,而 $\boldsymbol{p}+q\boldsymbol{A}$ 称为在电磁场中运动的带电粒子的正则动量,等式右边为带电粒子在电磁场中运动感受到的势场力,这个势$(\varphi-\boldsymbol{v}\cdot\boldsymbol{A})$是与速度有关的。

例 5-1 求初始速度为 v_0 的电子在均匀恒定磁场中的运动。

解:如图 5.3 所示,设 $\boldsymbol{B}=B\boldsymbol{e}_z$,且 $\boldsymbol{E}=\boldsymbol{0}$,对于电子,有 $q=-e$,由 Lorentz 力公式(5.9a)和功率方程式(5.9b),有

$$\frac{\mathrm{d}\boldsymbol{p}}{\mathrm{d}t}=m_0c\,\frac{\mathrm{d}\gamma\boldsymbol{\beta}}{\mathrm{d}t}=-ec\boldsymbol{\beta}\times\boldsymbol{B}=-ecB\boldsymbol{\beta}\times\boldsymbol{e}_z$$

$$\frac{\mathrm{d}\varepsilon}{\mathrm{d}t}=m_0c^2\,\frac{\mathrm{d}\gamma}{\mathrm{d}t}=0$$

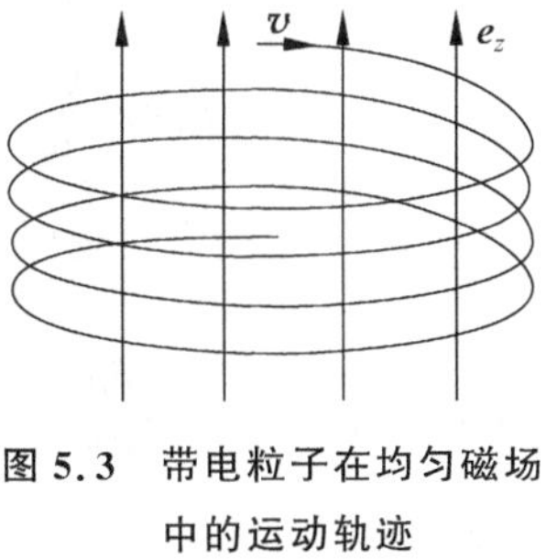

图 5.3 带电粒子在均匀磁场中的运动轨迹

于是,γ 为常数,因此 Lorentz 力公式变为

$$\frac{\mathrm{d}\boldsymbol{\beta}}{\mathrm{d}t}=-\frac{e}{m_0\gamma}\boldsymbol{\beta}\times\boldsymbol{B}=-\frac{eB}{m_0\gamma}\boldsymbol{\beta}\times\boldsymbol{e}_z$$

沿着磁场方向把速度分解成平行和垂直两个方向的分量,即$\boldsymbol{\beta}=\boldsymbol{\beta}_{/\!/}+\boldsymbol{\beta}_{\perp}$,上式分解为

$$\frac{\mathrm{d}\boldsymbol{\beta}_{/\!/}}{\mathrm{d}t}=0$$

$$\frac{\mathrm{d}\boldsymbol{\beta}_{\perp}}{\mathrm{d}t}=-\omega_0\boldsymbol{\beta}_{\perp}\times\boldsymbol{e}_z$$

可见，矢量$\boldsymbol{\beta}_{/\!/}$不变，$\boldsymbol{\beta}_{\perp}$绕磁场 $\boldsymbol{B}$ 的方向以 ω_0 的频率转动，即矢量$\boldsymbol{\beta}$的运动类似于力学问题中的陀螺高速转动时的 Larmor(拉莫尔)进动；相应地，电子在沿 $\boldsymbol{B}$ 方向上作匀速直线运动，在垂直于 $\boldsymbol{B}$ 的方向上作匀速圆周运动，电子的运动轨迹是以磁力线为轴线的等距螺旋线，其中 $\omega_0=\dfrac{eB}{m_0\gamma}$，称为 Larmor 频率，螺距 $h=\beta_{/\!/}c\dfrac{2\pi}{\omega_0}=\dfrac{2\pi m_0\gamma c\beta_{/\!/}}{eB}$。若在磁场中某点发射一束电子束，如果它们的$\boldsymbol{\beta}_{/\!/}$近似相等而$\boldsymbol{\beta}_{\perp}$有所不同，则各个电子沿着不同半径的螺旋线绕磁场运动，经过近似相同的螺距 h 后又重新汇聚在一起，这就是磁聚焦。

例 5-2 若在均匀恒磁场中再叠加上同方向的均匀静电场，$\boldsymbol{E}=E\boldsymbol{e}_z$，求电子的运动。

解：电子运动的基本方程为

$$\frac{\mathrm{d}\boldsymbol{p}}{\mathrm{d}t}=m_0c\frac{\mathrm{d}\gamma\boldsymbol{\beta}}{\mathrm{d}t}=m_0c\gamma\frac{\mathrm{d}\boldsymbol{\beta}}{\mathrm{d}t}+m_0c\boldsymbol{\beta}\frac{\mathrm{d}\gamma}{\mathrm{d}t}=-eE\boldsymbol{e}_z-ecB\boldsymbol{\beta}\times\boldsymbol{e}_z$$

$$\frac{\mathrm{d}\varepsilon}{\mathrm{d}t}=m_0c^2\frac{\mathrm{d}\gamma}{\mathrm{d}t}=-e\boldsymbol{E}\cdot\boldsymbol{v}=-ecE\beta_z$$

联合两式，有

$$m_0c\gamma\frac{\mathrm{d}\boldsymbol{\beta}}{\mathrm{d}t}=-eE\boldsymbol{e}_z-ecB\boldsymbol{\beta}\times\boldsymbol{e}_z+eE\beta_z\boldsymbol{\beta}$$

把速度分解成平行和垂直两个方向的分量：$\boldsymbol{\beta}=\boldsymbol{\beta}_z+\boldsymbol{\beta}_x+\boldsymbol{\beta}_y=\boldsymbol{\beta}_{/\!/}+\boldsymbol{\beta}_{\perp}$，于是

$$m_0c\gamma\frac{\mathrm{d}\beta_{\perp}}{\mathrm{d}t}=eE\beta_{/\!/}\beta_{\perp}-ecB\boldsymbol{\beta}_{\perp}\times\boldsymbol{e}_z \qquad (*)$$

$$m_0c\gamma\frac{\mathrm{d}\beta_{/\!/}}{\mathrm{d}t}=-eE+eE\beta_{/\!/}^2=-eE(1-\beta_{/\!/}^2)$$

且
$$\frac{\mathrm{d}\gamma}{\mathrm{d}t}=-\frac{e\boldsymbol{E}\cdot\boldsymbol{\beta}}{m_0c}=-\frac{eE\beta_{/\!/}}{m_0c}$$

联立后两个方程式，得$\dfrac{\gamma\mathrm{d}\beta_{/\!/}}{\mathrm{d}\gamma}=\dfrac{1-\beta_{/\!/}^2}{\beta_{/\!/}}$，积分，得 $\gamma=\dfrac{A_1}{\sqrt{1-\beta_{/\!/}^2}}$($A_1$ 是积分常数)，代入方程，有

$$m_0c\frac{A_1}{\sqrt{1-\beta_{/\!/}^2}}\frac{\mathrm{d}\beta_{/\!/}}{\mathrm{d}t}=-eE(1-\beta_{/\!/}^2)$$

积分，得

$$\beta_{/\!/}=\sin\left[\arctan\left(\frac{-eE}{m_0cA_1}t+A_2\right)\right] \quad (A_2\ \text{是积分常数})$$

再代入方程(*)，有

$$\frac{\mathrm{d}(\gamma\boldsymbol{\beta})_{\perp}}{\mathrm{d}t}=-\omega_0(\gamma\boldsymbol{\beta})_{\perp}\times\boldsymbol{e}_z$$

可见,电子的运动轨迹仍然是一条螺旋线,但是随着沿电场(轴向)方向速度的增加,能量随之增大(γ 增大),螺距逐渐增大,而横向速度$\boldsymbol{\beta}_{\perp}$逐渐下降。

例 5-3 磁控管是一种用来产生微波的器件,其构造实质上是一个同轴柱形真空二极管,置于纵向恒定磁场 $\boldsymbol{B}$ 中,内外电极的半径分别为 a 和 b,在两极间加上电压 U,电子从管中央的柱形阴极 K 沿径向射出(初速可忽略),在径向电场的作用下被吸引向阳极 A 加速运动,同时在轴向磁场的作用下偏转,如图 5.4 所示。当磁场超过某一临界值时,电子不能到达阳极,阳极电流中断,求临界情况下电场、磁场满足的关系。

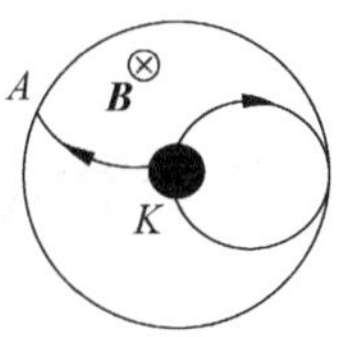

图 5.4 磁控管中的电子运动轨迹

解:应用柱坐标,设磁场为 $\boldsymbol{B}=B\boldsymbol{e}_z$,其对应的 $\boldsymbol{A}$ 势可取为(见习题 3-8)

$$A_r=A_z=0,\quad A_\theta=\frac{1}{2}Br$$

电子速度为$\boldsymbol{v}=\dot{r}\boldsymbol{e}_r+r\dot{\theta}\boldsymbol{e}_\theta+\dot{z}\boldsymbol{e}_z$,对式(5.12)两边点乘虚位移,并且只讨论在切向方向的行为,利用偏导性质$\frac{\partial\boldsymbol{r}}{\partial\theta}=\frac{\partial\dot{\boldsymbol{r}}}{\partial\dot{\theta}}=\frac{\partial\boldsymbol{v}}{\partial\dot{\theta}}=r\boldsymbol{e}_\theta$,$\frac{\mathrm{d}}{\mathrm{d}t}\left(\frac{\partial\boldsymbol{r}}{\partial\theta}\right)=\frac{\partial\dot{\boldsymbol{r}}}{\partial\theta}=\frac{\partial\boldsymbol{v}}{\partial\theta}$,等式左边变为

$$\begin{aligned}
\delta\boldsymbol{r}\cdot\frac{\mathrm{d}}{\mathrm{d}t}(\boldsymbol{p}+q\boldsymbol{A})&=\delta\theta\frac{\partial\boldsymbol{r}}{\partial\theta}\cdot\frac{\mathrm{d}}{\mathrm{d}t}(\boldsymbol{p}+q\boldsymbol{A})=\left[\frac{\mathrm{d}m\boldsymbol{v}}{\mathrm{d}t}\cdot r\boldsymbol{e}_\theta+\frac{\partial\boldsymbol{r}}{\partial\theta}\cdot\frac{q\mathrm{d}\boldsymbol{A}}{\mathrm{d}t}\right]\delta\theta\\
&=\left[\frac{\mathrm{d}}{\mathrm{d}t}(m\boldsymbol{v}\cdot r\boldsymbol{e}_\theta)-m\boldsymbol{v}\cdot\frac{\mathrm{d}}{\mathrm{d}t}\left(\frac{\partial\boldsymbol{r}}{\partial\theta}\right)+\frac{\mathrm{d}}{\mathrm{d}t}(q\boldsymbol{A}\cdot r\boldsymbol{e}_\theta)-q\boldsymbol{A}\cdot\frac{\mathrm{d}}{\mathrm{d}t}\left(\frac{\partial\boldsymbol{r}}{\partial\theta}\right)\right]\delta\theta\\
&=\left[\frac{\mathrm{d}}{\mathrm{d}t}(mr^2\dot{\theta})-m\boldsymbol{v}\cdot\frac{\partial\boldsymbol{v}}{\partial\theta}+\frac{\mathrm{d}}{\mathrm{d}t}(qrA_\theta)-q\boldsymbol{A}\cdot\frac{\partial\boldsymbol{v}}{\partial\theta}\right]\delta\theta\\
&=\left[\frac{\mathrm{d}}{\mathrm{d}t}(mr^2\dot{\theta}+qrA_\theta)-\frac{\partial}{\partial\theta}\left(\frac{1}{2}m\boldsymbol{v}^2\right)-q\boldsymbol{A}\cdot\frac{\partial\boldsymbol{v}}{\partial\theta}\right]\delta\theta\\
&=\left[\frac{\mathrm{d}}{\mathrm{d}t}(mr^2\dot{\theta}+qrA_\theta)\right]\delta\theta
\end{aligned}$$

其中速度、动能都与角度 θ 无关,使得括号内后两项为零。等式右边变为

$$-q\nabla(\varphi-\boldsymbol{v}\cdot\boldsymbol{A})\cdot\delta\boldsymbol{r}=-q\nabla(\varphi-\boldsymbol{v}\cdot\boldsymbol{A})\cdot\frac{\partial\boldsymbol{r}}{\partial\theta}\delta\theta=-q\frac{\partial(\varphi-\boldsymbol{v}\cdot\boldsymbol{A})}{\partial\theta}\delta\theta=0$$

其中 φ 和$\boldsymbol{v}\cdot\boldsymbol{A}$ 都与角度 θ 无关。结合等式左右两边,因此有

$$mr^2\dot{\theta}+qrA_\theta=C$$

其中 C 为常数。事实上,这就是在电磁场中带电粒子的角动量守恒的表现。

应用初始条件,电子在柱形阴极 K 沿径向射出时,$r=a$,$\dot{\theta}=0$,因此常数 $C=\frac{q}{2}Ba^2$,在临界情况下电子不能到达阳极,此时在 $r=b$ 处电子的径向速度为零,只

有横向速度分量 $v_\theta = r\dot{\theta}$，不为零，由能量守恒定律，电子被电场加速获得的动能为 $\frac{m}{2}v_\theta^2 = |qU|$，代入角动量守恒公式，对于电子，有 $q=-e$，因此在临界情况下电场、磁场满足的关系为

$$\frac{U}{B^2} = \frac{e}{8mb^2}(b^2 - a^2)^2$$

5.3　电子和电磁波的散射相互作用

当一束电磁波投射到自由电子时，电子被电磁波所驱动，其运动轨迹将发生偏转，在横向和纵向方向上都受到加速而摇摆前进，同时电子将不断地向外辐射电磁波，这个过程称为自由电子对电磁波的散射。这种相互作用机制有着许多实际应用，例如利用电磁波驱动电子运动的电子加速器，从加速器出射的高能电子束与激光相互作用的自由电子激光问题，它甚至可以处理物质与 X 射线的散射问题（此处原子中的电子被处理成自由电子，但在可见光波段，必须考虑到电子是被束缚的）。

如图 5.5 所示，有一沿 $\boldsymbol{n}=\boldsymbol{e}_z$ 方向传播的频率为 ω 的平面电磁波，电场为 $\boldsymbol{E}=E(\omega\tau)\boldsymbol{m}$，磁场为 $\boldsymbol{B}=\frac{\boldsymbol{n}}{c}\times\boldsymbol{E}$，因此 $\boldsymbol{m}\perp\boldsymbol{n}$。平面电磁波的 $\boldsymbol{E}$ 和 $\boldsymbol{B}$ 可用矢势 $\boldsymbol{A}(\tau)=\boldsymbol{A}_0\cos(\omega\tau)$来表示，其中 $\boldsymbol{A}_0=A_0\boldsymbol{m}$，$\boldsymbol{m}$ 是平面电磁波的极化（偏振）方向，$\varphi=\omega\tau=\omega t-\boldsymbol{k}\cdot\boldsymbol{r}$ 是电磁波的相位，$\omega=kc$，$\tau=t-\frac{z}{c}=t-\rho_n$ 为电磁波的推迟时，根据式(5.1)，其微分关系有

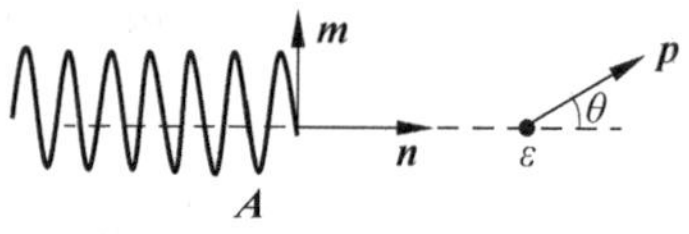

图 5.5　带电粒子对平面电磁波的散射

$$\mathrm{d}\tau = \mathrm{d}t - \frac{\mathrm{d}z}{c} = \mathrm{d}t\left(1-\frac{1}{c}\frac{\mathrm{d}z}{\mathrm{d}t}\right) = (1-\beta_n)\mathrm{d}t = \frac{1}{\delta}\mathrm{d}t, \tag{5.13a}$$

$$\mathrm{d}\boldsymbol{A} = -\boldsymbol{E}\mathrm{d}\tau = -(1-\beta_n)\boldsymbol{E}\mathrm{d}t, \tag{5.13b}$$

其中 $\delta=\frac{1}{1-\beta_n}$为 Doppler 因子。

自由电子以速度$\boldsymbol{v}$ 飞行，其动量为 $\boldsymbol{p}=m_0c\gamma\boldsymbol{\beta}$，能量为 $\varepsilon=m_0c^2\gamma$，则电子的动能为 $\varepsilon_k=\varepsilon-m_0c^2=m_0c^2(\gamma-1)$，定义电子的固有时微分为

$$\mathrm{d}s = \sqrt{1-\beta^2}\,\mathrm{d}t = \frac{1}{\gamma}\mathrm{d}t \tag{5.13c}$$

电子与平面电磁波相互作用的基本方程是 Lorentz 力公式：

$$\boldsymbol{F} = \frac{\mathrm{d}\boldsymbol{p}}{\mathrm{d}t} = -e(\boldsymbol{E}+\boldsymbol{v}\times\boldsymbol{B}) = -e\left[\boldsymbol{E}+\boldsymbol{v}\times\left(\boldsymbol{n}\times\frac{\boldsymbol{E}}{c}\right)\right]$$

$$=-e\left[\boldsymbol{E}-\frac{\boldsymbol{v}\cdot\boldsymbol{n}}{c}\boldsymbol{E}+\frac{\boldsymbol{v}\cdot\boldsymbol{E}}{c}\boldsymbol{n}\right]=-e(1-\beta_n)\boldsymbol{E}-e(\boldsymbol{\beta}\cdot\boldsymbol{E})\boldsymbol{n} \tag{5.14a}$$

即

$$\mathrm{d}\boldsymbol{p}=-e(1-\beta_n)\boldsymbol{E}\mathrm{d}t-e(\boldsymbol{\beta}\cdot\boldsymbol{E})\mathrm{d}t\boldsymbol{n}$$

另一方面，电子由于电磁波做功而获得的功率为

$$\frac{\mathrm{d}\varepsilon_{\mathrm{k}}}{\mathrm{d}t}=\boldsymbol{F}\cdot\boldsymbol{v}=-e(\boldsymbol{E}+\boldsymbol{v}\times\boldsymbol{B})\cdot\boldsymbol{v}=-ec\boldsymbol{\beta}\cdot\boldsymbol{E} \tag{5.14b}$$

于是，两式综合起来，有

$$\mathrm{d}\boldsymbol{p}=\frac{1}{c}\mathrm{d}\varepsilon_{\mathrm{k}}\boldsymbol{n}-e\boldsymbol{E}\mathrm{d}\tau=\frac{1}{c}\mathrm{d}\varepsilon_{\mathrm{k}}\boldsymbol{n}+e\mathrm{d}\boldsymbol{A}$$

积分后，有不变关系：

$$c(\boldsymbol{p}-\boldsymbol{p}_0)=(\varepsilon_{\mathrm{k}}-\varepsilon_{\mathrm{k0}})\boldsymbol{n}+ec(\boldsymbol{A}-\boldsymbol{A}_0) \tag{5.15a}$$

其中 $\boldsymbol{A}_0=\boldsymbol{A}(\tau=0)$，这是自由电子与平面电磁波相互作用的基本方程。为简单起见，假设电子一开始处于静止状态，即 $\boldsymbol{p}_0=\boldsymbol{0}$，$\varepsilon_{\mathrm{k0}}=0$，于是式(5.15a)变为

$$c\boldsymbol{p}=\varepsilon_{\mathrm{k}}\boldsymbol{n}+ec(\boldsymbol{A}-\boldsymbol{A}_0) \tag{5.15b}$$

若把电子的动量沿电磁波传播方向 $\boldsymbol{n}$ 和垂直方向(偏振方向) $\boldsymbol{m}$ 来分解，即

$$\boldsymbol{p}=p_n\boldsymbol{n}+p_m\boldsymbol{m}$$

则在纵向 $\boldsymbol{n}$ 方向上和在横向 $\boldsymbol{m}$ 方向上，有

$$c\mathrm{d}p_n=\mathrm{d}\varepsilon_{\mathrm{k}} \tag{5.16a}$$

$$\mathrm{d}\boldsymbol{p}_m=e\mathrm{d}\boldsymbol{A} \tag{5.16b}$$

从这两个基本公式出发，可以得到一系列自由电子与平面电磁波相互作用的特征。

1. γ-δ 关系

由式(5.16a)，在纵向 $\boldsymbol{n}$ 方向上，积分得

$$cp_n=\varepsilon_{\mathrm{k}}$$

即

$$c(m_0c\gamma\beta_n)=m_0c^2(\gamma-1)$$

于是得

$$\gamma=\frac{1}{1-\beta_n}=\delta \tag{5.17}$$

根据式(5.13a)和式(5.13c)，有

$$\mathrm{d}s=\mathrm{d}\tau,$$

即固有时和推迟时的微分相等。

2. ε_{k}-p 关系

结合式(5.13a)、式(5.14b)和式(5.16b)，式(5.16a)变为

$$c\mathrm{d}p_n = \mathrm{d}\varepsilon_k = -ec\boldsymbol{\beta}\cdot\boldsymbol{E}\mathrm{d}t = -c\gamma\boldsymbol{\beta}\cdot e\boldsymbol{E}\mathrm{d}\tau = \frac{\boldsymbol{p}}{m_0}\cdot\mathrm{d}\boldsymbol{p}_m = \frac{\mathrm{d}p_m^2}{2m_0}$$

即

$$\varepsilon_k = cp_n = \frac{p_m^2}{2m_0} \tag{5.18}$$

式(5.18)给出了一个很有趣的结果，在横向方向 $\boldsymbol{m}$ 上，$\varepsilon_k = \dfrac{p_m^2}{2m_0}$，电子的动能与经典力学中粒子的能量公式相似；而在纵向方向 $\boldsymbol{n}$ 上，$\varepsilon_k = cp_n$，电子的动能动量关系与量子力学中光子的能量公式相似。

进一步，动量的纵向分量的平方与横向分量的平方之比为

$$\frac{p_n^2}{p_m^2} = \frac{\varepsilon_k}{2m_0c^2} = \frac{\varepsilon_k}{2\varepsilon_0}$$

若 $\varepsilon_k \ll \varepsilon_0$，相对而言，此时电子的动能不算大，则 $p_n \ll p_m$，$p \approx p_m$，表明电子速度以横向运动为主，电子的粒子性占主导地位；反之，若 $\varepsilon_k > \varepsilon_0$，此时电子的能量相当大，则 $p_n \gg p_m$，$p \approx p_n$，电子除了有横向的运动之外，纵向的运动起主要作用，电子的波动性占主导地位；这样看来，就不难理解为何电子的粒子性和波动性集于一身了。

3. 能量转换关系

在横向 $\boldsymbol{m}$ 方向上，对式(5.16b)积分得

$$\boldsymbol{p}_m = e(\boldsymbol{A} - \boldsymbol{A}_0)$$

将上式代入式(5.18)，得

$$\varepsilon_k = \frac{p_m^2}{2m_0} = \frac{e^2}{2m_0}(\boldsymbol{A} - \boldsymbol{A}_0)^2 \tag{5.19}$$

若再进一步，设入射的电磁波是沿 $\boldsymbol{e}_z$ 方向传播的圆偏振的平面波，矢势 $\boldsymbol{A}$ 可写为

$$\boldsymbol{A} = A_\mathrm{m}(\boldsymbol{e}_x\cos\phi + \boldsymbol{e}_y\sin\phi)$$

其中 A_m 为平面电磁波的矢势振幅，$\phi = \omega\tau + \alpha$ 为相位，$\phi_0 = \alpha$ 为初相位，因此有

$$(\boldsymbol{A} - \boldsymbol{A}_0)^2 = A_\mathrm{m}^2[(\cos\phi - \cos\phi_0)^2 + (\sin\phi - \sin\phi_0)^2] = 2A_\mathrm{m}^2(1 - \cos\omega\tau)$$

电子动能

$$\varepsilon_k = \frac{e^2A_\mathrm{m}^2}{m_0}(1 - \cos\omega\tau) = \bar{\varepsilon}_k(1 - \cos\omega\tau) \tag{5.20}$$

可见，电子的动能从 0 到 $2\bar{\varepsilon}_k$ 作余弦振荡，其中 $\bar{\varepsilon}_k = \dfrac{e^2A_\mathrm{m}^2}{m_0}$ 是平均动能。很容

易想象，电子的行为就像蠕虫爬行一样，作“快慢交替运动”；与此同时，电子的纵向动量

$$p_n = \frac{\varepsilon_k}{c} = \frac{\bar{\varepsilon}_k}{c}(1 - \cos\omega\tau) \tag{5.21}$$

当然，经过一个周期后，电子动能重新归零，电子的运动并没有从电磁场中获得能量。

4. 电子的运动

为简单起见，定义电子的无量纲的简约动能为

$$\kappa = \frac{\varepsilon_k}{m_0 c^2} \tag{5.22}$$

则

$$\kappa = \gamma - 1 = \delta - 1 = \frac{\beta_n}{1 - \beta_n} = \delta\beta_n = \gamma\beta_n$$

或者

$$\delta = \gamma = 1 + \kappa$$

于是，电子的纵向运动速度为

$$\beta_n = \frac{\kappa}{1 + \kappa} \tag{5.23a}$$

而

$$\varepsilon_k = \frac{p_m^2}{2m_0} = \frac{1}{2}m_0(c\gamma\beta_m)^2 = \frac{1}{2}m_0(c\delta\beta_m)^2$$

因此电子的横向运动速度为

$$\beta_m = \pm\frac{\sqrt{2\kappa}}{1 + \kappa} \tag{5.23b}$$

由于电子动能可分解为常数项和振荡项 $\varepsilon_k = \bar{\varepsilon}_k(1 - \cos\omega\tau) = \bar{\varepsilon}_k + \tilde{\varepsilon}_k$，因此 $\kappa = \bar{\kappa} + \tilde{\kappa}$，$\tilde{\kappa} = -\bar{\kappa}\cos\omega\tau$，根据式(5.13a)，有

$$dt = \delta d\tau = (1 + \kappa)d\tau = (1 + \bar{\kappa} + \tilde{\kappa})d\tau = (1 + \bar{\kappa})d\tau - \bar{\kappa}\cos\omega\tau \cdot d\tau$$

积分，得

$$t = (1 + \bar{\kappa})\tau - \frac{\bar{\kappa}}{\omega}\sin\omega\tau$$

由推迟时 $\tau = t - \frac{z}{c}$，可定出电子的纵向位移为

$$z = \bar{\kappa}c\tau - \frac{\bar{\kappa}c}{\omega}\sin\omega\tau$$

5. 散射辐射

如果设想一下，既然平面电磁波可以驱使电子作快慢交替的“蠕虫运动”，则反过来，这样的变速运动也可驱使电子向周围辐射出电磁波，这个过程称为散射。若这些散射出去的电磁波的频率 ω_s 与入射波的频率 ω 相同，称为正常散射效应，或称为 Thomson（汤姆逊）散射。若散射波的频率 ω_s 不一定与入射波的频率 ω 相同，称为反常散射效应，或称为 Compton（康普顿）散射。这个猜想得到了实验的验证，实验观察到，用 X 射线入射到一系列材料上，被原子中的电子所散射，出射的 X 射线的波长随散射角度 θ 的增大而有所增加。

如图 5.6 所示，一束沿 $\boldsymbol{n}$ 方向传播的频率为 ω 的平面电磁波作用在电子上，电子感受到的入射电磁波的相位变化为

$$\Delta\phi = \omega\Delta\tau = \omega\Delta t(1 - \boldsymbol{\beta}\cdot\boldsymbol{n})$$

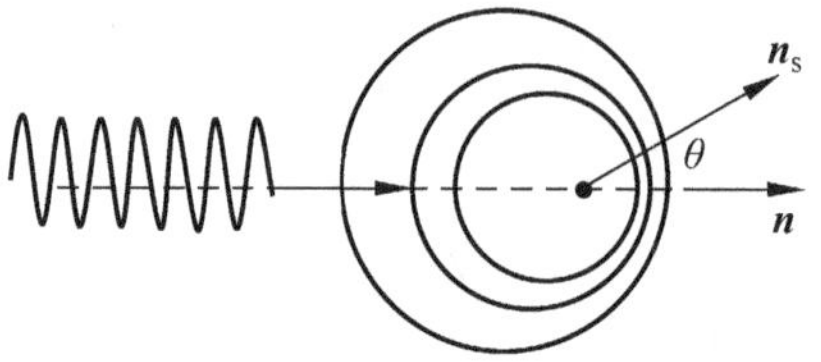

图 5.6　电子被入射电磁波驱动而四周散射电磁波

电子向四周散射电磁波，在 $\boldsymbol{n}_s$ 方向上电子感受到的散射电磁波的相位变化为

$$\Delta\phi_s = \omega_s\Delta t(1 - \boldsymbol{\beta}\cdot\boldsymbol{n}_s)$$

由相位不变性，$\Delta\phi = \Delta\phi_s$，记 $\delta_s = (1 - \boldsymbol{\beta}\cdot\boldsymbol{n}_s)^{-1}$，得

$$\frac{\omega_s}{\omega} = \frac{1 - \boldsymbol{\beta}\cdot\boldsymbol{n}}{1 - \boldsymbol{\beta}\cdot\boldsymbol{n}_s} = \frac{\delta_s}{\delta} \tag{5.24}$$

另外，我们知道，波长是少数几个在实验上能够做到测量精度很高的物理量之一，因此，式(5.24)可改用波长表示为

$$\frac{\lambda_s}{\lambda} = \frac{\omega}{\omega_s} = \frac{1 - \boldsymbol{\beta}\cdot\boldsymbol{n}_s}{1 - \beta_n} = (1 - \boldsymbol{\beta}\cdot\boldsymbol{n}_s)(1 + \kappa)$$

结合式(5.23a)和式(5.23b)，有

$$\begin{aligned}\frac{\lambda_s}{\lambda} &= 1 + \kappa - (1+\kappa)\boldsymbol{\beta}\cdot\boldsymbol{n}_s = 1 + \kappa - (1+\kappa)\beta_n\boldsymbol{n}\cdot\boldsymbol{n}_s - (1+\kappa)\beta_m\boldsymbol{m}\cdot\boldsymbol{n}_s \\ &= 1 + \kappa - \kappa\boldsymbol{n}\cdot\boldsymbol{n}_s \pm \sqrt{2\kappa}\,\boldsymbol{m}\cdot\boldsymbol{n}_s\end{aligned}$$

即

$$\frac{\lambda_s - \lambda}{\lambda} = \kappa(1 - \cos\theta) \pm \sqrt{2\kappa}\sin\theta\cos\varphi \tag{5.25}$$

其中，θ 为散射角（$\boldsymbol{n}_s$ 与 $\boldsymbol{n}$ 的夹角），φ 是极化方向 $\boldsymbol{m}$ 与 $\boldsymbol{n}_s$、$\boldsymbol{n}$ 平面的夹角，如图 5.7 所示，可知 $\boldsymbol{n}\cdot\boldsymbol{n}_s=\cos\theta$，$\boldsymbol{m}\cdot\boldsymbol{n}_s=\sin\theta\cos\varphi$。当散射时间足够长时，$t\to\infty$，$\kappa$ 用 $\bar{\kappa}$ 来代替；若入射波是圆偏振波或者非相干波，由于 φ 的各向同性，或者由于在相位上的无规性，式(5.25)第二项被抵消掉了，因此

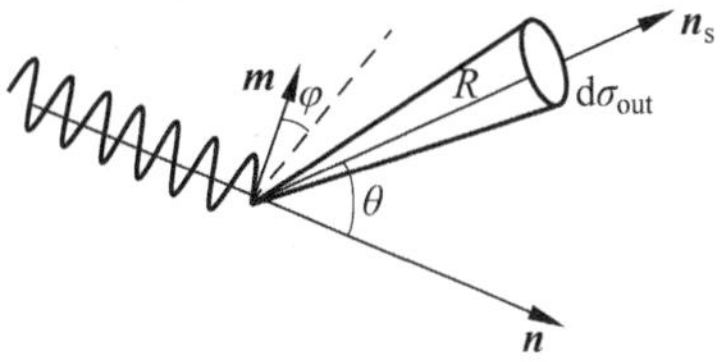

图 5.7 散射波产生的角分布

$$\frac{\lambda_s-\lambda}{\lambda}=\bar{\kappa}(1-\cos\theta) \tag{5.26}$$

进一步，若令 $\bar{\kappa}=\dfrac{\hbar\omega}{m_0c^2}=\dfrac{h}{m_0c\lambda}$，则有

$$\lambda_s-\lambda=\frac{h}{m_0c}(1-\cos\theta) \tag{5.27}$$

这就是著名的 Compton 散射公式，其中 $h=6.63\times10^{-34}\mathrm{J\cdot s}$ 为 Planck（普朗克）常量，是物理学上的一个基本常量。在历史上，Compton 散射是成功验证光的量子性的一个典型实例，这里运用另一种途径——经典电动力学的办法，同样能得到这个公式。

6. 散射微分截面

当一列波或粒子流入射到靶物质上时，入射能流是 $\boldsymbol{S}_{in}$，入射的波或粒子流与靶物质相互作用而朝四面八方散开出去，这个过程称为散射。设 $\bar{S}_{in}$ 是平均入射能流，在空间某处穿过面积元 $d\sigma$ 的功率为 $dP=\bar{S}_{in}\cdot d\sigma$，它将被散射到某个立体角 $d\Omega$ 上，如图 5.8 所示，自然地，$d\sigma$ 越大 $d\Omega$ 就越大，其比例因子 $D(\theta)$ 称为微分散射截面①，即

$$D(\theta)=\frac{d\sigma}{d\Omega}$$

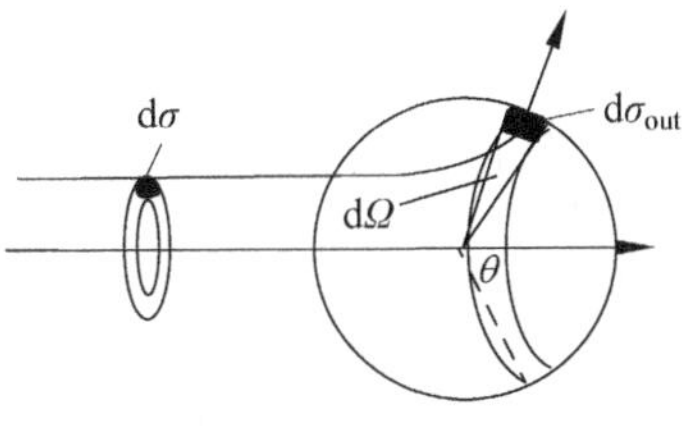

图 5.8 在面积 dσ 入射而散射到立体角 dΩ 的粒子

另一方面，在 $d\Omega$ 中测量到的散射波的功率是 $dP=S_{out}\cdot d\sigma_{out}$，其中 $d\sigma_{out}$ 是立体角对应的面元，S_{out} 是散射波的能流密度，几何上有 $d\sigma_{out}=R^2d\Omega$，R 为靶物质到观察点的距离。定义单位立体角的散射功率为

$$\frac{dP}{d\Omega}=\frac{S_{out}(R^2d\Omega)}{d\Omega}=R^2S_{out}$$

① 原则上它还依赖于方位角 φ，但通常相互作用势能都是球对称的，因此它只依赖于 θ。

称为散射微分功率，而微分散射截面则为

$$\frac{d\sigma}{d\Omega}=\frac{1}{\bar{S}_{in}}\cdot\frac{dP}{d\Omega}=R^2\frac{S_{out}}{\bar{S}_{in}}$$

微分散射截面可理解为单位立体角的散射功率与入射波强度之比，或者又可以这样说，它是一列波或粒子流被散射到立体角 $d\Omega$ 的概率，是散射物在空间的角分布函数，它的量纲与面积的量纲相同。

微分散射截面在粒子物理中是个很重要的物理量，正是入射波或粒子流与靶物质相互作用的形式，决定了入射物质被散射在空间四周的分布情况，通过测量微分散射截面就可以反推出相互作用的形式，而正是依靠它我们才得以了解微观世界中粒子之间相互作用的规律。

当一列电磁波入射到电子上的时候，电子往外散射电磁波。若入射电磁波的能流密度不高（κ 比较小），根据式(5.26)，散射电磁波的波长与入射波的波长几乎相同，是 Thomson 散射，若入射电磁波的能流密度较高（κ 显著不为零），则散射波的频率不一定与入射波的频率相同，而是与散射角度有关，是 Compton 散射。对 Thomson 散射，微分散射截面为①

$$\frac{d\sigma_T}{d\Omega}=r_e^2(1-\cos^2\varphi\sin^2\theta) \tag{5.28}$$

其中 r_e 为经典电子半径。

另一方面，电磁辐射是带电粒子加速运动而产生的，辐射的功率与其运动速度、加速度和辐射的方向有关，加速运动电荷向单位立体角辐射的功率可表示为②

$$\frac{dP(t)}{d\Omega}=\frac{e^2}{16\pi^2\varepsilon_0 c}\left\{\frac{1}{(1-\boldsymbol{\beta}\cdot\boldsymbol{n}_s)^3}\boldsymbol{n}_s\times\left[(\boldsymbol{n}_s-\boldsymbol{\beta})\times\frac{d\boldsymbol{\beta}}{dt}\right]\right\}_{ret}^2 \tag{5.29}$$

ret 表示取推迟时 $\tau=t-R/c$ 的值，并且由上式进一步可导出加速运动电荷辐射功率的角分布公式：

$$\frac{dP}{d\Omega}=\frac{e^2\delta_s^3}{16\pi^2\varepsilon_0 m_0^2c^3\gamma^2}\left[\boldsymbol{F}^2-(\boldsymbol{\beta}\cdot\boldsymbol{F})^2-\frac{\delta_s^2}{\gamma^2}(\boldsymbol{n}_s\cdot\boldsymbol{F}-\boldsymbol{\beta}\cdot\boldsymbol{F})^2\right] \tag{5.30}$$

对于平面电磁波，假设电子的初始状态为静止，应用式(5.14a)和式(5.17)，可得到自由电子对电磁波的 Compton 微分散射截面为

$$\frac{d\sigma}{d\Omega}=r_e^2\left(\frac{\omega_s}{\omega}\right)^4\left\{1-\left(\frac{\omega_s}{\omega}\right)^2\left[\cos^2\varphi\sin^2\theta-2\left(1-\frac{\omega}{\omega_s}\right)(1-\cos\theta)\right]\right\} \tag{5.31a}$$

对比一下量子电动力学的结论（Klein-Nishina 公式）③

---

① （详见参考文献[1] 7.6 节）

② （详见参考文献[1] 7.2 节）

③ （O. Klein and Y. Nishina, Über die Streuung von Strahlung durch freie Elektronen nach der neuen relativistischen Quantendynamik von Dirac, Z. Physik, 1929, 52: 853），我国物理学家赵忠尧最早从实验上验证了这个公式（Chao. C. Y, Scattering of hard γ-rays, Phys. Rev, 1930, 36: 1519）

$$\frac{d\sigma_{K\text{-}N}}{d\Omega}=\frac{r_e^2}{2}\left(\frac{\omega_s}{\omega}\right)^4\left[\frac{\omega_s}{\omega}+\frac{\omega}{\omega_s}-2\cos^2\varphi\sin^2\theta\right] \tag{5.31b}$$

如果入射波是圆偏振波或者非相干波，微分散射截面与 φ 无关，对 φ 求平均，图 5.9 是对经典电动力学得到的微分散射截面式(5.31a)和量子场论得到的结论式(5.31b)作比较。当入射的电磁波能量不高时，散射波的波长与入射波的波长几乎不变，$\omega_s\to\omega$，此时式(5.31a)和式(5.31b)都回到了 Thomson 微分散射截面式(5.28)，则

$$\lim_{\omega_s\to\omega}\frac{d\sigma}{d\Omega}=\lim_{\omega_s\to\omega}\frac{d\sigma_{K\text{-}N}}{d\Omega}=\frac{d\sigma_T}{d\Omega}$$

当入射的平面电磁波能量增大时，Compton 效应逐渐明显，散射波逐渐倾向前方，而向后的散射波减弱，与 Thomson 公式有偏差，从图 5.9 可看到，虽然经典公式(5.31a)和量子场论公式(5.31b)的函数形式差别很大，但它们的散射角分布的行为趋势却又非常相似(尤其在前向散射 $\theta\leqslant60°$部分，两者几乎无差别)。

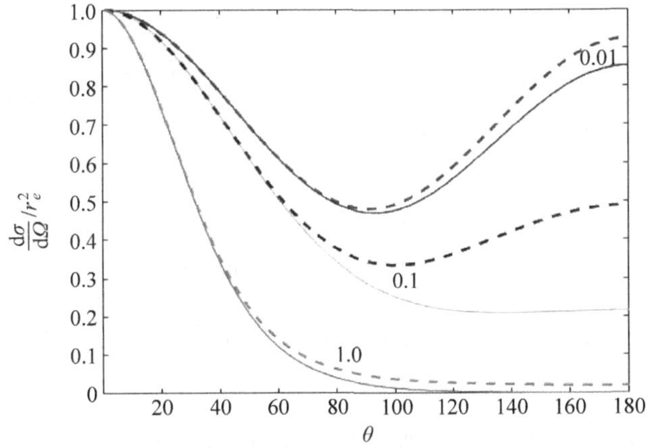

图 5.9　微分散射截面随散射角变化的函数关系

取 $\bar{\kappa}=\dfrac{\hbar\omega}{mc^2}=0.01,0.1,1$，实线为经典公式，虚线为 K-N 公式，已对 φ 求平均

习题 5

5-1　已知线极化平面电磁波的矢势 $\boldsymbol{A}=\boldsymbol{A}_0e^{i\omega\tau}$、标势 $\varphi=0$，其中 $\boldsymbol{k}=k\boldsymbol{e}_z$，$\boldsymbol{A}_0=A_0\boldsymbol{e}_x$，证明：$\boldsymbol{B}=\dfrac{1}{c}\dfrac{d\boldsymbol{A}}{d\tau}\times\boldsymbol{n}$。

5-2　电子的静止质量为 0.511MeV/c^2，在同步辐射加速器储存环中，电子被加速到 5GeV 的能量(1GeV=10^3MeV)，计算此刻电子的运动质量、速度、动量和相对论因子 γ。

5-3　无限长通电直导线产生共轴的同心圆环磁场，$\boldsymbol{B}=B(\rho)\boldsymbol{e}_\theta$，$\rho$ 为柱坐标中

到轴心的距离，相对论性电子在该磁场中运动，速度按柱坐标分解为$\boldsymbol{\beta}=\beta_\rho\boldsymbol{e}_\rho+\beta_\theta\boldsymbol{e}_\theta+\beta_z\boldsymbol{e}_z$，写出电子在三个正交方向上的运动方程，不必求解。

5-4　相对论性电子入射到相互正交的均匀恒定电磁场中，设$\boldsymbol{B}=B\boldsymbol{e}_z$，$\boldsymbol{E}=E\boldsymbol{e}_x$，且$E=cB$，证明电子的运动速度为$(\gamma\beta_x)^2=2\gamma A_y+A_x$，$\gamma\beta_y+\gamma=A_y$，$\gamma\beta_z=A_z$；$A_x$、$A_y$、$A_z$是积分常数（提示：令速度$\boldsymbol{\beta}=\boldsymbol{\beta}'-\boldsymbol{e}_y$）。

5-5　一颗动量为p_0的相对论性电子以入射角度α从下往上斜射入一电容器中，如图所示，已知电容电场的方向垂直向上，证明：

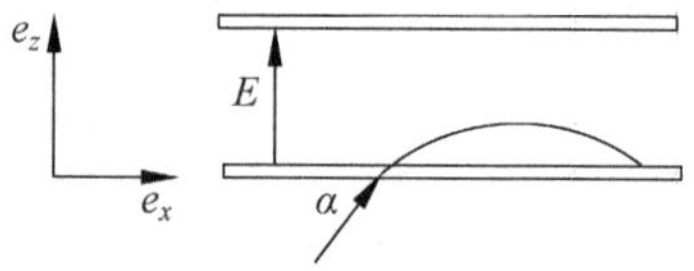

习题 5-5 图

(1) 在水平方向上电子的运动满足$\gamma\beta_x=A_1$（A_1为积分常数）；

(2) 在垂直方向上电子的运动满足$\gamma\dfrac{\mathrm{d}\beta_z}{\mathrm{d}t}=\dfrac{eE}{m_0c}(1-\beta_z^2)$；

(3) 电子的垂直速度与水平位移的关系式为$\dfrac{1}{2}\ln\dfrac{1+\beta_z}{1-\beta_z}=\dfrac{eEx}{m_0c^2A_1}+A_2$（$A_2$为积分常数），并与非相对论情况作比较。

5-6　如图所示，两根长为L的平行导线，左端连接电动势为ε的电池，右端连接电阻R，上下导线都流着相同大小的电流I，但当中载流子的运动速度$v_\pm$和所携带的电荷线密度$n_\pm$不同，考虑相对论效应，证明，上下导线中的载流子的动量差为$\Delta p=\dfrac{LI\varepsilon}{c^2}$。说明：它精确地抵消了电磁场所携带的动量，以致整个系统的总动量恒为零。

5-7　如图所示，无穷长直导线流过电流I，在柱坐标下导线外的矢量势为$\boldsymbol{A}(r)=\dfrac{\mu_0 I}{2\pi}\ln\left(\dfrac{R}{r}\right)\boldsymbol{e}_z$，一电子在$r=b$处垂直射向直导线，若电流足够大，使得电子在$r=a$处径向速度为零，求该处的电子速度。提示：$\boldsymbol{p}+q\boldsymbol{A}$在轴向方向上守恒。

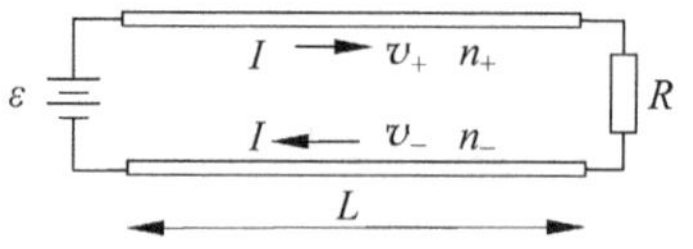

习题 5-6 图

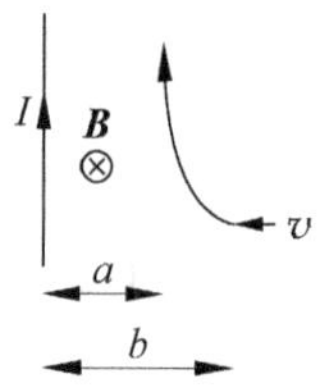

习题 5-7 图

5-8　设入射的电磁波是沿$\boldsymbol{e}_z$方向传播的线偏振的平面波，矢势$\boldsymbol{A}$可写成

$$\boldsymbol{A}=A_m\boldsymbol{e}_x\cos(\omega\tau+\alpha)$$

求自由电子被电磁波散射而获得的动能、平均动能和电子的纵向动量。

电磁变换、相对论性粒子运动学 第6章

电场与磁场是同一个物质的两种不同的具体表现形式，它们应该是作为一个统一的不可分割的整体而客观存在的，在某一个惯性系可以把它分解为这样的电场和磁场两部分，在另一个惯性系又可以把它分解为那样的电场和磁场两部分，正如同时间、空间的测量依赖于观察者的运动状态一样，电磁场的测量也同样依赖于观察者的运动状态。另外，电磁场的相对论变换是一种交叉变换，体现了电场、磁场内在的统一性和不可分割性。

相对论本是电磁理论对时空制约的产物，因此电磁理论自然而然地满足相对论的时空变换要求，在时空变换下方程的形式不变(协变)。可是，在力学范畴里，原本牛顿力学是 Galileo 变换下协变的，因此为了满足相对论的时空变换要求，需要将当中的力学量(例如动量、能量等)和力学规律改造成 Lorentz 变换下协变的。

变换本是物理中一个历久常新的话题，根据相对性原理，所有物理规律对一切惯性系等价，因此在一个惯性系中难以处理的问题，通常我们会将问题作变换，转移到另一个容易解决的惯性系中处理。

本章主要讨论相对论变换，包括在不同惯性参考系之间的电磁场变换、电磁波变换、相对论性粒子的能量动量变换，并以自由电子激光器中电子与波荡器相互作用为例，展示电磁场变换在实际应用中的巧妙运用，最后以粒子的碰撞散射为例，讨论相对论性粒子的运动学。

6.1 电磁场之间的变换

从 Maxwell 方程组可见，电场和磁场遵循的方程形式是对称的(尽管到目前为止没有发现磁单极)。虽然从物理测量而言，电场和磁场表现出来的是两个非常不同的物理量，但从更高层次来说，电场与磁场只不过是同一个物质的两种不同的具体

表现形式而已，因此，电场、磁场之间是可以互相变换的，在一个参考系中观察到的电场，在另一个参考系中就可能表现为电场和磁场，并且在不同的参考系之间，电磁场的变换此消彼长。本节讨论的就是在不同惯性系之间电磁场的变换关系。

先讨论一下电场的变换。以电容器为例，考查一个最简单电磁装置产生的均匀电场。设有边长为 l_0 的一对正方形极板构成的电容器，两个极板上分别均匀地分布着等量异号的电荷，σ' 为极板上的电荷密度。在与电容器相对静止的参考系 Σ' 看来，极板之间的均匀电场为 $\boldsymbol{E}'=\dfrac{\sigma'}{\varepsilon_0}\boldsymbol{e}_n$，其中 $\boldsymbol{e}_n$ 为垂直极板的单位矢量，电场强度只与极板上的电荷密度成正比，与电容器极板之间的距离没关系，如图 6.1(a)所示。

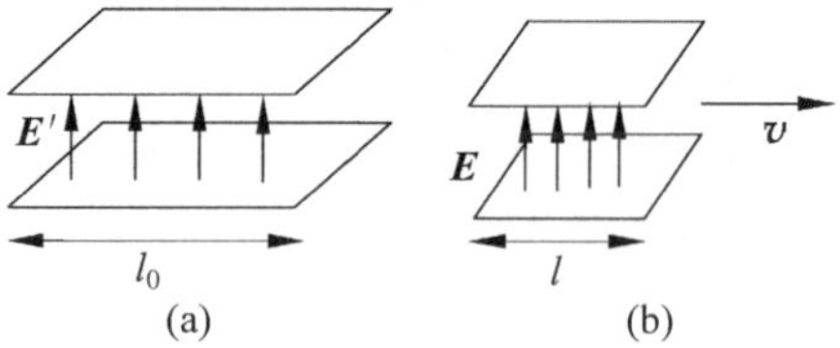

图 6.1　正方形极板电容器

(a) 处于静止状态；(b) 以速度 $\boldsymbol{v}$ 沿极板边长方向运动

在另一个参考系 Σ 来看，如图 6.1(b)所示，电容器沿着其中一条边长方向以速度 $\boldsymbol{v}$ 运动，由相对论的“动尺收缩”效应，沿运动方向的极板长度收缩为 l，且 $l=l_0\sqrt{1-v^2/c^2}=\dfrac{l_0}{\gamma}<l_0$，即极板长度收缩了 γ 倍，但垂直运动方向上的长度(宽度)没有变化，因此整块极板面积收缩了 γ 倍。另一方面，由于电荷守恒，极板上的电荷数目保持不变，因此极板上的电荷密度增大了 γ 倍，$\sigma=\gamma\sigma'>\sigma'$。

假设描述电容器电场规律的公式不变，于是，在另一个参考系 Σ 看来，运动着的电容器中的电场是

$$\boldsymbol{E}=\frac{\sigma}{\varepsilon_0}\boldsymbol{e}_n=\frac{\gamma\sigma'}{\varepsilon_0}\boldsymbol{e}_n=\gamma\boldsymbol{E}'>\boldsymbol{E}'$$

因此，在垂直相对运动方向上，电场的变换为

$$E_{\perp}=\gamma E'_{\perp} \tag{6.1a}$$

同样地，考虑电容器静止、运动的两个参考系，若把电容器的极板转过 90°，使之竖立起来，极板法线方向平行于相对运动方向，如图 6.2 所示，则不论在哪个参考系来看，极板上的电荷密度都一样(电容器极板面积没有缩小，极板之间距离的“动尺收

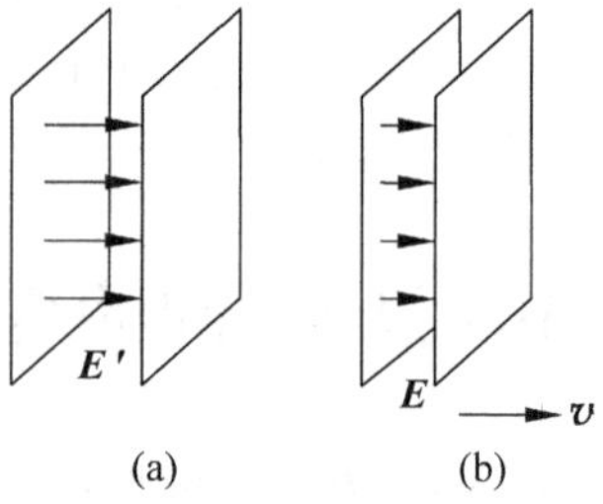

图 6.2　正方形极板电容器

(a) 处于静止状态；

(b) 是以速度 $\boldsymbol{v}$ 沿极板面法向运动

缩”效应并不影响电场强度)，电场强度没有变化。因此，在平行相对运动方向上，电场的变换为

$$E_{/\!/}=E'_{/\!/} \tag{6.1b}$$

进一步讨论磁场的变换。如图 6.3(a)所示，在静止的参考系 Σ'看来，考虑有一垂直纸面的均匀磁场 $\boldsymbol{B}'$，在纸面上作一边长为 l_0 的闭合正方形环路，它所围起来的磁通量就是磁场乘以正方形面积，$\phi'=B'l_0^2$，形象地可认为它是正方形环路所包围着的磁感应线的线条数目，它纯粹是一个数，是一个与观察者所在的惯性系无关的、客观的、相对论不变的量。

另一个相对速度为$\boldsymbol{v}$ 的惯性参考系 Σ 中观察，均匀磁场 $\boldsymbol{B}$ 变成匀速运动(图 6.3(b))，由于相对论的“尺缩效应”，原来的正方形环路收缩变成了矩形环路，面积也减少了 γ 倍，可是磁通量不变(当中包围着的磁力线的数目不变)，$B'l_0^2=\phi'=\phi=Bl_0l=B\dfrac{l_0^2}{\gamma}$，因此测量到的与运动方向垂直的磁场增加了 γ 倍，即

$$B_{\perp}=\gamma B'_{\perp} \tag{6.2a}$$

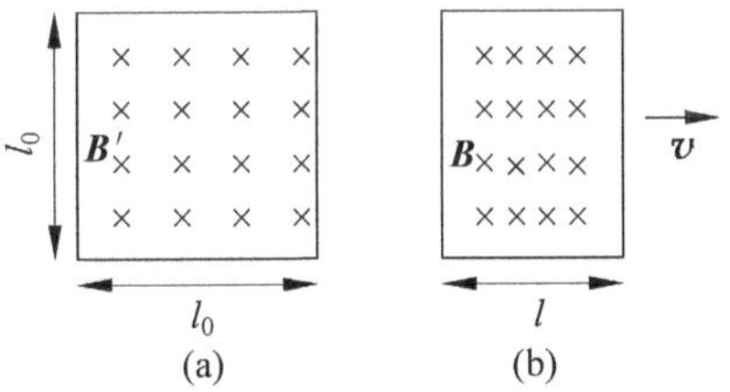

图 6.3 垂直相对运动方向的磁场的变换

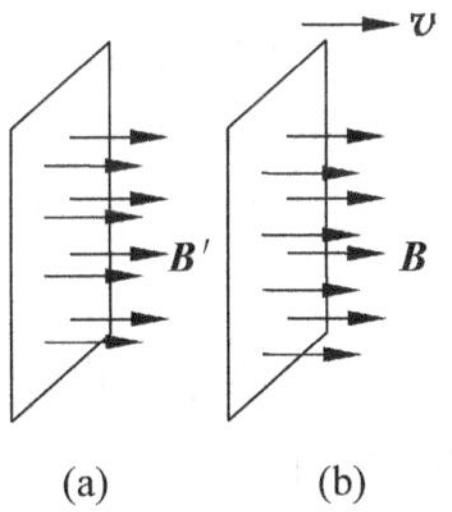

图 6.4 平行相对运动方向的磁场的变换

很容易知道，若磁场的方向与运动方向一致(图 6.4)，则不管在哪个参考系看来，闭合正方形环路所包围的磁通量没有变化，闭合正方形环路所包围的面积也没有变化，即磁场无变化。有

$$B_{/\!/}=B'_{/\!/} \tag{6.2b}$$

再进一步讨论电场与磁场的转换。考虑一个我们熟知的装置，均匀磁场 $\boldsymbol{B}'$相对于参考系 Σ'静止，有一根长为 l、运动速度为$\boldsymbol{v}$ 的金属棒，速度方向同时垂直于棒的轴向和磁场方向，它与金属导轨和用电负载 R 串联起来形成回路，如图 6.5 所示。在参考系 Σ'中，金属棒相对磁场运动，根据 Faraday 电磁感应定律，由于切割磁感应线，整个回路产生的感生电动势为 $\varepsilon'=B'lv$(负载 R 两端的感生电动势为 ε')，金属棒所感受到的轴向电场为 $E'=\dfrac{\varepsilon'}{l}=B'v$。而在与棒固联的运动参考系 Σ 中，磁场以速度$-\boldsymbol{v}$ 运动，棒的轴向电场增大为 $E=\gamma E'=\gamma B'v$，再考虑方向，因此在相对磁场运动的参考系 Σ 中，观测到电场变化。即

$$\boldsymbol{E} = -\gamma(-\boldsymbol{v}) \times \boldsymbol{B}' \tag{6.3}$$

另外，考虑两个带电各为 q_1 和 q_2 相距为 d 的点电荷。为方便起见，设两个点电荷都是正电荷，在 Σ' 惯性参考系中观察（图 6.6(a)），两电荷相对静止，显然它们之间的相互作用力为 Coulomb 排斥力，电荷 q_1 所感受到的力

$$\boldsymbol{F}' = q_1 \boldsymbol{E}' = \frac{q_1 q_2}{4\pi\varepsilon_0 d^2} \boldsymbol{e}_\perp \text{。}$$

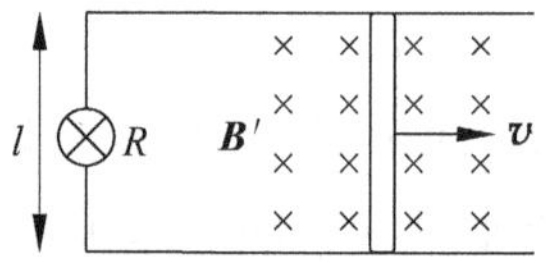

图 6.5　在磁场中切割磁力线运动的金属棒

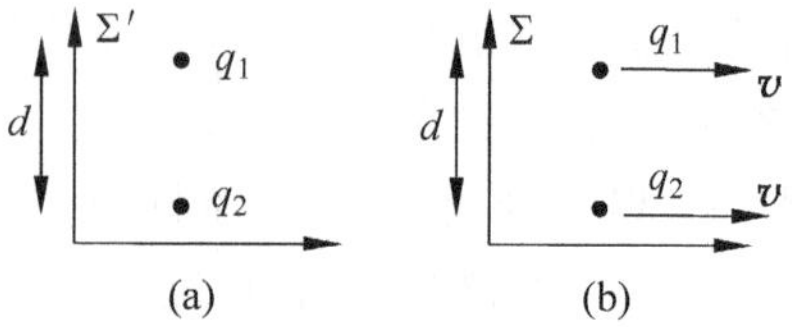

图 6.6　一对电荷

(a) 静止于参考系；(b) 相对参考系匀速运动

其中 $\boldsymbol{e}_\perp$ 是指向落在两点电荷连线上的单位矢量。而在另一相对于 Σ' 系运动的惯性参考系 Σ（图 6.6(b)）中观测到，两电荷均以速度 v 并肩而行，形成同向电流，且运动方向垂直于两点电荷连线（在此参考系中各电荷量并没有变化）。一方面，在垂直于相对运动方向，电荷本身依附的电场增大了 γ 倍，因此 Coulomb 排斥力也增加了 γ 倍，电荷 q_1 所感受到的电场排斥力为

$$\boldsymbol{F}_\mathrm{e} = q_1 \boldsymbol{E} = q_1 \gamma \boldsymbol{E}' = \gamma \boldsymbol{F}'$$

另一方面，两惯性系中电荷的运动有横向运动关系 $\gamma v_\perp = \gamma' v'_\perp$（见习题 4-3），其横向动量相等，即

$$p_\perp = m_0 \gamma v_\perp = m_0 \gamma' v'_\perp = p'_\perp,$$

两个惯性系中电荷作用力分别为 $F = \frac{\mathrm{d}p}{\mathrm{d}t} = \frac{\mathrm{d}p_\perp}{\mathrm{d}t}$，$F' = \frac{\mathrm{d}p'}{\mathrm{d}t'} = \frac{\mathrm{d}p'_\perp}{\mathrm{d}t'}$，其中 $t' = \tau_s$ 是固有时，两个惯性系的时间微分关系为 $\mathrm{d}t = \gamma \mathrm{d}t'$，则两惯性系中电荷作用力有关系：

$$F_\perp = \frac{1}{\gamma} F'_\perp$$

这是有意思的结果，横向动量不变，可是横向力却变化了 $1/\gamma$ 倍。

也就是说，在惯性系 Σ 看来，一方面电荷的运动导致电场力增大了 γ 倍，另一方面，总的受力（横向力）却又减少了 γ 倍，因此，必定存在另一个吸引力 F_m 来抵消所增加的排斥力，使得

$$F_\perp = F_\mathrm{e} - F_\mathrm{m} = \frac{1}{\gamma} F'_\perp$$

即对于电荷 q_1，有

$$F_\mathrm{m} = F_\mathrm{e} - F_\perp = q_1 \gamma \boldsymbol{E}' - \frac{1}{\gamma} q_1 \boldsymbol{E}' = \left(\gamma - \frac{1}{\gamma}\right) q_1 E' = \gamma \beta^2 q_1 E'$$

一方面这个吸引力 F_m 与 q_1 的电荷量有关，另一方面也与其运动速度 v 有关，写为

$$F_m = q_1 v B$$

其中 B 与另一电荷 q_2 的运动有关，即

$$B = \frac{F_m}{q_1 v} = \frac{v}{c^2}\gamma E' = \frac{\gamma v q_2}{4\pi\varepsilon_0 d^2 c^2} = \frac{\mu_0 \gamma v q_2}{4\pi d^2}$$

为运动电荷 q_2 产生的磁场。考虑到作用力的方向，上式改写为

$$\boldsymbol{B} = \frac{\boldsymbol{v}}{c^2} \times \gamma \boldsymbol{E}' \tag{6.4}$$

于是，在惯性系 Σ 中，电荷 q_1 所受的力为

$$\boldsymbol{F}_{\perp} = \boldsymbol{F}_e - \boldsymbol{F}_m = q_1 \boldsymbol{E} + q_1 \boldsymbol{v} \times \boldsymbol{B}$$

或者可以说，在一个惯性系中静止电荷所受的 Coulomb 力，变换到另一惯性系中就是运动电荷所受的 Lorentz 力。

从上述讨论，可以加深对磁场的产生的理解。磁场产生的根源是在于相对论效应，若相对论效应不存在，则 $\gamma \equiv 1$，电场力没有放大，总横向力也没有减少，于是这个吸引力 F_m 就不存在了，也就没必要存在磁场了。当然，也可以反过来说，正是电场和磁场的存在共同决定的电磁规律（Maxwell 方程组）对时空的制约，才导致了相对论时空的产生，如果没有电场或者磁场，就没有电磁波，相对论时空也就不复存在了。

把式(6.1a)～式(6.4)综合起来，在普适情况下，不同惯性系中电磁场的变换是

$$E_{/\!/} = E'_{/\!/}$$

$$B_{/\!/} = B'_{/\!/}$$

$$E_{\perp} = \gamma(\boldsymbol{E}' - \boldsymbol{v} \times \boldsymbol{B}')_{\perp} \tag{6.5a}$$

$$B_{\perp} = \gamma\left(\boldsymbol{B}' + \frac{\boldsymbol{v}}{c^2} \times \boldsymbol{E}'\right)_{\perp} \tag{6.5b}$$

其中 $/\!/$ 和 $\perp$ 分别表示与两惯性系之间的相对速度 $\boldsymbol{v}$ 平行和垂直的分量。或者把上面 4 个公式合并写为

$$\boldsymbol{E} = \gamma(\boldsymbol{E}' - \boldsymbol{v} \times \boldsymbol{B}') - \frac{\gamma^2}{\gamma+1}(\boldsymbol{\beta} \cdot \boldsymbol{E}')\boldsymbol{\beta} \tag{6.6a}$$

$$\boldsymbol{B} = \gamma\left(\boldsymbol{B}' + \frac{\boldsymbol{v}}{c^2} \times \boldsymbol{E}'\right) - \frac{\gamma^2}{\gamma+1}(\boldsymbol{\beta} \cdot \boldsymbol{B}')\boldsymbol{\beta} \tag{6.6b}$$

从式(6.6)可看出，电场的变换中包含着磁场，磁场的变换中也包含着电场，电磁场的变换是一种交叉变换，体现了电场、磁场内在的统一性和不可分割性。反过来，这样的变换保证了 Maxwell 方程组在不同惯性系变换中的形式不变（协变性）。

选取 Maxwell 方程组中的式(M0)和式(MF)验证其协变性。先确定矢量微分

算符∇的三个直角坐标分量$\frac{\partial}{\partial x}$、$\frac{\partial}{\partial y}$、$\frac{\partial}{\partial z}$以及$\frac{\partial}{\partial t}$的相对论变换公式。根据 Lorentz 时空变换式(4.20)，有

$$\begin{cases}\frac{\partial}{\partial x'}=\frac{\partial}{\partial x},\\ \frac{\partial}{\partial y'}=\frac{\partial}{\partial y},\\ \frac{\partial}{\partial z'}=\frac{\partial z}{\partial z'}\frac{\partial}{\partial z}+\frac{\partial t}{\partial z'}\frac{\partial}{\partial t}=\gamma\frac{\partial}{\partial z}+\gamma\frac{v}{c^2}\frac{\partial}{\partial t},\\ \frac{\partial}{\partial t'}=\frac{\partial z}{\partial t'}\frac{\partial}{\partial z}+\frac{\partial t}{\partial t'}\frac{\partial}{\partial t}=\gamma v\frac{\partial}{\partial z}+\gamma\frac{\partial}{\partial t}\end{cases}\tag{6.7}$$

在 Σ 惯性系中，直角坐标系下式(M0)和式(MF)可展开为

$$\frac{\partial B_x}{\partial x}+\frac{\partial B_y}{\partial y}+\frac{\partial B_z}{\partial z}=0$$

$$\frac{\partial E_z}{\partial y}-\frac{\partial E_y}{\partial z}=-\frac{\partial B_x}{\partial t}$$

$$\frac{\partial E_x}{\partial z}-\frac{\partial E_z}{\partial x}=-\frac{\partial B_y}{\partial t}$$

$$\frac{\partial E_y}{\partial x}-\frac{\partial E_x}{\partial y}=-\frac{\partial B_z}{\partial t}$$

在 Σ′惯性系中，利用时空微分算符变换式(6.7)，结合式(6.2b)和式(6.5a)的逆变换(用$-\boldsymbol{v}$代替$\boldsymbol{v}$)，电场旋度的其中一个分量可写为

$$\begin{aligned}\frac{\partial E'_y}{\partial x'}-\frac{\partial E'_x}{\partial y'}&=\frac{\partial}{\partial x}\gamma(E_y+vB_x)-\frac{\partial}{\partial y}\gamma(E_x-vB_y)\\&=\gamma\left(\frac{\partial E_y}{\partial x}-\frac{\partial E_x}{\partial y}\right)+\gamma v\left(\frac{\partial B_x}{\partial x}+\frac{\partial B_y}{\partial y}\right)\\&=-\gamma\frac{\partial B_z}{\partial t}-\gamma v\frac{\partial B_z}{\partial z}=-\frac{\partial B_z}{\partial t'}=-\frac{\partial B'_z}{\partial t'}\end{aligned}$$

其余两分量也可以用同样的方法验证。另外，利用时空微分算符变换式(6.7)，结合式(6.2b)和式(6.5b)的逆变换(用$-\boldsymbol{v}$代替$\boldsymbol{v}$)，磁场散度可写为

$$\begin{aligned}\nabla'\cdot\boldsymbol{B}'&=\frac{\partial B'_x}{\partial x'}+\frac{\partial B'_y}{\partial y'}+\frac{\partial B'_z}{\partial z'}\\&=\frac{\partial}{\partial x}\gamma\left(B_x+\frac{v}{c^2}E_y\right)+\frac{\partial}{\partial y}\gamma\left(B_y-\frac{v}{c^2}E_x\right)+\gamma\frac{\partial B_z}{\partial z}+\gamma\frac{v}{c^2}\frac{\partial B_z}{\partial t}\\&=\gamma\left(\frac{\partial B_x}{\partial x}+\frac{\partial B_y}{\partial y}+\frac{\partial B_z}{\partial z}\right)+\gamma\frac{v}{c^2}\left(\frac{\partial E_y}{\partial x}-\frac{\partial E_x}{\partial y}+\frac{\partial B_z}{\partial t}\right)\\&=\gamma\nabla\cdot\boldsymbol{B}+\gamma\frac{v}{c^2}\left(\nabla\times\boldsymbol{E}+\frac{\partial\boldsymbol{B}}{\partial t}\right)_z=0\end{aligned}$$

因此，在 Σ' 惯性系中，方程式(M0)和式(MF)仍然成立，用同样的方法可以验证另外两条 Maxwell 方程的协变性。

例 6-1 计算匀速运动的点电荷产生的电磁场。

解：原则上，求解电磁场的根本方法是求解 Maxwell 方程组，一般而言，求解此偏微分方程组较为困难，但有了电磁场变换公式，这个问题得以简单解决。

首先在电荷静止参考系 S' 中求出电场分布，结果是熟知的形式：

$$\boldsymbol{E}' = \frac{q}{4\pi\varepsilon_0 R'^2}\boldsymbol{e}_{r'}$$

其中 R' 是在 S' 系中电荷到观察点的距离，指向是 $\boldsymbol{e}_{r'}$，电力线是各向同性均匀球对称分布的，而磁场 $\boldsymbol{B}'=\boldsymbol{0}$(图 6.7(a))。再变换回到原来的运动参考系 S，由电场变换公式可知，在沿相对运动的方向上，电场不变，$\boldsymbol{E}_{/\!/} = \boldsymbol{E}'_{/\!/} = \dfrac{q\cos\theta'}{4\pi\varepsilon_0 R'^2}\boldsymbol{e}_{/\!/}$，在垂直运动方向上，电场增大 γ 倍，$\boldsymbol{E}_{\perp} = \gamma\boldsymbol{E}'_{\perp} = \dfrac{\gamma q\sin\theta'}{4\pi\varepsilon_0 R'^2}\boldsymbol{e}_{\perp}$，电场线的分布如图 6.7(b)所示，不再具有球对称分布了，总电场写为矢量形式：

$$\boldsymbol{E} = \boldsymbol{E}_{\perp} + \boldsymbol{E}_{/\!/} = \frac{q}{4\pi\varepsilon_0 R^2}\,\frac{1-\beta^2}{(1-\beta^2\sin^2\theta)^{3/2}}\boldsymbol{e}_r \tag{6.8a}$$

上式称为 Heaviside(赫维赛德)公式，其中 R 是在 S 系中电荷到观察点的距离，θ 是夹角，指向是 $\boldsymbol{e}_r$，且 $\boldsymbol{e}_{r'} \neq \boldsymbol{e}_r$(见习题 6-2)。同时磁场为(见图 6.7(c))

$$\boldsymbol{B} = \boldsymbol{B}_{\perp} = \gamma\frac{\boldsymbol{v}}{c^2}\times\boldsymbol{E}'_{\perp} = \frac{q\mu_0 v(1-\beta^2)\sin\theta}{4\pi R^2(1-\beta^2\sin^2\theta)^{3/2}}(\boldsymbol{e}_{/\!/}\times\boldsymbol{e}_{\perp}) \tag{6.8b}$$

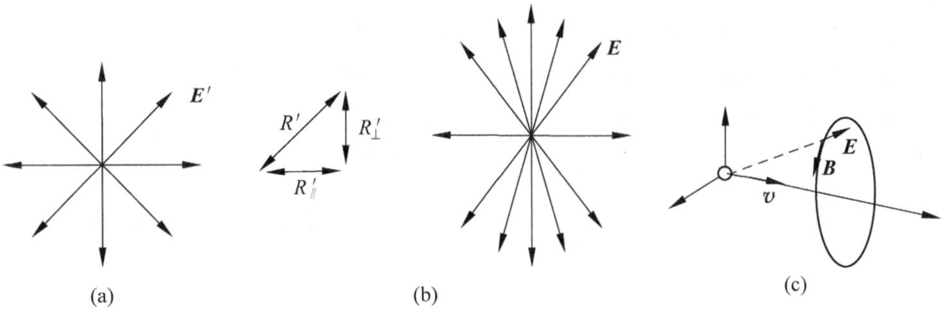

图 6.7 不同运动状态下点电荷的电磁场

静止时的电场(a)和匀速运动时产生的电场、磁场(b)、(c)

在低速情况下，$\beta\approx 0$，式(6.8)回到熟悉的公式：

$$\boldsymbol{E} = \frac{q}{4\pi\varepsilon_0 R^2}\boldsymbol{e}_R,\quad \boldsymbol{B} = \frac{\mu_0 q\,\boldsymbol{v}\times\boldsymbol{e}_R}{4\pi R^2}$$

例 6-2 求一串匀速运动的点电荷(直线电流)产生的磁场。

解：在电荷静止参考系 Σ' 中，电荷沿一直线分布，如图 6.8 所示。取电荷线分

布方向为 $\boldsymbol{e}_z$，记 D 为观察点到直导线的垂直距离，τ' 为导线电荷线密度，在电荷线中截取一段线元，坐标为 z'，到观察点距离为 R'，由几何关系，有 $D=R'\sin\theta'$，$z'=-D\cot\theta'$，当中的电荷元有

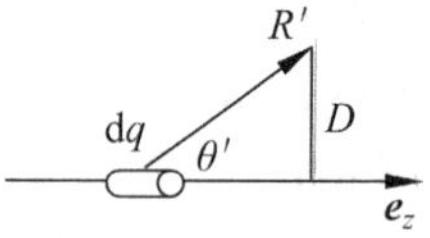

图 6.8　直线电流产生的磁场

$$\mathrm{d}q'=\tau'\mathrm{d}z'=\frac{\tau' D}{\sin^2\theta'}\mathrm{d}\theta'$$

电荷元 $\mathrm{d}q'$ 产生的磁场为零，产生的电场为

$$\mathrm{d}\boldsymbol{E}'=\frac{\mathrm{d}q'}{4\pi\varepsilon_0 R'^2}\boldsymbol{e}_{r'}$$

在实验室参考系 Σ 中，距离 D 都是一样的，运动电荷元产生的磁场为

$$\begin{aligned}\mathrm{d}\boldsymbol{B}&=\gamma\frac{\boldsymbol{v}}{c^2}\times\mathrm{d}\boldsymbol{E}'=\frac{\gamma v\mathrm{d}q'}{4\pi\varepsilon_0 c^2 R'^2}\sin\theta'\boldsymbol{e}_\varphi\\&=\frac{\gamma v\tau'\mathrm{d}\theta'}{4\pi\varepsilon_0 c^2 D}\sin\theta'\boldsymbol{e}_\varphi\end{aligned}$$

对整条直导线积分(相当于 θ' 从 0 变化到 π)，则整条直线电流产生的磁场为

$$\boldsymbol{B}=\int_0^\pi\frac{\gamma v\tau'\sin\theta'}{4\pi\varepsilon_0 c^2 D}\mathrm{d}\theta'\boldsymbol{e}_\varphi=\frac{\mu_0\gamma v\tau'}{2\pi D}\boldsymbol{e}_\varphi$$

考虑到电荷密度的相对论变换，在实验室参考系中，有 $\tau=\gamma\tau'$，且电流为 $I=\tau v$，于是

$$\boldsymbol{B}=\frac{\mu_0 I}{2\pi D}\boldsymbol{e}_\varphi,$$

与第 1 章的结论一致。

例 6-3　点电荷 q_1 静止，点电荷 q_2 以速度 v 沿垂直两电荷连线方向运动，两个点电荷相距 r，如图 6.9 所示，计算两电荷之间的相互作用力。

解：对运动点电荷 q_2 而言，它感受到的只是静电荷 q_1 产生的电场，q_1 对它产生的作用力为 Coulomb 力：

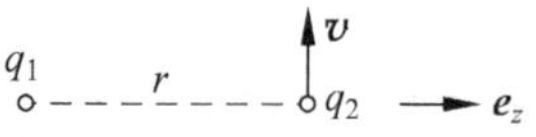

图 6.9　两点电荷的相互作用

$$\boldsymbol{F}_{12}=q_2\boldsymbol{E}_1=\frac{q_1q_2}{4\pi\varepsilon_0 r^2}\boldsymbol{e}_z$$

而在静电荷 q_1 看来，它感受到运动点电荷 q_2 产生的电场和磁场，但只有电场力对相互作用有贡献：

$$\boldsymbol{F}_{21}=q_1\gamma\boldsymbol{E}_2=-\frac{q_1q_2\gamma}{4\pi\varepsilon_0 r^2}\boldsymbol{e}_z$$

显然 $\boldsymbol{F}_{12}\neq-\boldsymbol{F}_{21}$，这一对作用力大小不等，如何理解这一貌似违反牛顿第三定律的结果？原来当两个电荷相对运动时，一般它们会向外辐射出电磁波，而电磁波是携带有动量的，作为整个电磁系统，总动量是电荷的动量之和 $\boldsymbol{p}$ 再加上电磁波的动

量 $\boldsymbol{p}_{\mathrm{em}}=\int_{\infty}\boldsymbol{g}\mathrm{d}V$，其中 $\boldsymbol{g}$ 是电磁波动量密度，其定义见式(4.38)；整体的动量还是守恒的，$\boldsymbol{p}+\boldsymbol{p}_{\mathrm{em}}=\mathrm{const}$，而电荷的总动量变化率就是彼此的相互作用力之和，因此

$$\boldsymbol{F}_{12}+\boldsymbol{F}_{21}=\frac{\mathrm{d}\boldsymbol{p}}{\mathrm{d}t}=-\frac{\mathrm{d}\boldsymbol{p}_{\mathrm{em}}}{\mathrm{d}t}\neq\boldsymbol{0}$$

6.2 介质中的电磁场变换

从 Maxwell 方程组可知，(电、磁)场和(电流、电荷)源是互相关联的，场在不同惯性系的变换意味着源也有相应的变换，下面先讨论源的变换。

设有两个惯性系 Σ 和 Σ'，Σ' 相对于 Σ 的运动速度为 v。电荷的运动形成电流，因此电流、电荷密度的变换离不开速度的变换。在两个惯性系中观察到系统的电荷密度和电荷运动速度分别为 ρ 和 ρ'，$\boldsymbol{u}$ 和 $\boldsymbol{u}'$，则电流密度分别为 $\boldsymbol{J}=\rho\boldsymbol{u}$ 和 $\boldsymbol{J}'=\rho'\boldsymbol{u}'$。

如图 6.10 所示，设一段时间内有电荷量穿过一面元，面元的法向矢量垂直于相对运动方向(设为 $\boldsymbol{e}_x$ 方向)，在两惯性系上，面元的面积分别为 Δs 和 $\Delta s'$，由电流密度的定义，在该方向上，两惯性系观察到的电流密度分别为

$$J_x=\frac{\Delta q}{\Delta t\,\Delta s},\quad J'_x=\frac{\Delta q'}{\Delta t'\,\Delta s'}$$

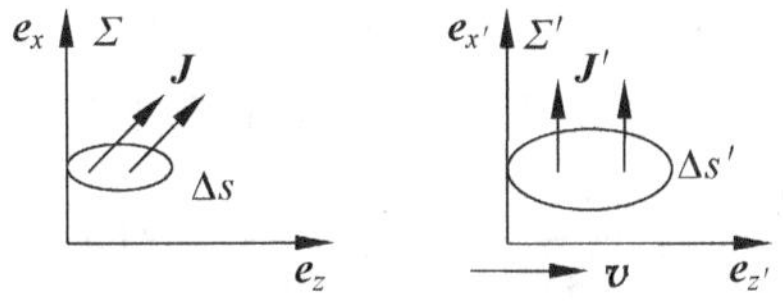

图 6.10　不同惯性系中的电流密度

由电荷守恒定律，不同的惯性系观察到的电荷总数是一个不变量，$\Delta q=\Delta q'$，又根据相对论的动钟延缓效应和尺缩效应，有 $\Delta t=\gamma\Delta t'$，$\Delta s=\Delta s'/\gamma$，因此有

$$J_x=J'_x \tag{6.9a}$$

同理

$$J_y=J'_y \tag{6.9b}$$

即两惯性系的横向电流密度不变。进一步，式(6.9a)可展开为

$$\rho u_x=\rho' u'_x,$$

对比两惯性系的速度变换式(4.22a)，即 $u_x=\dfrac{u'_x}{\gamma\left(1+\dfrac{v}{c^2}u'_z\right)}$，代入上式，得电荷密度的变换为

$$\rho=\gamma\rho'\left(1+\frac{v}{c^2}u'_z\right)=\gamma\left(\rho'+\frac{v}{c^2}J'_z\right) \tag{6.9c}$$

对比两惯性系的速度变换式(4.22c)，$u_z=\dfrac{u'_z+v}{1+\dfrac{v}{c^2}u'_z}$，得纵向电流密度的变换为

$$J_z=\rho u_z=\gamma\rho'(u'_z+v)=\gamma(J'_z+v\rho') \tag{6.9d}$$

式(6.9)的 4 个公式就是两惯性系中电荷密度和电流密度的变换关系。

进一步讨论存在介质的情况下电磁场的变换。在介质中，电场、磁感应强度($\boldsymbol{E}$,$\boldsymbol{B}$)是整个系统总的电荷、电流(包括自由电荷、极化电荷、传导电流、磁化电流、极化电流)产生的全部贡献，因此无论是在真空还是介质中，电场、磁感应强度($\boldsymbol{E}$,$\boldsymbol{B}$)的变换都是一样的，都是式(6.6)。而电位移矢量、磁场($\boldsymbol{D}$,$\boldsymbol{H}$)则可理解为系统自由电荷和传导电流单独产生的贡献。

介质中的 Maxwell 方程组式(MG)和式(MA)，在直角坐标系下可分解为

$$\frac{\partial D_x}{\partial x}+\frac{\partial D_y}{\partial y}+\frac{\partial D_z}{\partial z}=\rho \tag{6.10a}$$

$$\frac{\partial H_z}{\partial y}-\frac{\partial H_y}{\partial z}=J_x+\frac{\partial D_x}{\partial t} \tag{6.10b}$$

$$\frac{\partial H_x}{\partial z}-\frac{\partial H_z}{\partial x}=J_y+\frac{\partial D_y}{\partial t} \tag{6.10c}$$

$$\frac{\partial H_y}{\partial x}-\frac{\partial H_x}{\partial y}=J_z+\frac{\partial D_z}{\partial t} \tag{6.10d}$$

利用式(6.9)的 4 个式子，结合时空微分算符式(6.7)的逆变换(用 $-\boldsymbol{v}$ 代替 $\boldsymbol{v}$)，式(6.10)的方程式(MG)和式(MA)的形式在惯性系 Σ' 中就变换为

$$\frac{\partial D_x}{\partial x'}+\frac{\partial D_y}{\partial y'}+\gamma\frac{\partial D_z}{\partial z'}-\gamma\frac{v}{c^2}\frac{\partial D_z}{\partial t'}=\gamma\left(\rho'+\frac{v}{c^2}J'_z\right) \tag{6.11a}$$

$$\frac{\partial H_z}{\partial y'}-\gamma\frac{\partial H_y}{\partial z'}+\gamma\frac{v}{c^2}\frac{\partial H_y}{\partial t'}=J'_x+\gamma\frac{\partial D_x}{\partial t'}-\gamma v\frac{\partial D_x}{\partial z'} \tag{6.11b}$$

$$\gamma\frac{\partial H_x}{\partial z'}-\gamma\frac{v}{c^2}\frac{\partial H_x}{\partial t'}-\frac{\partial H_z}{\partial x'}=J'_y+\gamma\frac{\partial D_y}{\partial t'}-\gamma v\frac{\partial D_y}{\partial z'} \tag{6.11c}$$

$$\frac{\partial H_y}{\partial x'}-\frac{\partial H_x}{\partial y'}=\gamma(J'_z+v\rho')+\gamma\frac{\partial D_z}{\partial t'}-\gamma v\frac{\partial D_z}{\partial z'} \tag{6.11d}$$

与式(6.10)对比，要使在不同的惯性系 Σ 和 Σ' 中，方程式(MG)和式(MA)的形式保持不变(协变)，可以验证，$\boldsymbol{D}$ 和 $\boldsymbol{H}$ 需要取以下形式：

$$D_x=\gamma D'_x+\gamma\frac{v}{c^2}H'_y,\quad D_y=\gamma D'_y-\gamma\frac{v}{c^2}H'_x,\quad D_z=D'_z,$$

$$H_x=\gamma H'_x-\gamma vD'_y,\quad H_x=\gamma H'_x+\gamma vD'_x,\quad H_z=H'_z$$

写为矢量形式，即

$$\boldsymbol{D}_{/\!/}=\boldsymbol{D}'_{/\!/} \tag{6.12a}$$

$$\boldsymbol{D}_{\perp}=\gamma\left(\boldsymbol{D}'-\frac{1}{c^2}\boldsymbol{v}\times\boldsymbol{H}'\right)_{\perp} \tag{6.12b}$$

$$\boldsymbol{H}_{/\!/}=\boldsymbol{H}'_{/\!/} \tag{6.12c}$$

$$\boldsymbol{H}_{\perp}=\gamma(\boldsymbol{H}'+\boldsymbol{v}\times\boldsymbol{D}')_{\perp} \tag{6.12d}$$

形式上，$(\boldsymbol{D},\boldsymbol{H})$的变换式(6.12)与$(\boldsymbol{E},\boldsymbol{B})$的变换式(6.6)非常类似。

进一步，设在惯性系 Σ'中，介质静止，本构方程式(2.8)成立，变换到 Σ 系，介质的运动速度为$\boldsymbol{v}$，利用式(6.6)的逆变换，则

$$\boldsymbol{D}_{/\!/}=\boldsymbol{D}'_{/\!/}=\varepsilon\boldsymbol{E}'_{/\!/}=\varepsilon\boldsymbol{E}_{/\!/}$$

$$\begin{aligned}\boldsymbol{D}_{\perp}&=\gamma\left(\varepsilon\boldsymbol{E}'-\frac{1}{c^2}\boldsymbol{v}\times\frac{\boldsymbol{B}'}{\mu}\right)_{\perp}=\varepsilon\gamma^2(\boldsymbol{E}+\boldsymbol{v}\times\boldsymbol{B})_{\perp}-\frac{\gamma}{c^2\mu}\left(\boldsymbol{v}\times\gamma\left(\boldsymbol{B}-\frac{\boldsymbol{v}}{c^2}\times\boldsymbol{E}\right)_{\perp}\right)_{\perp}\\&=\varepsilon\gamma^2\boldsymbol{E}_{\perp}+\varepsilon\gamma^2(\boldsymbol{v}\times\boldsymbol{B})_{\perp}-\frac{\gamma^2}{c^2\mu}(\boldsymbol{v}\times\boldsymbol{B})_{\perp}-\frac{\gamma^2v^2}{c^4\mu}\boldsymbol{E}_{\perp}\end{aligned}$$

$$\boldsymbol{H}_{/\!/}=\boldsymbol{H}'_{/\!/}=\frac{1}{\mu}\boldsymbol{B}'_{/\!/}=\frac{1}{\mu}\boldsymbol{B}_{/\!/}$$

$$\begin{aligned}\boldsymbol{H}_{\perp}&=\gamma\left(\frac{\boldsymbol{B}'}{\mu}+\boldsymbol{v}\times\varepsilon\boldsymbol{E}'\right)_{\perp}=\frac{\gamma^2}{\mu}\left(\boldsymbol{B}-\frac{\boldsymbol{v}}{c^2}\times\boldsymbol{E}\right)_{\perp}+\gamma^2\varepsilon(\boldsymbol{v}\times(\boldsymbol{E}+\boldsymbol{v}\times\boldsymbol{B})_{\perp})_{\perp}\\&=\frac{\gamma^2}{\mu}\boldsymbol{B}_{\perp}-\frac{\gamma^2}{\mu c^2}(\boldsymbol{v}\times\boldsymbol{E})_{\perp}+\gamma^2\varepsilon(\boldsymbol{v}\times\boldsymbol{E})_{\perp}-\gamma^2\varepsilon v^2\boldsymbol{B}_{\perp}\end{aligned}$$

将上述 4 式整理后，结合成如下两式：

$$\boldsymbol{D}=\varepsilon\boldsymbol{E}+\gamma^2\left(\varepsilon-\frac{1}{c^2\mu}\right)\left(\frac{v^2}{c^2}\boldsymbol{E}_{\perp}+\boldsymbol{v}\times\boldsymbol{B}\right) \tag{6.13a}$$

$$\boldsymbol{H}=\frac{1}{\mu}\boldsymbol{B}+\gamma^2\left(\varepsilon-\frac{1}{c^2\mu}\right)(-v^2\boldsymbol{B}_{\perp}+\boldsymbol{v}\times\boldsymbol{E}) \tag{6.13b}$$

可见，与介质静止时的本构方程不同，介质运动时 $\boldsymbol{D}$ 与 $\boldsymbol{E}$、$\boldsymbol{B}$ 与 $\boldsymbol{H}$ 之间的关系是交叉的，再也不是简单的线性关系，并且 $\boldsymbol{D}$ 与 $\boldsymbol{E}$、$\boldsymbol{B}$ 与 $\boldsymbol{H}$ 之间并不同向，简单概括为：本构方程式(2.8)不能满足协变要求，它只适用于介质静止的参照系。但另一方面，对运动介质而言，根据式(6.13)，(请读者自己证明)仍可推出 $\delta(\boldsymbol{E}\cdot\boldsymbol{D}+\boldsymbol{H}\cdot\boldsymbol{B})=2(\boldsymbol{E}\cdot\delta\boldsymbol{D}+\boldsymbol{H}\cdot\delta\boldsymbol{B})$，因此能量密度公式(2.7c)：

$$w=\frac{1}{2}\boldsymbol{E}\cdot\boldsymbol{D}+\frac{1}{2}\boldsymbol{B}\cdot\boldsymbol{H}$$

仍然成立。

6.3 电磁波变换

电磁波(尤其是平面电磁波)是集电场、磁场于一身的完美的电磁系统，因此我们研究电磁场的变换，尤其会关注电磁波在不同惯性系的变换，本节将讨论电磁波在不同惯性系中频率、角度、立体角、功率、散射微分功率之间的变换关系，并且讨论介质中电磁波传播的相速度变换和能量传播速度变换。

如图 6.11 所示，设两套惯性系 Σ 和Σ'，Σ'相对Σ 的运动速度为$\boldsymbol{v}=v\boldsymbol{e}_z$。有一束电磁波(光)传播，在 Σ'系的观察者看来，波矢 $\boldsymbol{k}'=k'\boldsymbol{n}'$，频率 $\omega'=k'c$，电磁波传

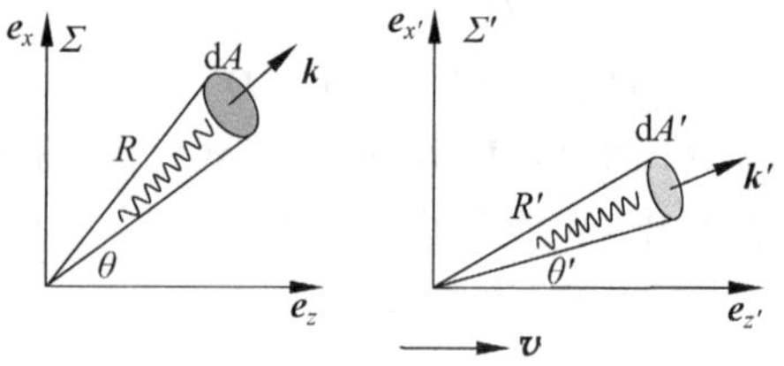

图 6.11 同一束电磁波在不同惯性系的传播

播方向 $\boldsymbol{n}'$ 与相对运动方向 $\boldsymbol{e}_z$ 的夹角为 θ'，有

$$\sin\theta' = \frac{k'_x}{k'}, \quad \cos\theta' = \frac{k'_z}{k'},$$

同样这一束光，在 Σ 系中，波矢 $\boldsymbol{k} = k\boldsymbol{n}$，频率 $\omega = kc$，也有

$$\sin\theta = \frac{k_x}{k}, \quad \cos\theta = \frac{k_z}{k},$$

由第 4 章可知，根据相位不变性，可得到在两套惯性系 Σ 和 Σ′ 下电磁波频率和波矢的变换关系式(4.15)，即

$$\begin{cases} k'_x = k_x \\ k'_y = k_y \\ k'_z = k_z\gamma - \omega\gamma \dfrac{v}{c^2} \\ \omega' = \omega\gamma - k_z\gamma v \end{cases}$$

若在 Σ′系的观察者看来，波源静止，观察到的频率是固有频率，$\omega' = \omega_0$，则

$$\omega' = \omega\gamma\left(1 - \frac{k_z v}{\omega}\right) = \omega\gamma(1 - \beta\cos\theta)$$

即

$$\omega = \frac{\omega_0}{\gamma(1 - \beta\cos\theta)} \tag{6.14}$$

即与在 Σ 系的观察者测量到的频率并不相同，这就是 Doppler 效应（当 $\theta = 0$ 或 $\theta = \pi$ 时，光源背离或迎向观察者，就回到了第 4 章的情况）。另外，当 $\theta = \dfrac{\pi}{2}$ 时，$\omega = \dfrac{\omega_0}{\gamma}$，这不同于经典 Doppler 效应的结论 $\omega = \omega_0$，纯粹是相对论效应的结果。

另外，不同惯性系的观察者测量到的光线（电磁波）传播方向也是不同的，其角度的变换关系为

$$\cos\theta' = \frac{k'_z}{k'} = \frac{k'_z c}{\omega'} = \frac{k_z c\gamma - \omega\gamma\beta}{\omega\gamma - k_z\gamma v} = \frac{\dfrac{k_z}{k} - \beta}{1 - \dfrac{k_z v}{kc}} = \frac{\cos\theta - \beta}{1 - \beta\cos\theta} \tag{6.15a}$$

进一步，电磁波在两个惯性系中传播方向的角度变换也满足(见习题 6-10)：

$$\sin\theta' = \frac{\sin\theta}{\gamma(1-\beta\cos\theta)}, \tag{6.15b}$$

$$\tan\theta' = \frac{\sin\theta}{\gamma(\cos\theta-\beta)} \tag{6.15c}$$

既然不同的观察者测量到的电磁波传播方向不同，因此测量到的电磁波能量传输方向当然也不相同。研究由点源向 $\boldsymbol{n}_s$ 方向的面元 $d\sigma$ 所在的立体角 $d\Omega$ 发射的电磁波(见图 6.12)，由几何可知，立体角对应着一个锥面所围成的空间部分，在 Σ 惯性系中，记 θ 为散射角，φ 为方位角，则立体角元为 $d\Omega=\sin\theta d\varphi d\theta$。

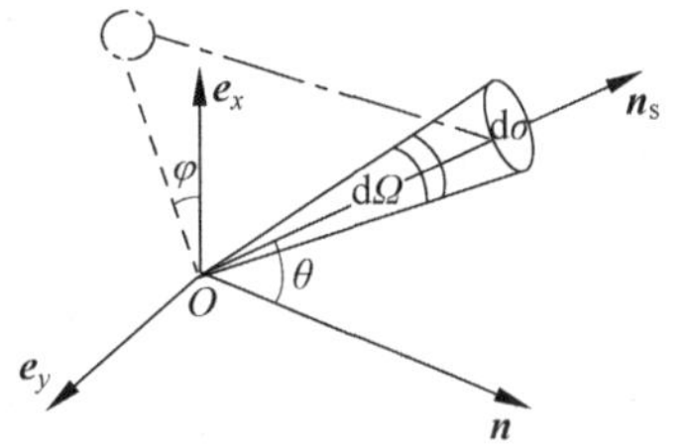

图 6.12 立体角 dΩ 内的电磁波辐射

相应地，在 $\boldsymbol{n}$ 方向上作相对运动的 Σ' 惯性系中，立体角元变为 $d\Omega'=\sin\theta' d\varphi' d\theta'$，$\varphi$ 是在垂直相对运动的 xy 平面上定义的，实际上可取 $\varphi=\varphi'$，结合式(6.15a)，于是

$$\begin{aligned} d\Omega' &= -d\varphi \cdot d\cos\theta \cdot \frac{d\cos\theta'}{d\cos\theta} \\ &= \sin\theta d\varphi d\theta \cdot \frac{1-\beta^2}{(1-\beta\cos\theta)^2} = \frac{1}{\gamma^2(1-\beta\cos\theta)^2} d\Omega \end{aligned} \tag{6.16}$$

式(6.16)是两套惯性系中立体角的变换公式。

进一步讨论电磁波能流密度的变换。根据电磁场变换公式(6.6a)(以 $\boldsymbol{v}$ 取代 $-\boldsymbol{v}$)，得

$$\boldsymbol{E}'^2 = \gamma^2(\boldsymbol{E}+\boldsymbol{v}\times\boldsymbol{B})^2 + \frac{\gamma^4}{(\gamma+1)^2}(\boldsymbol{\beta}\cdot\boldsymbol{E})^2\boldsymbol{\beta}^2 - \frac{2\gamma^3}{\gamma+1}(\boldsymbol{\beta}\cdot\boldsymbol{E})\boldsymbol{\beta}\cdot(\boldsymbol{E}+\boldsymbol{v}\times\boldsymbol{B})$$

而 $\boldsymbol{\beta}\cdot(\boldsymbol{v}\times\boldsymbol{B})=0$，化简后两项，可得到

$$\boldsymbol{E}'^2 = \gamma^2(\boldsymbol{E}+\boldsymbol{v}\times\boldsymbol{B})^2 - \gamma^2(\boldsymbol{\beta}\cdot\boldsymbol{E})^2$$

注意到电磁波 $\boldsymbol{B}=\frac{1}{c}\boldsymbol{n}\times\boldsymbol{E}$，$\boldsymbol{n}\cdot\boldsymbol{E}=0$，且

$$\boldsymbol{v}\times\boldsymbol{B} = \boldsymbol{\beta}\times(\boldsymbol{n}\times\boldsymbol{E}) = (\boldsymbol{\beta}\cdot\boldsymbol{E})\boldsymbol{n} - (\boldsymbol{\beta}\cdot\boldsymbol{n})\boldsymbol{E}$$

有

$$\begin{aligned} \boldsymbol{E}'^2 &= \gamma^2\left[(1-\beta\cos\theta)\boldsymbol{E} + (\boldsymbol{\beta}\cdot\boldsymbol{E})\boldsymbol{n}\right]^2 - \gamma^2(\boldsymbol{\beta}\cdot\boldsymbol{E})^2 \\ &= \gamma^2(1-\beta\cos\theta)^2\boldsymbol{E}^2 \end{aligned}$$

因此能流密度大小的变换为

$$S' = \gamma^2(1-\beta\cos\theta)^2 S \tag{6.17a}$$

而能流密度等于单位面积的电磁波传播功率，因此上式表明，在立体角对应的面积元，单位面积电磁波功率的变换为

$$\frac{\mathrm{d}P'}{\mathrm{d}A'}=\gamma^2(1-\beta\cos\theta)^2\frac{\mathrm{d}P}{\mathrm{d}A} \tag{6.17b}$$

由几何关系 $\mathrm{d}A=\pi(R\mathrm{d}\theta)^2=R^2\mathrm{d}\Omega$，其中在 t 时间内电磁波所走的距离为 $R=ct$（见图 6.11），根据 Lorentz 变换式(4.20)，有

$$R'=ct'=\gamma ct-\gamma\frac{v}{c}z=\gamma(1-\beta\cos\theta)R$$

（注意与习题 6-2 中 R 变换公式的区别）。另外由角度变换式(6.15)，可得

$$\mathrm{d}\theta'=\frac{1}{\gamma(1-\beta\cos\theta)}\mathrm{d}\theta$$

容易发现，两惯性系中电磁波传播的面积元不变，$\mathrm{d}A'=\mathrm{d}A$，因此电磁波功率变换为

$$\mathrm{d}P'=\gamma^2(1-\beta\cos\theta)^2\mathrm{d}P \tag{6.17c}$$

结合式(6.16)，散射微分功率的变换为

$$\frac{\mathrm{d}P'}{\mathrm{d}\Omega'}=\gamma^4(1-\beta\cos\theta)^4\frac{\mathrm{d}P}{\mathrm{d}\Omega} \tag{6.18}$$

在第 4 章我们已经知道，从真空中的 Maxwell 方程组出发，加上相位不变性，得到了时空变换的原则——遵循 Lorentz 变换，这种变换是刚性的，不因为物质的存在与否而有异。准确地说，物质的存在使得时空弯曲，但间隔不变性仍然成立，这是广义相对论的基础。也就是说，在存在介质的情况下，这个时空 Lorentz 变换公式(4.20)同样成立，相位不变性下的频率、波矢关系式(4.15)同样成立。据此，我们可以找出存在介质的情况下，两套惯性系 Σ 和 Σ'之间电磁波频率、波矢的变换关系式。

在 Σ'系的观察者看来，介质相对静止，本构方程式(2.8)成立，色散关系为式(4.44c)，因此

$$k'^2=k_x'^2+k_y'^2+k_z'^2=\mu\varepsilon\omega'^2=\frac{n^2\omega'^2}{c^2}$$

其中 n 是介质的折射率。但是在介质运动的情况下，本构方程式(2.8)不成立，取而代之的是式(6.13)，于是，波动方程不再是协变（形式不变）的了，尽管它们有相同形式的平面波解。利用频率、波矢关系式(4.15)，代入上式，有

$$k_x^2+k_y^2+\left(k_z\gamma-\omega\gamma\frac{v}{c^2}\right)^2=\frac{n^2(\omega\gamma-k_z\gamma v)^2}{c^2}$$

整理可得

$$k^2=\frac{\omega^2}{c^2}+\gamma^2(n^2-1)\left(\frac{\omega}{c}-\boldsymbol{\beta}\cdot\boldsymbol{k}\right)^2 \tag{6.19}$$

这就是运动介质的电磁波色散关系式，从中就可确定运动介质中电磁波传播的相速度 $u=\dfrac{\omega}{k}$。例如，已知静水的折射率为 n，在以速度$\boldsymbol{v}$ 流动的水中，光波传播垂直

于水流方向，$\boldsymbol{\beta}\cdot\boldsymbol{k}=0$，光波的相速度为

$$u_{\perp}=\frac{\omega}{k}=\frac{c}{\gamma\sqrt{n^2-\beta^2}} \tag{6.20a}$$

而在沿着水流的方向上，$\boldsymbol{\beta}\cdot\boldsymbol{k}=\beta k$，化简式(6.19)为

$$(n^2-\beta^2)\frac{\omega^2}{c^2}-2(n^2-1)\beta k\frac{\omega}{c}+(\beta^2n^2-1)k^2=0$$

解出(见习题 6-12)

$$u_{+}=\frac{\omega}{k}=\frac{1+n\beta}{n+\beta}c \tag{6.20b}$$

若光波传播与水流反方向，$\boldsymbol{\beta}\cdot\boldsymbol{k}=-\beta k$(约定 $k>0,\beta>0$)，解出

$$u_{-}=\frac{\omega}{k}=\frac{1-n\beta}{n-\beta}c \tag{6.20c}$$

从中发现，$u_{+}>u_{\perp}>u_{-}$，这表明介质的运动对电磁波的传播有拖曳作用。若介质的运动速度与电磁波在静止介质的相速度相等，对应的 $n\beta$ 等于 1，得 $u_{-}=0$，即在 Σ 系观察不到电磁波的传播了；若 v 更大，对应的 $n\beta$ 大于 1，得 $u_{-}<0$，即在 Σ 系观察发现反向传播的电磁波已被运动介质拖曳沿着正向传播了。

另一方面，射线速度(能流密度与能量密度之比)是描述电磁波的能量传输速度。在静止介质惯性系 Σ' 中，本构方程成立，$\boldsymbol{E}'$ 和 $\boldsymbol{D}'$ 同方向，$\boldsymbol{B}'$ 和 $\boldsymbol{H}'$ 同方向，且 $\boldsymbol{E}'\times\boldsymbol{H}'$ 方向是波的相速度方向，如图 6.13(b)所示，因此在静止介质中，电磁波的射线速度和相速度是相等的(见式(4.43c))。

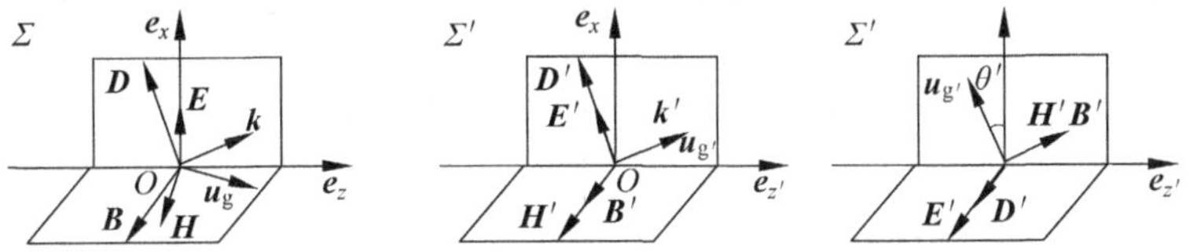

(a) (b) (c)

图 6.13 在不同惯性系传播的电磁波

但在另一惯性系 Σ 中，运动介质虽然仍然具有 $\boldsymbol{E}\perp\boldsymbol{B}$、$\boldsymbol{D}\perp\boldsymbol{H}$、$\boldsymbol{k}\perp\boldsymbol{D}$、$\boldsymbol{k}\perp\boldsymbol{B}$，但是 $\boldsymbol{E}$ 和 $\boldsymbol{D}$、$\boldsymbol{B}$ 和 $\boldsymbol{H}$ 不再是同方向，即 $\boldsymbol{E}\times\boldsymbol{H}$ 的方向并不是 $\boldsymbol{k}$ 的方向，因此，在运动介质中传播的电磁波，射线速度的方向与相速度的方向一般来说并不相同，如图 6.13(a)所示。

基于涉及的能流密度、能量密度变换的复杂性，变换比较繁琐，这里不作详细讨论。只讨论两种特殊情况：

(1) 介质的运动速度 $\boldsymbol{v}$ 与电磁波的射线速度同向，$\boldsymbol{\beta}\cdot\boldsymbol{S}=\beta S$，不妨设 $\boldsymbol{S}=S\boldsymbol{e}_z$，$\boldsymbol{E}=E\boldsymbol{e}_x$，$\boldsymbol{H}=H\boldsymbol{e}_y$，注意到在 Σ' 系电磁波的电场、磁场振幅关系为 $B'=\frac{n}{c}E'$，且有

$\mu\varepsilon=\dfrac{n^2}{c^2}$，$w'=\varepsilon E'^2=\dfrac{1}{\mu}B'^2$，$\boldsymbol{u}'_{\mathrm{g}}=\dfrac{c}{n}$，由式(6.6)和式(6.12)可知，在两个惯性系中，$\boldsymbol{E}$、$\boldsymbol{D}$、$\boldsymbol{B}$ 和 $\boldsymbol{H}$ 都只有垂直相对运动分量。计算得

$$\boldsymbol{E}_{\perp}=\gamma(\boldsymbol{E}'-\boldsymbol{v}\times\boldsymbol{B}')_{\perp}=\gamma(1+\beta n)\boldsymbol{E}'_{\perp}$$

同理

$$\boldsymbol{D}_{\perp}=\gamma\varepsilon\left(1+\frac{\beta}{n}\right)\boldsymbol{E}'_{\perp}$$

$$\boldsymbol{B}_{\perp}=\gamma\left(1+\frac{\beta}{n}\right)\boldsymbol{B}'_{\perp}$$

$$\boldsymbol{H}_{\perp}=\frac{\gamma}{\mu}(1+\beta n)\boldsymbol{B}'_{\perp}$$

于是，电磁波的能流密度和能量密度在两个惯性系的变换分别为

$$\boldsymbol{S}=\boldsymbol{E}_{\perp}\times\boldsymbol{H}_{\perp}=\gamma^2(1+\beta n)^2\boldsymbol{S}'$$

$$w=\frac{1}{2}(\boldsymbol{E}\cdot\boldsymbol{D}+\boldsymbol{B}\cdot\boldsymbol{H})=\gamma^2(1+\beta n)\left(1+\frac{\beta}{n}\right)w'$$

由式(4.37b)知，射线速度为

$$\boldsymbol{u}_{\mathrm{g}/\!/}=\frac{\boldsymbol{S}}{w}=\frac{1+\beta n}{1+\dfrac{\beta}{n}}\boldsymbol{u}'_{\mathrm{g}}=\frac{1+\beta n}{n+\beta}c \tag{6.21a}$$

(2) 介质的运动速度 $\boldsymbol{v}$ 垂直于电磁波的射线速度，$\boldsymbol{\beta}\cdot\boldsymbol{S}=0$，同样设 $\boldsymbol{S}=S\boldsymbol{e}_x$，$\boldsymbol{E}=E\boldsymbol{e}_y$，$\boldsymbol{H}=H\boldsymbol{e}_z$，如图 6.13(c)所示，在 Σ' 系中 $\boldsymbol{E}'$ 和 $\boldsymbol{D}'$ 仍然只有垂直分量，但 $\boldsymbol{B}'$ 和 $\boldsymbol{H}'$ 的垂直、平行分量都不为零，$\boldsymbol{H}=\boldsymbol{H}_{/\!/}=\boldsymbol{H}'_{/\!/}$，且有 $\boldsymbol{H}_{\perp}=\gamma(\boldsymbol{H}'+\boldsymbol{v}\times\boldsymbol{D}')_{\perp}=\boldsymbol{0}$，即

$$\boldsymbol{H}'_{\perp}=-\boldsymbol{v}\times\boldsymbol{D}'=v\varepsilon E'\boldsymbol{e}_x$$

因此

$$\boldsymbol{E}\cdot\boldsymbol{D}=\boldsymbol{E}_{\perp}\cdot\boldsymbol{D}_{\perp}=\gamma^2(\boldsymbol{E}'-\boldsymbol{v}\times\boldsymbol{B}')_{\perp}\cdot\left(\boldsymbol{D}'-\frac{1}{c^2}\boldsymbol{v}\times\boldsymbol{H}'\right)_{\perp}=(1-n^2\beta^2)\varepsilon E'^2$$

$$\boldsymbol{B}\cdot\boldsymbol{H}=\boldsymbol{B}'_{/\!/}\cdot\boldsymbol{H}'_{/\!/}=\mu(\boldsymbol{H}'^2-\boldsymbol{H}'^2_{\perp})=(1-n^2\beta^2)\varepsilon E'^2$$

于是

$$\boldsymbol{S}=\boldsymbol{E}_{\perp}\times\boldsymbol{H}_{/\!/}=\gamma(\boldsymbol{E}'-\boldsymbol{v}\times\boldsymbol{B}')_{\perp}\times\boldsymbol{H}'_{/\!/}=\gamma(1-n\beta)\boldsymbol{S}'_{\perp}$$

$$w=\frac{1}{2}(\boldsymbol{E}\cdot\boldsymbol{D}+\boldsymbol{B}\cdot\boldsymbol{H})=(1-n^2\beta^2)w'$$

另外，要使在 Σ 系中观测到电磁波的能量传播方向垂直于介质的运动速度 $\boldsymbol{v}$，则在 Σ' 静止系中的能量传播速度 $\dfrac{c}{n}$ 方向并不垂直于介质的运动速度，而是有一夹角 θ'，如图 6.13(c)所示，其水平分量为 v，垂直分量为

$$u'_{\mathrm{g}\perp}=\sqrt{\frac{c^2}{n^2}-v^2}=\frac{c}{n}\sqrt{1-n^2\beta^2}$$

因此射线速度为

$$\boldsymbol{u}_{g\perp}=\frac{\boldsymbol{S}}{w}=\gamma\boldsymbol{u}'_{g\perp}=\frac{c}{n}\sqrt{\frac{1-n^2\beta^2}{1-\beta^2}} \tag{6.21b}$$

这些结果表明，电磁波的射线速度与相对论速度变换公式的结论一致（见习题 4.5），且射线速度与相速度一般来说并不相同（介质运动方向与电磁波传播方向一致的情况例外）。一般而言，事实上，我们能测量到的是电磁波的能量传播速度而不是相速度。能量与速度相联系，能量的变换与速度的变换相关联，而相位与时空坐标相联系，相位不变性导致 Lorentz 变换，因此相速度的变换与能量传播的射线速度变换不是一回事。

例 6-4 自由电子与波荡器作用，求电磁场之间的转换。

解： 当一束高能电子束入射到一个由磁铁周期性地排列而构成的装置（称为波荡器）时，电子受磁场的作用在横向方向上呈剧烈摆动，如图 6.14 所示，因而向前辐射出电磁波，若这些辐射电磁波的相位彼此之间有一定的关联，彼此叠加便产生强烈的相干辐射，称为自由电子激光（FEL）。

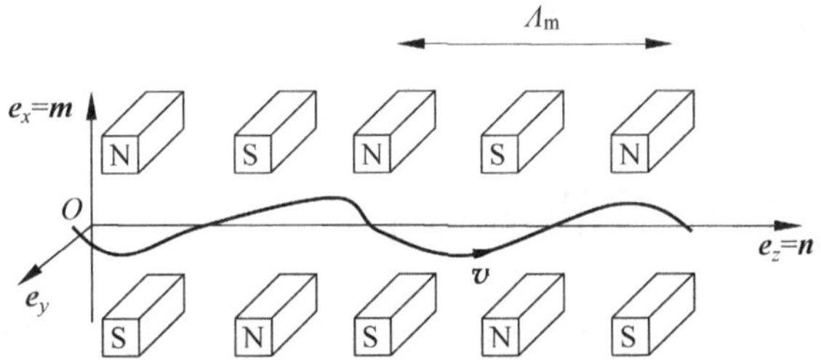

图 6.14 自由电子穿越波荡器的示意图

在实验室参考系，这个由磁铁产生的周期性的静磁场可用正弦函数表示为

$$\boldsymbol{B}=B_m\sin K_m z\cdot\boldsymbol{e}_m$$

其中 $K_m=\dfrac{2\pi}{\Lambda_m}$，$\Lambda_m$ 为磁铁的周期长度。若加速器出射的能量为 $\varepsilon=\gamma m_0c^2$ 的高能电子束沿 $\boldsymbol{n}$ 方向入射到波荡器，其速度为 $\boldsymbol{v}=v\boldsymbol{n}$（通常入射的电子束能量至少是千万电子伏特量级，因此速度接近于光速，$v\approx c$）。现考虑另外一个参照系，初始时它与电子固联，相对静止不动，则在该参考系来看，利用式(6.5)变换，观察到的电场、磁场分别为

$$\boldsymbol{E}'=\gamma(\boldsymbol{v}\times\boldsymbol{B})=\boldsymbol{v}\times\boldsymbol{B}',\quad \boldsymbol{B}'=\gamma\boldsymbol{B}=-\frac{\boldsymbol{n}\times\boldsymbol{E}'}{v}\approx-\frac{\boldsymbol{n}\times\boldsymbol{E}'}{c}$$

即在与电子固联的参考系看到的是一个沿 $-\boldsymbol{n}$ 方向传播的（迎面而来的）线偏振平面电磁波。

进一步，在实验室参考系看来，当电子飞行了 Δz 距离时，它感受到的波荡器磁场起伏变化的相位为 $\Delta\phi=K_m\Delta z$；而在与电子固联的参考系看来，由相位差不

变性，它感受到的平面电磁波的相位变化为 $\Delta\phi=\omega't'-k'z'=K_{\mathrm{m}}\Delta z$；另一方面，由相对论的时空变换式(4.20)，有 $\Delta t'=\gamma\left(\Delta t-\frac{\beta}{c}\Delta z\right)$，$\Delta z'=\gamma(\Delta z-\beta c\Delta t)$，代入并比较两边的系数，有 $\gamma\omega'+\gamma\beta ck'=0$，$\gamma\frac{\beta}{c}\omega'+\gamma k'=-K_{\mathrm{m}}$，即与电子固联的参考系看到的这列迎面而来的线偏振平面波的频率为

$$\omega'=\gamma\beta cK_{\mathrm{m}}=\gamma\beta\frac{2\pi c}{\Lambda_{\mathrm{m}}}$$

电子受到这列平面波的作用，反过来又会向四周散射出电磁波(见 5.3 节)，尤其是沿平面波运动方向的反向(电子运动的前向)散射能流密度极大。再次运用相对论变换到实验室参考系，前向散射辐射的自由电子激光波长为

$$\lambda_{\mathrm{s}}=\Lambda_{\mathrm{m}}\left(1+\frac{D}{2}\right)\left[\gamma^2\beta(1+\beta)\right]^{-1}$$

其中 $D=\left(\frac{eB_{\mathrm{m}}\Lambda_{\mathrm{m}}}{2\pi mc}\right)^2$。例如，对于美国 Los Alamos 实验室 1985 年的 FEL 实验，根据实验数据，有 $\varepsilon=21.7\mathrm{MeV}$，$B_{\mathrm{m}}=3\mathrm{kG}$(千高斯)$=0.3\mathrm{T}$，$\Lambda_{\mathrm{m}}=2.73\mathrm{cm}$，因此有 $\omega'=2.93\times10^{10}\mathrm{s}^{-1}$，$B'_{\mathrm{m}}=1.27\times10^2\mathrm{kG}$，$D=0.585$，$\lambda_{\mathrm{s}}=9.8\mu\mathrm{m}$。

6.4 相对论性粒子的运动学

在高能核物理实验中，两粒子碰撞是一个很普遍的问题，例如在研究原子核和基本粒子的结构时，通常是用一个高能粒子去轰击另一个固定的粒子(称为靶粒子)，或者是用两个高能粒子迎头相撞，以产生核反应或粒子反应。从加速器出来的粒子能量极高，相对论效应极其显著。

正因为粒子具有高能量，碰撞过程中可以发生粒子的产生或湮灭，即产生的末态粒子可以是两个粒子，或可以是包含新粒子的三个或更多个粒子，也可以产生粒子-反粒子对，它们也可以湮灭成没有静止质量的光子，等等。另外还有一种过程，一个粒子(或原子核)衰变成两个或更多个粒子，这些过程都通称为“反应”。本节讨论的是相对论性粒子的力学量以及它们在反应前后于不同惯性系的变换。

1. 动量—能量变换

在微观物理学中，通常关心的不只是粒子的时空坐标，而更在意的是它们的能量和动量。我们知道，运动速度为 $\boldsymbol{v}$ 的粒子能量为 $\varepsilon=m_0\gamma c^2$，动量为 $\boldsymbol{p}=m_0\gamma\boldsymbol{v}=m_0c\gamma\boldsymbol{\beta}$，并且$(\varepsilon^2-c^2p^2)$是一个与惯性系无关的不变的恒量$(m_0^2c^4)$，利用相对论速度变换公式(见习题 4-3)，在不同惯性系中动量和能量的变换为

$$p_x=m_0\gamma_u u_x=m_0\gamma_{u'}u'_x=p'_x \tag{6.22a}$$

$$p_y = p'_y \tag{6.22b}$$

$$p_z = m_0\gamma_u u_z = \gamma(m_0\gamma_{u'}u'_z + m_0\gamma_{u'}v) = \gamma\left(p'_z + \frac{\beta}{c}\varepsilon'\right) \tag{6.22c}$$

$$\varepsilon = m_0c^2\gamma_u = \gamma(m_0c^2\gamma_{u'} + m_0v\gamma_{u'}u'_z) = \gamma(\varepsilon' + \beta c p'_z) \tag{6.22d}$$

自然地,其逆变换为

$$p'_z = \gamma\left(p_z - \frac{\beta}{c}\varepsilon\right), \quad p'_x = p_x, \quad p'_y = p_y, \tag{6.23a}$$

$$\varepsilon' = \gamma(\varepsilon - \beta c p_z) \tag{6.23b}$$

与此同时,动量与相对运动方向夹角的变换为

$$\tan\theta = \frac{p_x}{p_z} = \frac{p'_x}{\gamma\left(p'_z + \frac{\beta}{c}\varepsilon'\right)} = \frac{p'\sin\theta'}{\gamma\left(p'\cos\theta' + \frac{\beta\varepsilon'}{c}\right)} = \frac{\sin\theta'}{\gamma\left(\cos\theta' + \frac{\beta\varepsilon'}{cp'}\right)} \tag{6.24}$$

对于静止质量为零的粒子(例如光子),能量动量关系为 $\varepsilon' = cp'$,上式又回到了式(6.15c)。

相对论性粒子的动能 T 定义为其总能量与静止能量之差,即

$$T = E - m_0c^2 = m_0c^2(\gamma - 1) \tag{6.25}$$

当系统(粒子)的速度不太大时($v \ll c$),上式可用 Taylor 展开近似为

$$T = m_0c^2\left(\frac{1}{\sqrt{1 - v^2/c^2}} - 1\right) \approx m_0c^2\left(\frac{v^2}{2c^2} + \frac{3v^4}{8c^4} + \cdots\right)$$

$$= \frac{m_0v^2}{2} + \frac{3m_0v^4}{8c^2} + \cdots$$

可以看到,牛顿力学中的动能只是上式右边的第一项,当系统运动速度接近光速时,后边各项的贡献就将显现出来,可见,我们平时熟悉的牛顿力学中的动能表示式只是相对论动能在低速情况下的近似而已。

进一步,考虑一个多粒子系统。设第 i 个粒子的静止质量为 m_{0i},在实验室参考系中,系统的总能量为 $E = \sum\limits_i \varepsilon_i$,总动量为 $\boldsymbol{p} = \sum\limits_i \boldsymbol{p}_i$,同样地,当从一个惯性系过渡到另一个惯性系时,$(E^2 - c^2\boldsymbol{p}^2)$ 也是一个不变的恒量。

2. 粒子系统的质心系

在力学中,除了实验室参照系之外,我们知道,还有一个重要的参照系——质心系(质心系就是零动量参照系)。在这个参照系中,系统质心静止,总动量恒为零,因此有些在实验室参照系运算起来很麻烦的问题,放在质心系中处理则可能很方便,特别是研究两体碰撞、粒子散射、微观粒子对撞等问题时,放在质心系中处理相对容易得多,因此质心系在研究中起到了很重要的作用。

对多粒子系统,在质心系(零动量参照系)中,顾名思义,总动量为 $\boldsymbol{p}' = \sum\limits_i \boldsymbol{p}'_i =$

0，利用式(6.23a)可解出质心系相对实验室系的速度，并且这一速度方向自然就是在实验室系中沿着总动量 $\boldsymbol{p}$ 的方向，即

$$\boldsymbol{v}_c=\frac{\boldsymbol{p}c^2}{E} \tag{6.26a}$$

$$\gamma_c=\frac{1}{\sqrt{1-\beta_c^2}}=\frac{E}{E'} \tag{6.26b}$$

在质心系里，$\boldsymbol{p}'=\boldsymbol{0}$，总能量为 $E'=\sum_i \varepsilon'_i$，系统的不变恒量为

$$E^2-c^2p^2=E'^2-c^2p'^2=E'^2 \tag{6.27}$$

从式(6.27)中观察可看出，系统在任一惯性系中的能量，以质心系的能量 E' 为最小(相似地，单粒子能量在其自身静止参考系中最小，且等于自静能)。当然要强调的是，$E'\neq\sum_i m_{0i}c^2$，各个粒子相对质心系有运动，它并不等于各粒子的静止能量之和。

系统的不变恒量是一个重要的守恒量，不仅不同惯性系之间的变换下不变，而且对多粒子系统反应前后也是不变的。

3. 从实验室系到质心系的变换

以下叙述中，有关静止质量的字母符号 m 的下标“0”均省略去。

讨论静止靶情况。在实验室系中，静止质量为 m_1 的入射粒子以动量 $\boldsymbol{p}_1$ 射向靶粒子，其能量为 $E_1=\sqrt{m_1^2c^4+p_1^2c^2}$，而靶粒子的静止质量为 m_2，它静止不动，其动量为零，如图 6.15(a)所示。两粒子系统总能量和总动量分别为 $E=E_1+m_2c^2$ 和 $\boldsymbol{p}=\boldsymbol{p}_1$，从实验室参照系变换到质心系，不变恒量为

$$E'^2=E^2-c^2p^2=(\sqrt{m_1^2c^4+p_1^2c^2}+m_2c^2)^2-c^2p_1^2 \tag{6.28}$$

由式(6.26a)，两粒子系统的质心速度为

$$\boldsymbol{v}_c=\frac{c^2\boldsymbol{p}_1}{\sqrt{m_1^2c^4+p_1^2c^2}+m_2c^2}$$

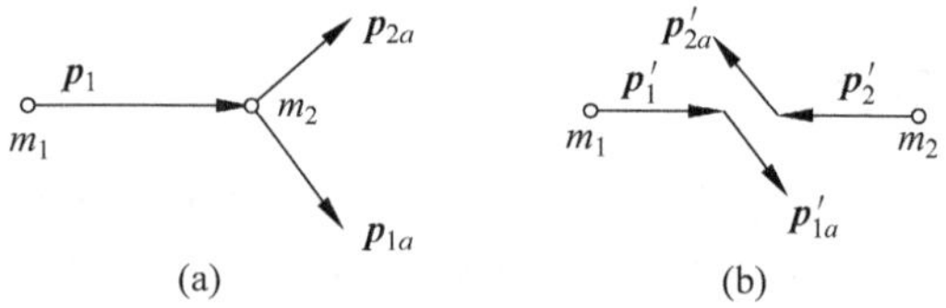

图 6.15 两体碰撞的实验室系(a)和质心系(b)示意图

在实验室系中，靶粒子是静止的，因此从质心系去看，靶粒子的速度大小，等于在实验室系去观察质心的速度大小，利用式(6.26)，则在质心系，靶粒子动量大小和能量分别为

$$p'_2=m_2c\gamma_c\beta_c=\frac{m_2c^2}{E'}p_1$$

$$E'_2=\sqrt{m_2^2c^4+p'^2_2c^2}=\frac{E}{E'}m_2c^2$$

相应地,入射粒子动量 $\boldsymbol{p}'_1=-\boldsymbol{p}'_2$,能量为

$$E'_1=\frac{(m_1c^2)^2+m_2c^2\sqrt{m_1^2c^4+p_1^2c^2}}{E'}$$

为何要作实验室系到质心系的变换?在质心系中总动量为零,经过碰撞等过程后,反应产物以任何角度出射都是可能的,从运动学的角度而言,不存在一个优越的角度。而在实验室系,由于入射粒子携带着巨额动量,一般来说,反应产物倾向于沿着入射动量的方向散射,不是各个方向都是可能的。质心系能量描述的是系统各粒子之间的相对运动,而在实验室系,还要计及以质心的运动为代表的系统整体运动;事实上,系统整体运动的能量随参考系的不同而不同,可以理解为是坐标变换的产物,它是不能被利用来参加粒子之间的相互作用的。因此,一般的理论计算都是先在质心系进行,最后才把结果变换回到实验室系去。

在高能物理中,揭示微观粒子的结构、相互作用和反应机制的基本方法是利用高能粒子做碰撞实验,粒子能量越高越能揭示出更深层次的信息。然而,在实验室参照系中质心动能是不参与粒子间反应的,对改变微观结构从而给出新发现的真正有用的是相对动能。

如果一个高能粒子去打一个静止的靶粒子,相对动能仅为总能量的一部分,能量的大部分都转化为质心动能,这部分能量对粒子反应不起作用,于是有效作用能很低。

如果想办法使得实验室系就是质心系,实验室系和质心系就统一起来了,在这种情况下,质心动能为零,不存在系统整体运动的能量,相对动能等于总能量,所有的能量都属于质心系能量,都是可利用的,有效作用能会大大提高。具体实现的方法是,让两个高能粒子以相同的动量,相反的运动方向迎头相撞,即采用对撞的方式,实现这种构思的装置就是"对撞机"。

例 6-5 已知质子静止质量为 $m_p=938\text{MeV}/c^2$,一个质子射向另一个不动的质子,为使它们相对运动的动能和以 30GeV 的能量($1\text{GeV}=10^3\text{MeV}$)彼此迎头相碰撞的两个质子动能相同,则该质子的能量需要多大?

解:记实验室系中运动质子的动量大小为 p,能量为 E_1,则不变恒量

$$E'^2=E^2-c^2p^2=(E_1+mc^2)^2-c^2p^2=2E_1mc^2+2m^2c^4,$$

质心系中入射粒子能量为 $E'_1=\dfrac{(mc^2)^2+mc^2E_1}{E'}=\sqrt{\dfrac{mc^2(E_1+mc^2)}{2}}=30\text{GeV}$

$$E_1=\frac{2E'^2_1}{mc^2}-mc^2=1.9\times10^3\text{GeV}$$

由此可见，对于静止靶情况，能够用来引起粒子反应的相对运动能量（“可资用能”）只占入射能量的极小部分，绝大部分能量都变成了无法利用的整体的质心动能了，因此静止靶的效率是很低的，沿着使用单束入射粒子打静止靶的途径去发展高能加速器，就变得极不经济了。

4. 反应阈能，阈能以上的反应

入射粒子打到静止靶上，要有多大的能量，才有可能产生一个新的粒子呢？实现此过程的能量值称为阈能。考虑一个两体碰撞反应如下：

$$m_1+m_2\longrightarrow m_3+m_4$$

要实现这个反应，必须要满足一系列守恒律的要求，最基本的是首先要同时满足纯运动学的要求，即能量守恒和动量守恒，还有角动量守恒；除此之外，还要考虑诸如电荷数、轻子数、重子数之类是否守恒，是否被奇异数守恒定律所禁止等。

在质心系，系统的总动量为零，考虑起来方便得多了，反应后最低总能量对应于一个极端情况，就是所有产物都处于静止状态，没有任何“浪费的”动能，此刻不变恒量就是最低能量，即 $E'=m_3c^2+m_4c^2$，结合式(6.28)，有

$$E'^2=(E_1+m_2c^2)^2-c^2p_1^2=(m_3c^2+m_4c^2)^2$$

解得入射粒子的阈能为

$$E_1=m_1c^2+\frac{c^2}{2m_2}[(m_3+m_4)^2-(m_1+m_2)^2] \tag{6.29}$$

以上的讨论很容易推广到末态粒子多于两个的情况。

例 6-6　已知 π^0 静止能量 $m_\pi c^2=135\text{MeV}$，求 π^0 介子的光致产生反应 $\gamma+p\longrightarrow\pi^0+p$ 的入射 γ 光子的阈能，并计算此时 π^0 介子的能量。

解：γ 光子静止能量为零，由式(6.29)，它入射的阈能为

$$E_\gamma=\frac{c^2}{2m_\mathrm{p}}[(m_\pi+m_\mathrm{p})^2-m_\mathrm{p}^2]=m_\pi c^2\left(1+\frac{m_\pi}{2m_\mathrm{p}}\right)=144\text{MeV}$$

此时 π^0 介子的运动速度就是质心速度，利用式(6.26a)，有

$$\beta_c=\frac{E_\gamma}{E_\gamma+m_\mathrm{p}c^2}=0.133$$

π^0 介子的能量为 $E_\pi=m_\pi c^2\gamma_c=136\text{MeV}$。

由此可见，入射光子的全部能量，除了提供给末态粒子 π^0 介子的静止能量之外，还需要额外的 $\dfrac{m_\pi}{2m_\mathrm{p}}\approx7\%$ 提供给末态粒子以保持总动量守恒所必须的动能，这一反应才有可能进行。

例 6-7　考虑质子—质子碰撞，$\mathrm{p}+\mathrm{p}\longrightarrow\mathrm{p}+\mathrm{p}+\mathrm{Z}^0$，求反应产生 Z^0 粒子的阈能。已知 Z^0 粒子静止能量 $m_Zc^2=90\text{GeV}$，比较单束入射和对撞机两种情况所需要的入射能量。

解：在质心系中，不变恒量就是最低能量，各末态粒子静止，$E'=2m_pc^2+m_Zc^2$，对撞机情况，质心系就是实验室系，总动量为零，不变恒量 $E'=2E_p$，于是

$$E_p=m_pc^2+\frac{1}{2}m_Zc^2=46\text{GeV}$$

考虑单束入射，此时不变恒量为

$$E'^2=(E_p+m_pc^2)^2-p_p^2c^2=2m_pc^2(E_p+m_pc^2),$$

则

$$E_p=m_pc^2+m_Zc^2\left(2+\frac{m_Z}{2m_p}\right)=4.5\times10^3\text{GeV}$$

要指出的是，入射能量达到阈能要求，只是使反应变成可能，但此时反应发生的概率还是非常低的，要想得到有效的反应，入射能量要远远高于阈能。

进一步，对于阈能以上的入射粒子，在质心系中，反应产物的总动量 $\boldsymbol{p}_3'+\boldsymbol{p}_4'=\boldsymbol{0}$，即 $E_3'^2-m_3^2c^4=E_4'^2-m_4^2c^4$，此时不变恒量为 $E'=E_3'+E_4'$，这两式结合起来，可得到反应产物的能量：

$$E_3'=\frac{1}{2E'}\left[E'^2+(m_3^2-m_4^2)c^4\right] \tag{6.30a}$$

$$E_4'=\frac{1}{2E'}\left[E'^2-(m_3^2-m_4^2)c^4\right] \tag{6.30b}$$

对应的动量大小为(见习题 6-13)

$$p_3'=p_4'=\frac{1}{2E'c}\sqrt{\left[E'^2-(m_3+m_4)^2c^4\right]\left[E'^2-(m_3-m_4)^2c^4\right]} \tag{6.30c}$$

这些讨论不仅适用于一般的两体末态情况，也适用于衰变情况，例如对 $A\longrightarrow B+C$ 过程，粒子衰变成两部分。对于衰变过程，质心系就是母体粒子的静止参照系，不变恒量就是母体粒子的静止能量，只需要将式(6.30)中各式的 E' 换成粒子 A 的静止能量 m_Ac^2，就可得到质心系中末态粒子的能量和动量：

$$E_B'=\frac{c^2}{2m_A}(m_A^2+m_B^2-m_C^2) \tag{6.31a}$$

$$E_C'=\frac{c^2}{2m_A}(m_A^2-m_B^2+m_C^2) \tag{6.31b}$$

$$p_B'=p_C'=\frac{c}{2m_A}\sqrt{\left[m_A^2-(m_B+m_C)^2\right]\left[m_A^2-(m_B-m_C)^2\right]} \tag{6.31c}$$

当然，如果末态粒子都是以光速飞行的(例如 γ 粒子)，则其静止质量为零($m_B=m_C=0$)，此时末态粒子的能量和动量简化为

$$E_B'=E_C'=\frac{1}{2}m_Ac^2,\quad p_B'=p_C'=\frac{1}{2}m_Ac$$

对于两体衰变反应，根据式(6.31)，假如实验观察到衰变产物的其中一个粒子的能量 E_B' 具有完全确定的数值，在能谱图上呈现极窄的狭峰分布，我们就知道这

是一个静止母体的两体衰变过程,如图 6.16(a)所示。

然而,若母体粒子不是在静止中衰变,而是在飞行过程中衰变,在质心系中,衰变粒子沿各个方向运动的概率相等,当沿着质心系不同角度运动时,经过变换后,在实验室系测量到的末态粒子能量和动量自然会随着角度而变化,能谱曲线呈现一个宽区域的分布,不再保持确定的量值,如图 6.16(b)所示。

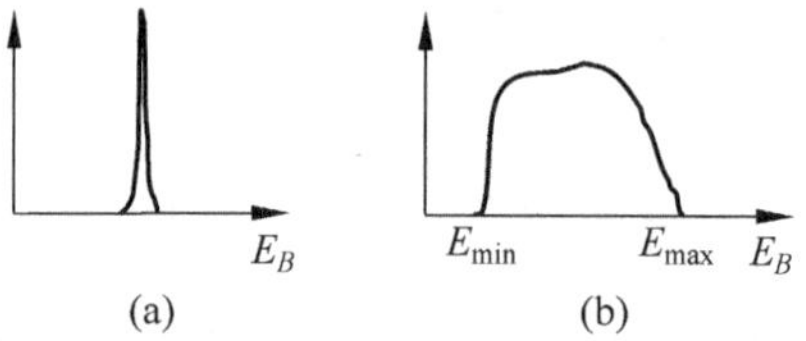

图 6.16 两体衰变产物在实验室系的能谱示意图

(a) 静止母体衰变;(b) 运动母体衰变

最极端的情况,末态粒子的最大和最小动量必定是出现在质心系中末态粒子的动量与实验室系中质心动量相平行与反平行的情况,如图 6.17 所示。假设母体粒子飞行速度为 v_0,相对论因子为 γ_0,根据式(6.31)算出衰变后的末态粒子能量和动量大小分别为 ε'和 p',运用变换式(6.22d),就可求得实验室系中衰变后的末态粒子最大和最小能量为

$$E_{max}=\gamma_0(\varepsilon'+v_0 p'),\quad E_{min}=\gamma_0(\varepsilon'-v_0 p')$$

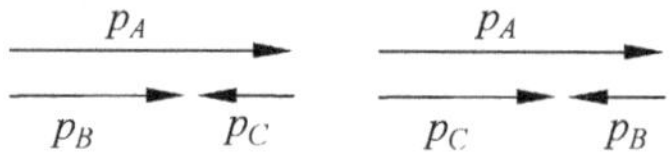

图 6.17 两体衰变的相对动量图像

习题 6

6-1 证明电磁场变换公式(6.6a)和式(6.6b)。

6-2 (1) 利用几何关系 $R^2=R_\perp^2+R_{/\!/}^2$,证明:两个惯性系中,电荷到观察点距离的变换公式为 $R'^2=\gamma^2R^2(1-\beta^2\sin^2\theta)$,其中 θ 为运动方向与 R 夹角,$\sin\theta=\dfrac{R_\perp}{R}$;

(2) 由几何关系 $\cos\theta'=\dfrac{R'_{/\!/}}{R'}=\dfrac{\gamma R_{/\!/}}{\sqrt{R_\perp^2+\gamma^2R_{/\!/}^2}}$,证明:

$$\gamma\boldsymbol{e}_\perp\sin\theta'+\boldsymbol{e}_{/\!/}\cos\theta'=\frac{\boldsymbol{e}_r}{\sqrt{1-\beta^2\sin^2\theta}}$$

(3) 证明匀速运动的点电荷产生的电磁场公式(6.8a)和式(6.8b)。

6-3　正负电荷在一条无限长直导线内分别以速率 $\pm v$ 沿导线正反方向运动，电荷线密度为 $\pm\tau$，在与导线相距为 D 的地方有一正电荷 q 以速度 v 平行于直导线正向运动。

(1) 在实验室参考系 Σ 中，证明：导线电流为 $I=2\tau v$，电荷感受到的磁场力为 $\boldsymbol{F}=-\mu_0\dfrac{q\tau v^2}{\pi D}\boldsymbol{e}_r$；

(2) 在固联于运动点电荷的参考系 Σ' 中，证明：沿导线正反方向运动的电荷线密度分别为 $\tau'_+=\dfrac{\tau}{\gamma}$ 和 $\tau'_-=-\tau(1+\beta^2)\gamma$，总电荷线密度为 $\tau'=-2\tau\beta^2\gamma$，总电流为 $I'=2\tau v\gamma$；

(3) 在固联于运动点电荷的参考系 Σ' 中，证明：整条直导线对点电荷的电场作用力为 $\boldsymbol{F}'=\dfrac{q\tau'}{2\pi\varepsilon_0 D}\boldsymbol{e}_r$；

(4) 两套参考系中的作用力有什么关系？

6-4　一串无限长匀速运动的点电荷(单位长度电荷量为 λ 的直线电流)，求距离直线为 D 的地方的电场。

6-5　在例 6-3 中，如果点电荷 q_2 的速度 v 并不垂直于两电荷连线方向，令 θ 为运动方向与连线的夹角，证明点电荷 q_2 对点电荷 q_1 的作用力为

$$\boldsymbol{F}_{21}=-\frac{q_1q_2}{4\pi\varepsilon_0 r^2}\frac{1-\beta^2}{(1-\beta^2\sin^2\theta)^{3/2}}\boldsymbol{e}_z$$

6-6　如图所示，两个带电各为 q_1 和 q_2 的点电荷，沿垂直方向运动，相距为 R，求电荷 q_1 对电荷 q_2 的 Lorentz 力。提示：利用式(6.8a)和式(6.8b)。

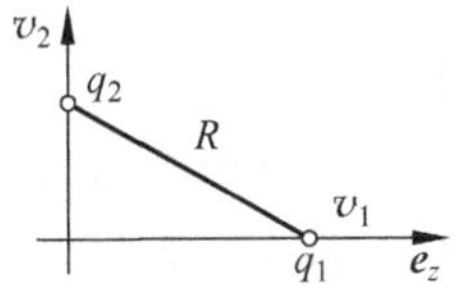

习题 6-6 图

6-7　证明：(1) 若在一个惯性系中有 $\boldsymbol{E}\perp\boldsymbol{B}$，则在任何惯性系都有 $\boldsymbol{E}\perp\boldsymbol{B}$；

(2) $(\boldsymbol{E}^2-c^2\boldsymbol{B}^2)$ 在任何惯性系都不变。

6-8　证明：在波荡器中不论在实验室系或者在电子初始静止系看到的电磁场 $\boldsymbol{A}$ 势不变。

6-9　证明式(6.13b)：$\boldsymbol{H}=\dfrac{1}{\mu}\boldsymbol{B}+\gamma^2\left(\varepsilon-\dfrac{1}{c^2\mu}\right)(-v^2\boldsymbol{B}_\perp+\boldsymbol{v}\times\boldsymbol{E})$。

6-10　证明电磁波在两个惯性系中传播方向的角度变换满足式(6.15b)和式(6.15c)：

$$\sin\theta'=\frac{\sin\theta}{\gamma(1-\beta\cos\theta)},\quad \tan\theta'=\frac{\sin\theta}{\gamma(\cos\theta-\beta)}$$

6-11　实验室中一束频率为 ω、能流密度为 S 的线偏振光沿 z 方向传播，另一参考系相对实验室系以速度 v 沿 z 方向运动，求该系看到的电磁波的频率、能流密度、能量密度。

6-12　已知静水的折射率为 n，水流速度为 $\boldsymbol{v}$ ($\boldsymbol{v}=c\boldsymbol{\beta}$)，在与水流顺流、逆流的方向上，证明：电磁波相速度为 $u=\dfrac{1\pm n\beta}{n\pm\beta}c$。

6-13　证明式(6.30c)：

$$p'_3=p'_4=\frac{1}{2E'c}\sqrt{[E'^2-(m_3+m_4)^2c^4][E'^2-(m_3-m_4)^2c^4]}$$

6-14　静止质量为 m_1、能量为 E_1 的粒子射向质量为 m_2 的静止粒子，求：

(1) 质心系相对于实验室系的速度；

(2) 质心系中每个粒子的能量和动量；

(3) 已知电子的静止能量为 $m_ec^2=0.511\text{MeV}$，北京正负电子对撞机(BEPC)的设计能量为 2×2.2GeV，若用单束电子入射静止靶，要用多大的能量才能达到与对撞机相同的相对运动能量？

6-15　在质子轰击静止氢靶的反应中，$p+p\longrightarrow p+\Sigma^0+K^+$，已知 $m_pc^2=938\text{MeV}$，$m_\Sigma c^2=1192\text{MeV}$，$m_Kc^2=493.8\text{MeV}$，求：

(1) 入射质子的阈能；

(2) 取阈能时产生的 K^+ 介子的动能。

6-16　动能为 T 的质子轰击静止氢靶后，以 θ_1 角度散射，同时氢核以 θ_2 角度飞出去。

(1) 求系统的质心速度；

(2) 证明 $\cot\theta_1\cot\theta_2=1+\dfrac{T}{2m}$。提示：在质心系两粒子散射角满足 $\theta'_1+\theta'_2=180°$；

(3) 计算两个散射粒子飞行方向之间可能的最小夹角；

(4) 若 $\theta_1=30°$，$\theta_2=45°$，计算 T 和碰撞后两个粒子的动能。

6-17　缓慢的 π^- 介子与氢靶进行核作用时，观察有到下列两种反应：

$$\pi^-+p\longrightarrow\begin{cases}n+\gamma\\ n+\pi^0, \quad \pi^0\longrightarrow 2\gamma\end{cases}$$

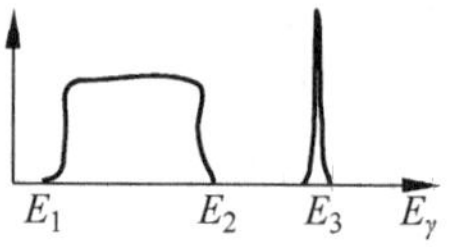

习题 6-17 图

生成的 γ 粒子的能谱如图所示，其中 $E_1=54\text{MeV}$，$E_2=84\text{MeV}$，$E_3=130\text{MeV}$，已知 γ 粒子的静止质量为零，中子和质子的静止能量分别为 $E_n=939.5\text{MeV}$ 和 $E_p=938\text{MeV}$。

(1) 若忽略 π^- 介子的动量，确定它的质量；

(2) 求 π^0 介子的质量。

部分习题答案

第 1 章

1-1 $\boldsymbol{E}=\dfrac{\lambda}{2\pi\varepsilon_0 r}\boldsymbol{e}_r$

1-2 （1）$\boldsymbol{E}=\dfrac{\lambda a z}{2\varepsilon_0\sqrt{(a^2+z^2)^3}}\boldsymbol{e}_z$；（2）$\boldsymbol{E}=\dfrac{\sigma}{2\varepsilon_0}\left[1-\dfrac{z}{\sqrt{a^2+z^2}}\right]\boldsymbol{e}_z$；

（3）$\boldsymbol{B}=\dfrac{\mu_0 a^3\lambda\omega}{2\sqrt{(a^2+z^2)^3}}\boldsymbol{e}_z$；（4）$\boldsymbol{B}=\dfrac{\mu_0\omega\sigma}{2}\left(\sqrt{a^2+z^2}+\dfrac{z^2}{\sqrt{a^2+z^2}}-2z\right)\boldsymbol{e}_z$

1-3 （1）$\sigma_0=\rho_0\Delta$；（2）$p=\Delta\dfrac{4}{3}\pi a^3\rho_0$，$\boldsymbol{E}=\dfrac{q}{4\pi\varepsilon_0}\left[\dfrac{3(\boldsymbol{p}\cdot\boldsymbol{r})\boldsymbol{r}}{r^5}-\dfrac{\boldsymbol{p}}{r^3}\right]$

1-4 （1）$\boldsymbol{B}=\dfrac{\mu_0 I}{2a}\boldsymbol{e}_z$

1-5 （1）对称：$\boldsymbol{E}_\perp=0$；反对称：$\boldsymbol{E}_{/\!/}=0$；（2）对称：$\boldsymbol{B}_{/\!/}=0$；反对称：$\boldsymbol{B}_\perp=0$

1-6 （1）$\dfrac{q}{2\varepsilon_0}\left(1-\dfrac{h}{\sqrt{h^2+a^2}}\right)$；（2）$\boldsymbol{B}=\dfrac{\mu_0 I d}{2\pi(a^2-b^2)}\boldsymbol{e}_\theta$

1-7 $\nabla\cdot\boldsymbol{E}=\dfrac{\rho}{\varepsilon_0}$，$\nabla\times\boldsymbol{E}=-\dfrac{\partial\boldsymbol{B}}{\partial t}-\mu_0\boldsymbol{J}_{\mathrm{m}}$，$\nabla\cdot\boldsymbol{B}=\mu_0\rho_{\mathrm{m}}$，

$\nabla\times\boldsymbol{B}=\mu_0\boldsymbol{J}+\varepsilon_0\mu_0\dfrac{\partial\boldsymbol{E}}{\partial t}$，$\boldsymbol{f}=\rho\boldsymbol{E}+\boldsymbol{J}\times\boldsymbol{B}+\rho_{\mathrm{m}}\boldsymbol{B}-\dfrac{1}{c^2}\boldsymbol{J}_{\mathrm{m}}\times\boldsymbol{E}$

1-9 $\boldsymbol{E}=\dfrac{I}{\pi a^2\sigma}\boldsymbol{e}_z$，$\boldsymbol{B}=\dfrac{\mu_0 I}{2\pi a}\boldsymbol{e}_\varphi$，$\boldsymbol{S}_{r=a}=-\dfrac{I^2}{2\pi^2 a^3\sigma}\boldsymbol{e}_r$

1-10 $W_{\text{total}}=\dfrac{\mu_0 I^2 l}{4\pi}\ln\dfrac{b}{a}$

1-11 $\boldsymbol{S}(r=a)=-\dfrac{\varepsilon_0 U_0^2 a}{2\tau h^2}\mathrm{e}^{-t/\tau}\boldsymbol{e}_r$，$\dfrac{\partial w}{\partial t}=\varepsilon_0\dfrac{U_0^2}{h^2\tau}\mathrm{e}^{-t/\tau}$，

$-S_{\text{total}}=\dfrac{\mathrm{d}W_{\text{total}}}{\mathrm{d}t}=\dfrac{\varepsilon_0\pi a^2 U_0^2}{h\tau}\mathrm{e}^{-t/\tau}$

1-12 $\boldsymbol{B}(r,t)=\dfrac{\Gamma r}{2c^2}\boldsymbol{e}_\varphi$，$\dfrac{\partial w}{\partial t}=\varepsilon_0\Gamma^2 t$，$\dfrac{\mathrm{d}W_{\text{total}}}{\mathrm{d}t}=\pi\varepsilon_0 h a^2\Gamma^2 t$，

$\boldsymbol{S}(r=a)=-\dfrac{\varepsilon_0\Gamma^2 a t}{2}\boldsymbol{e}_r$，$-S_{\text{total}}=\pi\varepsilon_0 h\Gamma^2 a^2 t$

1-14 $w=\dfrac{\varepsilon_0 E^2}{2}=\dfrac{Q^2}{8\pi^2\varepsilon_0 h^2 r^2}$，$W_{\text{total}}=\dfrac{Q^2}{4\pi\varepsilon_0 h}\ln\dfrac{b}{a}$

1-15 $\boldsymbol{l}=-\frac{QB}{2\pi h}\boldsymbol{e}_z+\frac{QBz}{2\pi hr}\boldsymbol{e}_r$，$\boldsymbol{L}_{\text{total}}=-\frac{QB}{2}(b^2-a^2)\boldsymbol{e}_z+\frac{QBh(b-a)}{2}\boldsymbol{e}_r$，

$\omega=\frac{QB}{2mb^2}(b^2-a^2)$

第 2 章

2-1 当 $r<a$ 时，$\boldsymbol{H}=\boldsymbol{0}$，$\boldsymbol{B}=\mu_0\boldsymbol{H}=\boldsymbol{0}$；当 $a\leqslant r\leqslant b$ 时，$\boldsymbol{B}=\mu\boldsymbol{H}=\frac{\mu I}{2\pi r}\left(\frac{r^2-a^2}{b^2-a^2}\right)\boldsymbol{e}_\varphi$，$\boldsymbol{J}_{\mathrm{M}}=\left(\frac{\mu}{\mu_0}-1\right)\frac{I}{\pi(b^2-a^2)}\boldsymbol{e}_z$；当 $r>a$ 时，$\boldsymbol{B}=\mu_0\boldsymbol{H}=\frac{\mu_0 I}{2\pi r}\boldsymbol{e}_\varphi$，$\boldsymbol{J}_M=0$

2-2 （1）当 $r<a$ 时，$\boldsymbol{E}=\boldsymbol{0}$；当 $a\leqslant r\leqslant b$ 时，$\boldsymbol{E}=\frac{\boldsymbol{D}}{\varepsilon}=\frac{Q}{4\pi\varepsilon r^2}\left(\frac{r^3-a^3}{b^3-a^3}\right)\boldsymbol{e}_r$；当 $r>a$ 时，$\boldsymbol{E}=\frac{\boldsymbol{D}}{\varepsilon}=\frac{Q}{4\pi\varepsilon r^2}\boldsymbol{e}_r$；（2）当 $a\leqslant r\leqslant b$ 时，$\rho_{\mathrm{P}}=-\frac{3Q(\varepsilon-\varepsilon_0)}{4\pi\varepsilon(b^3-a^3)}$，在 $r=a$ 面，$\sigma_{\mathrm{P}}=0$；在 $r=b$ 面，$\sigma_{\mathrm{P}}=\frac{Q(\varepsilon-\varepsilon_0)}{4\pi\varepsilon b^2}$；（3）$\sigma_{\mathrm{P}}|_b=\frac{3\varepsilon_1 Q\cos^2\theta}{4\pi b^2(3\varepsilon_0+\varepsilon_1)}$

2-6 $A=\frac{2(\varepsilon-\varepsilon_0)}{\varepsilon+2\varepsilon_0}E_0a^3$，$B=\frac{\varepsilon-\varepsilon_0}{\varepsilon+2\varepsilon_0}E_0a^3$

2-7 （1）$\varepsilon_1<0,\varepsilon_2>0,D_{2n}-D_{1n}=\sigma_f,\varepsilon_2E_{2n}+|\varepsilon_1|E_{1n}=\sigma_f,E_{2\tau}=E_{1\tau}$；（2）$\mu_1<0,\mu_2>0,B_{1n}=B_{2n},|\mu_1|H_{1n}=-\mu_2H_{2n},\boldsymbol{n}\times(\boldsymbol{H}_2-\boldsymbol{H}_1)=\boldsymbol{\alpha}_{\mathrm{f}}$

第 3 章

3-1 $\rho=-\varepsilon_0\nabla^2\varphi=-\frac{q}{4\pi\lambda^2}\frac{\mathrm{e}^{-r/\lambda}}{r}$

3-2 （1）$\varphi=\frac{\lambda a}{2\varepsilon_0\sqrt{a^2+z^2}}$；（2）$\varphi=\frac{\sigma}{2\varepsilon_0}\left[\sqrt{a^2+z^2}-z\right]$；（3）$\boldsymbol{A}=\boldsymbol{0}$；（4）$\boldsymbol{A}=\boldsymbol{0}$

3-3 $\boldsymbol{p}=\frac{4}{3}\pi a^2\sigma_0\boldsymbol{e}_{/\!/}$；球外 $\varphi=\frac{1}{4\pi\varepsilon_0}\frac{\boldsymbol{p}\cdot\boldsymbol{R}}{R^3}$；球内 $\varphi=0$

3-4 （1）$\varphi=\frac{q}{2\pi\varepsilon_0 R}\left(1+\frac{a\cos\theta}{R}\right)$；（2）$\varphi^{(0)}=\frac{1}{4\pi\varepsilon_0}\frac{Q}{R}=0,\varphi^{(1)}=\frac{1}{4\pi\varepsilon_0}\frac{\boldsymbol{p}\cdot\boldsymbol{R}}{R^3}=0$

3-5 将坐标原点建立在三角形中心，θ 为 $\boldsymbol{R}$ 与 $\boldsymbol{e}_y$ 的夹角。

（1）$\varphi=\frac{1}{4\pi\varepsilon_0}\frac{3q}{R}$；（2）$\varphi=\frac{1}{4\pi\varepsilon_0}\frac{q}{R}-\frac{\sqrt{3}aq}{6\pi\varepsilon_0R^2}\cos\theta$

3-6 有无数多解，例如 $\boldsymbol{A}=\frac{k(y^2-x^2)}{2}\boldsymbol{e}_z$，或 $\boldsymbol{A}=kxz\boldsymbol{e}_x-kyz\boldsymbol{e}_y$

3-7　有无数多解，例如 $\boldsymbol{A}=\left(B_0x+\frac{kx^2}{2}\right)\boldsymbol{e}_y$，或 $\boldsymbol{A}=-(B_0y+kxy)\boldsymbol{e}_x$

3-8　管内 $\boldsymbol{A}=\frac{Br}{2}\boldsymbol{e}_\theta$；管外 $\boldsymbol{A}=\frac{Ba^2}{2r}\boldsymbol{e}_\theta$

3-9　$\boldsymbol{A}=\frac{\mu_0 Iz}{2\pi r}\boldsymbol{e}_r$

3-10　(1) $U=-\frac{\lambda apz}{2\varepsilon_0\sqrt{(a^2+z^2)^3}}$，$\boldsymbol{F}=\frac{\lambda ap}{2\varepsilon_0}\left[\frac{1}{\sqrt{(a^2+z^2)^3}}-\frac{3z^2}{\sqrt{(a^2+z^2)^5}}\right]\boldsymbol{e}_z$；

(2) $z=\pm\frac{a}{\sqrt{2}}$，$\left.\frac{\mathrm{d}^2U}{\mathrm{d}z^2}\right|_{z=+a/\sqrt{2}}=\frac{8}{9\sqrt{3}}\frac{\lambda p}{\varepsilon_0 a^3}>0$；(3) $\omega=\left(\frac{8}{9\sqrt{3}}\frac{\lambda p}{m\varepsilon_0 a^3}\right)^{1/2}$

3-11　(1) $\boldsymbol{B}=\frac{8}{5^{3/2}}\frac{\mu_0 I}{R}\boldsymbol{e}_z$；(2) $\frac{\partial\boldsymbol{B}}{\partial z}=\frac{48}{25\sqrt{5}}\frac{\mu_0 I}{R^2}\boldsymbol{e}_z$

3-12　(1) $\boldsymbol{A}(r_1,r_2)=\frac{\mu_0 I}{2\pi}\ln\left(\frac{r_2}{r_1}\right)\boldsymbol{e}_z$；(2) $\boldsymbol{A}(r_1,r_2)=\frac{\mu_0 Ia\cos\theta}{\pi r}\boldsymbol{e}_z$；

(3) $\boldsymbol{B}(r_1,r_2)=\frac{\mu_0 I}{2\pi r_1}\boldsymbol{e}_{\varphi1}-\frac{\mu_0 I}{2\pi r_2}\boldsymbol{e}_{\varphi2}$

第 4 章

4-5　$\Delta t_{/\!/}=\frac{1+\frac{v}{nc}}{\frac{c}{n}+v}l_0$，$\Delta t_\perp=l_0\sqrt{\frac{1-\frac{v^2}{c^2}}{\frac{c^2}{n^2}-v^2}}$

4-6　$\omega=(1+\beta)^2\gamma^2\omega_0$

4-7　$\omega^2=k^2c^2+c^2\mu_r^2$，$\boldsymbol{k}\cdot\boldsymbol{B}=0$，$\boldsymbol{k}\cdot\boldsymbol{E}\neq0$

4-9　$\boldsymbol{k}\cdot\boldsymbol{E}=0$，$\boldsymbol{B}=\frac{\boldsymbol{k}}{\omega}\times\boldsymbol{E}=\sqrt{\mu\varepsilon}\,\boldsymbol{n}\times\boldsymbol{E}$，$\boldsymbol{E}$、$\boldsymbol{H}$、$\boldsymbol{k}$ 满足左手定则，

$\boldsymbol{S}=\frac{1}{\mu}\boldsymbol{E}\times\boldsymbol{B}=-wc\boldsymbol{n}$

4-11　$\delta=72\mathrm{m}$，$0.5\mathrm{m}$，$16\mathrm{mm}$

4-12　(1) $\delta=\frac{1}{\alpha}=\frac{2}{\sigma}\sqrt{\frac{\varepsilon}{\mu}}$；(2) $\delta=\sqrt{\frac{2}{\omega\mu\sigma}}=1.26\times10^{-8}\mathrm{m}$

4-13　(3) $u=\frac{\omega}{\beta}=\omega\sqrt{\frac{2}{\omega\mu\sigma}}=\sqrt{\frac{2\omega}{\mu\sigma}}\approx c\sqrt{\frac{2\omega\varepsilon}{\sigma}}\ll c$；

(4) $\boldsymbol{S}=\frac{1}{2}\sqrt{\frac{\sigma}{\omega\mu}}E_0^2\mathrm{e}^{-2\alpha z}\left[\cos2\left(\omega t-\beta z+\frac{\pi}{8}\right)+\cos\frac{\pi}{4}\right]\boldsymbol{n}$

4-14　(1) $\boldsymbol{S}=\sqrt{\frac{\varepsilon_0}{\mu_0}}\frac{E_0^2}{r^2}\cos^2(\omega t-kr)\boldsymbol{e}_r$，$w=\varepsilon_0\frac{E_0^2}{r^2}\cos^2(\omega t-kr)$，

$S_{\text{total}}=4\pi E_0^2\sqrt{\frac{\varepsilon_0}{\mu_0}}\cos^2(\omega t-kr)$；

(2) $\boldsymbol{S}=\sqrt{\frac{\varepsilon_0}{\mu_0}}\frac{A^2\sin^2\theta}{r^2}\cos^2(\omega t-kr)\boldsymbol{e}_r$，$S_{\text{total}}=\frac{8\pi A^2}{3}\sqrt{\frac{\varepsilon_0}{\mu_0}}\cos^2(\omega t-kr)$

4-15 $\frac{1}{4\mu_0\omega^2}[(A_3k_y-A_2k_z)^2\sin^2k_xx\cos^2k_yy\cos^2k_zz+(A_1k_z-A_3k_x)^2\times\cos^2k_xx\sin^2k_yy\cos^2k_zz+(A_2k_x-A_1k_y)^2\cos^2k_xx\cos^2k_yy\sin^2k_zz]$

第 5 章

5-2 $m=5000\text{MeV}/c^2$，$\beta\approx0.999999995$，$p\approx5000\text{MeV}/c$，$\gamma\approx9785$

5-7 $v=\frac{e\mu_0 I}{2\pi m}\ln\left(\frac{b}{a}\right)$

5-8 $\varepsilon_k=\frac{e^2A_m^2}{2m_0}(1-\cos\omega\tau)(1-\cos(\omega\tau+2\alpha))$，$\bar{\varepsilon}_k=\frac{e^2A_m^2}{2m_0}$，

$p_n=\frac{\varepsilon_k}{c}=\frac{\bar{\varepsilon}_k}{c}(1-\cos\omega\tau)(1-\cos(\omega\tau+2\alpha))$

第 6 章

6-4 $\boldsymbol{E}_\perp=\frac{\lambda}{2\pi\varepsilon_0 D}\boldsymbol{e}_\perp$

6-6 $\boldsymbol{F}_{12}=\frac{q_1q_2}{4\pi R^2}\frac{1-\beta_1^2}{(1-\beta_1^2\sin^2\theta)^{3/2}}\left[\frac{1}{\varepsilon_0}\boldsymbol{e}_r+\mu_0v_1v_2\sin\theta\boldsymbol{e}_{/\!/}\right]$，

6-11 $\omega'=\omega\gamma(1-\beta)$，$S'=\gamma^2(1-\beta)^2S$，$w'=\frac{S'}{c}=\frac{1-\beta}{1+\beta}\cdot\frac{S}{c}$

6-14 (1) $\beta_c=\frac{\sqrt{E_1^2-m_1^2c^4}}{E_1+m_2c^2}$；(2) $\boldsymbol{p}'_1=-\boldsymbol{p}'_2$，$p'_1=\frac{m_2}{Mc}\sqrt{E_1^2-m_1^2c^4}$，$E'_1=\frac{m_1^2c^2+m_2E_1}{M}$，$E'_2=\frac{m_2^2c^2+m_2E_1}{M}$，其中 $M^2c^4=m_1^2c^4+m_2^2c^4+2m_2c^2E_1$；(3) $E_1\approx1.9\times10^4\text{GeV}$

6-15 (1) $E_p=2.7\text{GeV}$；(2) $T_K=193\text{MeV}$

6-16 (1) $\beta_c=\sqrt{\frac{T}{T+2mc^2}}$；(3) $\theta_1=\theta_2=\text{arccot}(\gamma_c)$；

(4) $T=1.37\text{GeV}$，$T_1=0.87\text{GeV}$，$T_2=0.5\text{GeV}$

6-17 (1) $140\text{MeV}/c^2$；(2) $135\text{MeV}/c^2$

参 考 文 献

[1] 郭硕鸿.电动力学[M].3版.北京;高等教育出版社,2008.

[2] 俞允强.电动力学简明教程[M].北京：北京大学出版社,1999.

[3] 费恩曼，莱顿，桑兹.费恩曼物理学讲义[M].上海：上海科学技术出版社,2005.

[4] 尹真.电动力学[M].2版.北京：科学出版社,2005.

[5] 汪德新.电动力学(理论物理导论)[M].2卷.北京：科学出版社,2005.

[6] 赵凯华.定性与半定量物理学[M].2版.北京：高等教育出版社,2008.

[7] [美]杰克逊.经典电动力学(第三版)[M].北京：高等教育出版社,2004.

[8] 崔万照,马伟,邱乐德,等.电磁超介质及其应用[M].北京：国防工业出版社,2008.

[9] GRIFFITHS D J. Introduction to electrodynamics [M]. 3rd Ed. New York：Pearson Education，Inc,2005.

[10] 陈秉乾,舒幼生,胡望雨.电磁学专题研究[M].北京：高等教育出版社,2001.